LETTRES

SUR

L'ÉDUCATION DES VERS A SOIE.

LETTRES

SUR

L'ÉDUCATION DES VERS A SOIE,

PAR M.-A. PUVIS,

ANCIEN DÉPUTÉ, ANCIEN OFFICIER D'ARTILLERIE, MEMBRE DE LA LÉ-
GION-D'HONNEUR, PRÉSIDENT DE LA SOCIÉTÉ ROYALE D'ÉMULATION
ET D'AGRICULTURE DE L'AIN, ASSOCIÉ CORRESPONDANT DES SOCIÉTÉS
D'AGRICULTURE DE PARIS, LYON, ETC., DE L'ACADÉMIE DE DIJON,
MACON, ETC.

Idoneus patriæ, utilis agris.

PARIS,

CHEZ Mme HUZARD, LIBRAIRE, RUE DE L'ÉPERON, N° 7.

BOURG, IMPRIMERIE DE BOTTIER.

1838.

AVERTISSEMENT.

La mémoire des travaux et des succès d'un aïeul, dans la production de la soie, dont notre enfance fut témoin, nous avait toujours suivi pendant toutes les années d'une jeunesse dont la première partie fut employée au service du pays ; ce souvenir nous fit faire quelques plantations dans les temps agités qui suivirent notre retour : lorsque la paix fut rendue au monde, le temps était venu de voir renaitre en France cette grande et belle industrie ; nous l'étudiâmes alors dans les pays qui nous avoisinent et où elle est populaire, et dans les auteurs qui en ont le mieux traité : il en est résulté que nous en avons bientôt apprécié toute l'importance ; à notre propre goût, fondé sur des souvenirs du jeune âge, se sont bientôt jointes des considérations d'intérêt général, d'intérêt du pays entier : nous y avons vu une source de prospérité publique, d'aisance et de richesses pour les classes les plus importantes de la nation, pour les cultivateurs et les propriétaires du sol, pour le commerce et l'industrie des villes. Nous y avons vu un art qui tire tous ses produits du sol, qui appelle des travailleurs en grand nombre, qui les prend et les laisse dans la campagne, qui les solde généreusement sans leur donner de peine, qui se résume en produit net dans un espace de temps à peine suffisant pour confier à la terre les semences des autres productions, un art qui convient au sol et au climat du pays, qui peut s'exercer avec succès dans la France presque entière, un art qui crée la matière première pour la plus puissante, la plus productive industrie manufacturière du pays, pour une industrie éminemment française, où nous sommes sans rivaux, et qui peut et doit grandir encore presque sans limites avec la prospérité générale.

Aussi, depuis plus de vingt ans, prêchons-nous comme une croisade la plantation des mûriers, l'éducation des vers à soie; mais l'action des paroles a peu de puissance et souvent peu d'étendue; en 1824, nous publiâmes dans les journaux politiques une suite de Lettres, qui furent reproduites dans les journaux agricoles, sur les avantages de la plantation des mûriers et de la production de la soie.

Ces Lettres ne furent pas sans résultat : dans notre pays et ailleurs, des plantations en grand nombre se sont faites, d'autres se sont agrandies; le but de ces Lettres était de provoquer le mouvement là où il n'existait pas, et de l'aider là où il était imprimé; aujourd'hui notre but serait de continuer l'œuvre que nous avons commencée, d'éclairer ceux que nous avons déterminés à planter, et de les aider à tirer d'utiles résultats de leurs travaux et de leurs avances. Dans la suite de Lettres que nous publions aujourd'hui et dans l'Appendice qui les suit, nous avons voulu traiter les questions les plus vives, les plus actuelles de la production de la soie, celles surtout que soulèvent les nouveaux progrès; ces progrès, nous avons cherché à les apprécier avec impartialité, tout en rendant justice aux hommes de mérite, aux hommes dévoués qui les ont provoqués ; mais notre première loi était d'être vrai ; lors donc que nous n'avons pas partagé leur opinion, ce qui a été assez rare, nous avons donné les raisons qui appuyaient la nôtre.

Dans le cours de notre travail, lorsque nous avons rencontré quelques considérations nouvelles qui pouvaient conduire au progrès, nous avons cru à propos de les développer.

Ce qui peut ajouter quelqu'intérêt à notre Ouvrage, c'est qu'il paraît dans un moment où toutes les parties de l'art de la production de la soie tendent à se modifier, et en quelque sorte à se transformer.

Les méthodes chinoises, jusqu'ici inconnues, s'éprouvent de toutes parts ; les procédés Beauvais qui en sont en grande partie la réalisation, aidés de l'appareil Darcet, promettent d'abréger d'un quart le temps, de diminuer d'un tiers la main-d'œuvre, et d'accroître de moitié les produits de l'éducation. L'Inde et la Chine envoient leurs variétés de vers et de mûriers pour être essayés concurremment ; les mûriers nains se multiplient et sembleraient vouloir prendre la place des plein-vents : la taille du mûrier, partout établie, changerait de saison, et aurait lieu l'hiver au lieu de l'été. Mais toutes ces nouveautés ne peuvent être admises qu'après beaucoup de tâtonnemens et d'expériences ; les unes conviennent à un climat et d'autres n'y conviennent pas ; tel procédé peut être utile en le maintenant dans une certaine mesure qui serait nuisible en deçà ou au-delà de la limite convenable. Notre but a donc été en grande partie de recueillir les élémens nécessaires pour éclairer les producteurs sur les divers points en question, sur la convenance des nouveaux procédés, sur le degré de confiance à leur accorder ; pour le faire avec quelqu'avantage, nous n'avons épargné ni soins, ni recherches, nous avons visité les magnaneries et les hommes d'où partaient les nouveautés, nous avons voulu nous appuyer de nos propres expériences, et nous avons profité de celles d'autrui que nous avons pu connaître.

Nous nous sommes occupé pendant deux années de ce travail ; le long espace de temps qui en a séparé les différentes parties lui a ôté l'ensemble qu'il aurait pu avoir : il n'a pu être écrit sous les mêmes inspirations, il a dû marcher lui-même avec l'art ; cependant ses diverses parties ont été plus ou moins revues pour les réunir, en les modifiant quand elles nous ont paru devoir l'être : puissent nos efforts nous avoir fait atteindre le but d'utilité publique qui là, comme dans toutes les circonstances de notre vie, est notre plus puissant mobile !

LETTRES

SUR L'ÉDUCATION

DES

VERS A SOIE.

PREMIÈRE LETTRE.

Depuis douze à quinze ans, une grande impulsion a été donnée en France à l'industrie des vers à soie; il en est résulté des plantations nombreuses qui commencent à fournir à des éducations nouvelles. Chaque année les mûriers plantés croissent en produits, et sur beaucoup de points les plantations continuent et se propagent. Parmi les pays qui se distinguent en ce point, le département de l'Ain plus qu'un autre est en marche, et ses progrès remarquables doivent être cités, parce qu'ils peuvent être utiles à d'autres: ce pays dans son étendue bornée renferme une grande variété de sols, de climats et de positions; il possède une partie du littoral de trois rivières, la Saône, le Rhône et l'Ain : il renferme une foule de vallons secondaires dans toutes les directions; une partie de sa surface se compose d'un plateau de sol argilo-siliceux, qui va en s'élevant de plusieurs centaines de pieds au-dessus des bassins de ses grandes rivières; moitié de son étendue, en montagnes, se compose des premiers échelons des Alpes, sur une partie desquels croissent la vigne et le maïs. Le sol s'élève ensuite en gradins jusqu'à une hauteur de 7 à 8 cents toises au-dessus du niveau de la mer. Dans la plupart de ces positions, à l'exception toutefois des plus élevées, on plante des mûriers, et les cinq arrondissemens veulent prendre part à la nouvelle culture. Dans le plus élevé de tous, celui de Nantua, dont le climat se refuse à la culture de la vigne, et qui jusqu'ici était resté étranger à l'industrie nouvelle, des plantations sont faites sur une grande échelle et dans des positions diverses; mais c'est surtout dans le haut Bugey et dans le Valromey que cette heureuse direction des esprits se fait apercevoir. Le résultat même dépasse toutes les espérances que nous aurions pu concevoir : le nombre des mûriers de l'arrondissement de Belley, de 25 mille il y a douze à quinze ans, s'élève maintenant à plus de cent mille : en 1835, ils ont produit 36,600 kilogrammes de cocons ou 3,660 kilogrammes de soie filée, valant deux cent mille francs, quantité six fois plus considérable que celle produite il y a douze ans.

Mais si dans le reste de la France les progrès sont loin d'être aussi remarquables, toutefois, dans un grand nombre de départemens, des plantations sont aussi faites et commencent à entrer en produit; on a aussi, en grand nombre et sur beaucop de points, de jeunes mûriers, et on veut en avoir davantage.

Il est donc temps de rechercher, pour cette industrie, quels sont les moyens de bien faire et de beaucoup produire, en diminuant autant que possible les dépenses.

Il y a douze ans, des lettres furent par nous publiées

pour encourager les plantations et en apprécier les avantages : ces lettres n'ont pas été étrangères au mouvement imprimé. Aujourd'hui , pour suivre la marche qu'ont prise les choses, nous nous proposons de recueillir ce que la pratique et la théorie ont trouvé de mieux depuis un petit nombre d'années dans les divers pays où la soie se produit. Nous chercherons aussi à résumer les diverses méthodes, à rapprocher les résultats de ceux qui ont écrit sur ce sujet, à les comparer entr'eux, et à réduire autant que possible à des chiffres précis, les choses restées vagues dans une partie des auteurs, et toujours dans le but d'offrir à ceux qui ont planté, les moyens de tirer le meilleur parti possible de leurs travaux et de leurs sacrifices.

Mais nous ne devons pas le dissimuler ; dans ce siècle de progrès, cet art ne va pas vîte en s'améliorant. Le travail de la soie entre les mains de l'industriel a fait de grands progrès ; l'art de la filature par le procédé Gensoul est poussé à une haute perfection ; son tissage par les métiers Jacquart, par diverses méthodes expéditives et plus encore par la vapeur, s'est beaucoup perfectionné et accéléré ; mais la production de la soie, la partie qui restait entre les mains de l'agriculteur, n'a fait que des progrès lents et qui ne se sont point étendus.

Dans les arts industriels, la grande concurrence réduit les bénéfices au point de rendre impossible aux fabricans, sans perte considérable, de continuer avec les anciens procédés, quand ils sont améliorés dans d'autres fabriques ; et puis dans un art dont l'industrie se divise les branches, le perfectionnement qui ne doit porter que sur quelques détails est assez promptement obtenu par des hommes spéciaux : ainsi, dans la fabrication de la soie, chaque branche industrielle a perfectionné la partie de fabrication dont elle était chargée: Gensoul a créé son appareil; Jacquart a appliqué le sien au tissage des façonnés; enfin, les tissages mécaniques ont été dus à d'autres mécaniciens. Dans la production de la soie par l'agriculteur, les choses sont bien différentes; et d'abord les bénéfices beaucoup plus grands laissent encore d'assez grands produits aux producteurs peu soigneux; ces producteurs ensuite sont le plus souvent des hommes de la campagne qui suivent les habitudes qui leur ont été données, en concevant à peine qu'il soit possible de mieux faire; et puis l'art de la production se compose d'une multitude de soins, de détails et de circonstances qui demanderaient des études spéciales; en outre, les moyens d'améliorer exigent presque toujours des avances et des dépenses au-dessus de la portée de la plupart des producteurs; et enfin, la production de la soie ne se répète qu'une fois chaque année; mais pour juger une méthode agricole, il faut plusieurs années d'essais: les hommes passent donc souvent avant d'avoir pu préciser les résultats qu'ils ont obtenus. — Cet art, comme toutes les autres parties de l'agriculture, ne peut donc faire que des progrès lents, et qui difficilement s'étendent à des pays entiers. Prenons donc patience; mais ne nous lassons point de pousser au mieux, car dans cette question, plus encore que dans les autres questions agricoles, les progrès peuvent être grands.

L'art évidemment a beaucoup à marcher. Avec une once de graines qui peut faire 160 à 170 livres de cocons, on en fait à peine en moyenne 60. Le but est d'approcher autant que possible de ces 160 livres: la marge est encore grande; mais s'il n'est pas possible d'arriver à ce terme, tout au moins peut-on beaucoup en approcher, et des faits déjà nombreux prouvent qu'avec des soins et des procédés à la portée de tous, on peut doubler le produit actuel.

Mais, nous le répétons, il n'y a pas eu depuis quarante ans une grande amélioration dans les méthodes les plus employées. L'accroissement du produit est dû aux plantations plus étendues et aux éducations plus nombreuses plutôt encore qu'aux améliorations des procédés. En 1824 (1), la production de soie indigène s'élevait, d'après nos calculs, à une valeur de 60 millions. Depuis ce temps la production française a doublé; sa valeur maintenant, quoique les prix soient moindres, s'est élevée, en 1835, d'après des documens qu'on peut croire officiels, de 110 à 120 millions. Il est des points en particulier où les progrès ont été bien grands; ainsi, comme nous l'avons dit, il résulte des renseignemens recueillis par l'administration que depuis 1821, dans l'arrondissement de Belley, le nombre des mûriers aurait quadruplé et la production de la soie, sextuplé.

Il y a, à ce qu'il semble, un peu d'incertitude sur la quantité de soie indigène produite; mais la quantité importée est bien connue, et elle s'élève à 50 millions; mais elle était de 20 millions en 1824 : elle a donc plus que doublé. Nos prévisions sur les développemens de cette belle industrie se sont donc bien promptement réalisées; et ce n'est plus une production de 20 millions de soie, mais bien de 50, qui est demandée à notre agriculture, qu'elle peut aisément produire, et dont elle doit par conséquent se réserver les bénéfices.

---

(1) Epoque de la publication de nos premières lettres.

Mais ce n'est pas là que doit se borner ce développement, il doit encore beaucoup grandir. Les tissus de soie fournissent des habillemens pour toutes les saisons ; des vêtemens de négligé et de parure pour tous les climats, pour la zone torride comme pour les climats glacés. Ils sont si beaux, si durables, si chauds, si légers ; ils s'offrent sous tant de formes et de nuances aux désirs de notre luxe, aux fantaisies de nos modes, et à nos besoins-divers de vêtemens et d'ameublemens, qu'avec l'aisance générale, leur consommation doit s'accroître plus que celle de tout autre tissu ; et lorsque les bonnes méthodes, les procédés raisonnés et des plantations nombreuses auront élevé la production et accru encore le produit net, que par suite le prix élevé de la soie produite aura un peu fléchi, ces tissus passant dans l'usage de la classe moyenne et se répandant dans les deux hémisphères, entraîneront encore un accroissement de consommation qu'il est difficile de prévoir ou de préciser, et qu'on peut à peine comparer à celle du temps présent.

Cette industrie a donc un grand avenir : elle mérite une haute attention dans les hommes qui gouvernent ; et ceux qui se dévouent à faire connaître et à transmettre les moyens d'améliorer l'agriculture, l'industrie et la prospérité d'un pays, doivent en faire un sujet spécial de leurs études et de leurs travaux.

La production de la soie et sa transformation en tissu varié et de bon goût, a quelque chose de national, de français ; et les soins, les encouragemens et les bons conseils donnés à cette industrie sont une œuvre toute patriotique. Revenons donc souvent sur ce sujet ; ne nous lassons pas de faire ressortir les avantages de sa production, pour décider à devenir producteurs ceux qui sont

placés favorablement ; répandons les enseignemens, les
bons conseils pour ceux qui ont déjà commencé et qui
travaillent à recueillir ; mais restons toujours, dans tout
ce que nous dirons, dans la limite du vrai, et éloignés de
toute exagération, pour ne point entraîner de déception :
les avantages que doit produire l'éducation des vers à
soie entre les mains d'hommes soigneux sont si grands
qn'il suffit de les exposer tels qu'ils sont pour faire des
prosélytes.

A une époque déjà loin de nous, nous avons écrit, à
diverses reprises, sur l'éducation des vers à soie : cette
fois nous traiterons des questions nouvelles et nous nous
occuperons des divers points surtout qui semblent en
progrès et qui sont en discussion.

Ainsi donc, faire grandir les plantations et les éducations déjà commencées, en faire entreprendre de nouvelles là où elles pourront réussir, et répandre dans toutes les meilleurs procédés, les méthodes utiles, tel est
le but que que nous nous proposons aujourd'hui comme
dans de précédens écrits. Puissions-nous être assez heu
reux pour en approcher !

DEUXIÈME LETTRE.

S'il est important de faire des plantations nouvelles et d'agrandir celles qui existent, il y a plus d'importance encore à améliorer les méthodes, à perfectionner les procédés pour approcher du grand but que nous avons indiqué : ce sera donc là le premier sujet que nous traiterons.

Depuis long-temps, des hommes habiles et pratiques s'en sont spécialement occupés. — Olivier de Serres a donné de très-bons conseils à ce sujet; mais l'essentiel, dans le temps où il écrivait, était d'encourager la plantation du mûrier, de cet arbre, suivant sa vive et naïve expression, *plein de la bénédiction de Dieu.* Depuis lui, Sauvages et Rosier ont beaucoup vu et ont résumé leurs expériences dans de bons écrits; et c'est à la mise en pratique de leurs conseils que sont dus les plus grands succès d'un petit nombre de modernes qui ont accepté la mission de nous montrer les moyens d'arriver à de meilleurs résultats.

Sauvages surtout est remarquable par la foule d'observations pratiques rassemblées dans ses écrits. Esprit juste et plein de sagacité, il se fit homme spécial dans une question qui intéressait beaucoup son pays; aussi ses écrits, comme nous le verrons, renferment, en principes et en conseils, les principales améliorations qu'on

a faites ou tentées depuis lui dans l'éducation des vers
à soie.

Dandolo, homme dévoué et instruit, a étudié en Italie
avec soin et succès cette branche importante d'économie
agricole; il en a observé tous les détails, tous les procédés, les produits et les dépenses; en sorte qu'il a donné
sur ce sujet, dans son ouvrage, des notions plus étendues
et plus précises qu'on n'en avait eu jusqu'à lui. Prati-
cien habile, et obtenant un produit net considérable, il
a décrit tous les procédés qui l'ont fait réussir. Son ouvrage traduit a répandu d'utiles lumières et ses leçons
résumées et simplifiées par M. Bonafous ont porté le
désir, l'espoir et les moyens de mieux faire dans un
grand nombre d'ateliers.

Le ver à soie, dans la nature, fait tout son travail sur
des arbres, où il est exposé à toutes les influences atmosphériques: l'air et l'espace sont en quelqu' sorte à lui.
Pour réussir à l'élever artificiellement, on est obligé de
lui faire perdre presque tous les avantages que lui avait
assurés la nature; il s'est montré docile à toutes les volontés de l'homme: on le transporte impunément de son
climat chaud et à température uniforme dans des climats
où il faut avec le feu suppléer au défaut de soleil, où il
faut remplacer l'atmosphère toujours chaude et pure par
des abris malsains. On l'entasse dans des appartemens
peu éclairés sur des planches, ayant à peine la place
pour son corps: il passe sa vie sur les débris de sa nourriture et de ses excrémens et au milieu des émanations
qu'ils exhalent. Eh bien! le ver lutte sans peine contre
tout cet ensemble de régime nouveau et malsain qui
semblait devoir le détruire; son éducation artificielle
même est beaucoup plus productive, et ses produits sont

de meilleure qualité que dans les pays où l'on recueille sur les mûriers des bois, les nombreuses récoltes qu'il donne par an.

Il n'est aucun des animaux domestiques qui ait plus changé d'existence entre les mains de l'homme que le ver à soie. Insecte des régions inter-tropicales, son éducation réussit aussi bien dans les climats tempérés que dans sa patrie. Le mouton ou ses congénères portent leurs toisons pour les vêtemens de l'homme dans toutes les régions qui s'étendent d'un pôle à l'autre; eh bien ! le ver à soie réussit dans les trois quarts de cette immense zone; et ce qu'il y a encore de bien remarquable, c'est que l'arbre qui le nourrit, produit inter-tropical comme l'insecte, brave les frimats jusques dans les régions glacées de la Suède, où la vigne, le pêcher et l'abricotier sont atteints dans leur tige chaque année par les gelées d'hiver. Le ver pouvait recevoir un abri et de la chaleur artificielle : il n'était point nécessaire qu'il fût peu sensible au froid; mais l'arbre pour le nourrir ne pouvait point être renfermé : aussi il reçut une organisation qui le fait résister au froid comme un arbre du nord. Enfin, parmi les insectes que l'homme a voulu rendre domestiques, parmi les différentes variétés de bombix qu'il a essayé de réunir pour les élever et en tirer le produit, le bombix de la soie le plus productif et le plus utile de tous est le seul qui jusqu'ici nous ait réussi. Nous ne pouvons donc nous empêcher de voir, dans toutes ces circonstances, une de ces belles et bienveillantes harmonies providentielles, dont l'Etre suprême a semé l'univers.

Mais il est un point sur lequel l'insecte de la soie conserve des exigences, c'est la respiration d'un air pur, d'un air souvent renouvelé; et c'est au défaut de renouvellement de l'air dans les ateliers qu'on doit attribuer la plupart des maladies qui affligent ces précieux insectes, et les trois quarts des pertes qu'on essuie.

Les vers à soie altèrent promptement l'air qu'ils respirent. Les expériences de M. Darcet viennent de jeter un grand jour sur cette question.

Il a renfermé dans une bouteille contenant un litre d'air avec quelques feuilles de mûrier, douze vers à soie arrivés à leur croissance; au bout de vingt-quatre heures, l'air avait diminué de volume, était devenu alcalin, et était passé de la proportion ordinaire de 79 parties d'azote et 21 d'oxigène, à celle de:

Azote.	79— 11
Acide carbonique.	17— 50
Oxigène.	3— 39
	100

Sur les douze vers, un était mort; les vivans étaient raccourcis, avaient changé de couleur et étaient presque sans mouvement; trois sont morts peu après; deux se sont convertis en crysalide sans filer, et trois ont fait de mauvais cocons. Douze vers ont donc bien promptement et complètement vicié l'air qu'ils respiraient, puisqu'il avait perdu les 5/6 de son oxigène, qui s'était converti en acide carbonique, double cause active de mort et de maladie : ajoutons que l'altération proportionnelle de l'air dans la magnanerie doit être encore beaucoup plus forte et plus prompte sur les planches où le ver passe sa vie, par suite des émanations délétères de la litière et des débris de feuilles.

A la fin de son éducation, M. Camille Beauvais, pour

favoriser la montée de ses vers, ayant été obligé de boucher les tuyaux de ventilation, la mortalité commença dans l'atelier, et l'air, auparavant pur, était passé à la proportion de :

Azote. . . . . 79— 00
Oxigène. . . . . 17— 43
Acide carbonique. . . . . . 3— 57
                                   ____
                                     100

Et l'eau hygrométrique de cet air condensée sur les parois extérieures d'un vase rempli de glace, placé dans l'intérieur de la magnanerie, contenait une proportion d'ammoniaque assez considérable pour précipiter en brun le nitrate d'argent.

Si on applique les conséquences de ces faits à une magnanerie pleine de vers arrivés au cinquième âge, on verra que peu d'heures suffisent pour dénaturer tout à fait la qualité de l'air.

Remarquons que l'habile chimiste a bien apprécié la modification des principaux composans de l'air, mais qu'à l'exception de l'ammoniaque, il n'a pu déterminer ni la quantité ni la nature des miasmes qui se produisent au milieu de la vie et des souffrances animales. Il semblerait donc que le ver a dû être doué d'une santé bien robuste pour échapper aux circonstances nouvelles pour lui, et mortelles pour tant d'autres animaux, que développent son entassement et le défaut de ventilation dans les magnaneries.

On concevra encore mieux cette altération de l'air, si on rappelle que, d'après des expériences précises de Dandolo, 1/3 de la nourriture des vers passe en transpirations, en matières gazeuses de différente nature impropres à la respiration, et que dans huit heures, une once de litière avait rendu un litre d'air tout à fait incapable de fournir à la combustion et à la respiration, grande cause de méphytisme à ajouter à celles qui ont altéré l'air dans la première expérience de M. Darcet.

Nous avons aujourd'hui exposé le mal dans toute son étendue : dans la prochaine lettre, nous nous occuperons des remèdes qu'on a cherché à y apporter.

TROISIÈME LETTRE.

Nous avons établi dans la lettre précédente que l'altération de l'air par les vers à soie était prompte, et ses suites funestes.

C'est donc à la combattre et à renouveler l'air autant que possible, que doivent tendre tous les soins des éducateurs.

Déjà depuis long-temps ils avaient remarqué que c'était le mauvais air, l'air non renouvelé, l'air vicié par les émanations et la vie des vers à soie, qui, dans les magnaneries, était la principale cause des pertes qui s'y font sentir tous les ans. Depuis long-temps on y faisait des fumigations odorantes qui parvenaient à masquer la mauvaise odeur, mais sans détruire l'effet délétère de l'air vicié et non renouvelé. Plus tard, on essaya avec assez de succès de purifier l'air avec les fumigations muriatiques : Dandolo, habile chimiste, s'assura de leurs bons effets et conseilla d'y joindre les fumigations nitriques ; ensuite, M. Bonafous trouva préférable l'emploi du chlorure de chaux, et les éducations où il l'a employé ont éprouvé peu de maladies.

Ces fumigations détruisent des miasmes, effet bien important sans doute, mais laissent intact tout l'acide carbonique et ne renouvellent pas l'air. Pour y parvenir, Dandolo adopta dans ses constructions des moyens d'aération plus efficaces. Dans des établissemens qu'il fit construire pour lui-même, ou dont il dirigea la construction pour d'autres, il fit percer dans les plafonds de tête et de foulée, et dans les murs latéraux des ouvertures destinées à la circulation de l'air. Ces magnaneries qui reçurent le nom de *Dandolières*, donnèrent de bien meilleurs résultats que les anciennes; et c'est au renouvellement de l'air qu'on doit particulièrement les attribuer.

Mais ce moyen efficace était déjà conseillé par Rosier et Sauvages qui avaient bien jugé que le renouvellement de l'air dans les magnaneries est la première condition de leur succès.: Dandolo lui a seulement donné plus d'étendue. Pour produire le déplacement de l'air, autant que pour échauffer l'atelier, Dandolo place, encore comme Sauvages, dans chacun de ses angles une cheminée dans laquelle il recommande, comme moyen essentiel de salubrité, l'usage des feux à grandes flammes; ces feux qui agitent l'air lourd et épais des magnaneries, l'attirent dans le foyer où se passe une combustion vive, et déterminent un rapide courant ascensionnel de cet air vicié, qui est remplacé bientôt par l'air pur du dehors : le feu, outre qu'il échauffe et qu'il entretient une température convenable dans l'atmosphère où vivent les vers à soie, est donc un moyen puissant de ventilation.

Les feux de flammes dans les cheminées déterminent une prompte circulation de l'air et un mouvement dans toute la masse de celui qui remplit la magnanerie; il s'établit un courant d'air chaud par la cheminée, qui ébranle, déplace et aspire toutes les parties de l'air de l'atelier, qui les fait toutes graviter sur celles qu'entraîne le courant, et les y fait entrer successivement. Une vîtesse, de deux pieds par seconde, de la colonne d'air qui s'échappe par le canal d'une cheminée, n'a rien que d'ordinaire; il passe donc par ce canal, auquel nous supposons en moyenne 2 pieds carrés, 240 pieds cubes d'air par minute, ou par heure 14,400 pieds cubes, volume double de l'air d'une magnanerie de 30 pieds de long, 20 de large et 12 de hauteur, qui peut contenir plus de 5 onces de vers à soie; mais il y a quatre cheminées qui débitent ensemble quatre fois autant d'air; en une heure, elles évacueront donc un volume d'air égal à huit fois celui de la magnanerie. Sept minutes et demie de feu suffiraient donc pour en tirer un volume d'air égal à celui qu'elle renferme. Toutefois ce moyen ne le renouvellerait pas tout entier dans cet espace de temps, parce que l'air pur du dehors se mêle sans cesse à l'air vicié de l'appartement, que c'est cet air mélangé qui fournit à la dépense des cheminées, et que l'air chaud, en se dilatant, occupe un plus grand volume; en sorte que la section des cheminées de 2 pieds carrés ne renferme plus 2 pieds cubes de l'air de l'appartement.

A ces cheminées, on pourrait encore donner des tuyaux de chaleur qui s'alimenteraient de l'air du dehors et qui faciliteraient, en renouvelant l'air, le réchauffement de celui de l'atelier.

Ces tuyaux de chaleur s'établiraient en amenant de l'air extérieur dans des réservoirs d'air établis sous le foyer et dans le fond de la cheminée au moyen d'une feuille de tôle recourbée qui sert d'âtre et de plaque.

Puisque les cheminées sont un moyen si puissant de renouveler l'air, il pourrait être souvent utile d'y faire du feu, alors même que la chaleur de l'atelier serait suffisante; mais on défendrait la magnanerie d'un accroissement de température, en fermant les tuyaux de chaleur, et en couvrant le manteau de la cheminée par une espèce de paravent en lambris qui, descendant jusqu'à six pouces du carrelage, laisserait encore un passage suffisant à l'air pour affluer dans la cheminée.

Les fourneaux sont loin de donner ce résultat de ventilation : l'air y circule, il est vrai, plus vîte que dans les cheminées; mais le volume d'air chaud qu'ils débitent est plus de dix fois moindre. Cependant, ainsi que le conseille Dandolo, il serait encore à propos d'avoir un fourneau, fût-il en fonte, dans une bonne magnanerie, parce qu'il peut, en cas de besoin, élever la température au degré convenable en trois fois moins de temps et avec trois fois moins de combustible qu'une cheminée.

Les feux de cheminée que nous recommandons pour renouveler l'air, doivent toujours être faits avec des combustibles légers, de la paille, des chenevottes, des copeaux, des sarmens ou du petit fagot: c'est de la flamme qu'on demande plutôt que du charbon. La flamme produit relativement beaucoup moins de chaleur pour l'appartement, mais un mouvement ascensionnel plus grand dans la cheminée, ce qui est le but principal à atteindre.

Mais que dans toutes les positions on ne perde pas de vue surtout que l'humidité stagnante est un dissolvant et un véhicule actif des miasmes et des émanations délétères que produisent les vers et leurs déjections, et qu'elle est, par conséquent, l'un des grands fléaux que doit combattre l'éducateur; ce sont les feux de flamme, les tuyaux de chaleur des cheminées et la chaleur des poèles, et surtout une active ventilation qui sont puissans contre elle. L'air mis en contact avec la fonte ou la tôle, dans les appartemens qu'on chauffe avec des poëles de fonte ou de tôle, perd son humidité naturelle au point d'avoir besoin, sous peine d'être incommode à ceux qui le respirent, qu'on la lui rende avec des vases pleins d'eau.

L'hygromètre de Saussure est un moyen direct et certain de s'assurer de la quantité d'humidité de l'air; mais il est cher et peut se suppléer par ces petites figures à capuchon ou parapluie qu'on trouve partout à bon marché. M. Frayssinet, pasteur de Sauves, dans le Gard, indique comme moyen puissant de combattre l'humidité de l'atelier, d'y mettre dans diverses places des pierres de chaux vive; la théorie explique très-bien l'effet sanitaire d'un pareil procédé; la chaux vive est très-avide d'eau, s'empare de l'humidité délétère de l'air de l'atelier, se combine avec l'acide carbonique, attaque les miasmes eux-mêmes, et produirait ainsi, en partie, l'effet du chlorure de chaux, conseillé par M. Bonafous. Cette chaux, à ce qu'il semble, demande à être de temps en temps renouvelée; ce n'est point un moyen cher d'aider au succès, et ce moyen, la pratique semble en avoir déjà confirmé l'efficacité; cependant on doit placer la chaux de manière à pouvoir l'enlever à volonté lorsque l'air de l'atelier deviendrait trop sec.

L'expérience ancienne et unanime de tous les éducateurs a bien admis, comme une grande cause de mortalité, un air humide et stagnant; mais on sait aussi qu'un air trop sec nuit aux vers et dessèche les feuilles : des expériences nouvelles de M. Camille Beauvais sembleraient même établir qu'un certain degré d'humidité, combiné avec un air souvent renouvelé, serait, avec une température chaude, un moyen de succès. C'est avec une humidité de plus de 80 degrés de l'hygromètre de

Saussure, que cet habile expérimentateur a réalisé le produit tout à fait sans précédent de 185 livres de cocons pour 20 quintaux de feuilles. Nous verrons plus tard que cette humidité était accompagnée d'autres circonstances qui ont eu probablement plus de part qu'elle aux succès.

Une once de graines de vers à soie contient en moyenne 42,000 œufs. Si tous réussissaient et donnaient leurs cocons, chaque once en produirait 160 à 170 livres ; mais dans le Midi, dans les éducations ordinaires, on recueille à peine 60 livres par once ; la perte est donc bien considérable. Ceux qui suivent avec exactitude et soin les procédés de ventilation de Dandolo voient leur produit s'élever en moyenne à 100 livres. Mais ce ne sont pas là, il s'en faut de beaucoup, les limites du succès qu'on peut atteindre ; Dandolo a récolté jusqu'à 123 livres, et les avantages qu'il a obtenus on peut les accroître encore par des procédés supérieurs aux siens, comme nous le verrons plus tard.

Toutefois, avant d'aller plus loin, nous ferons une remarque qui trouvera son application dans ce qui va suivre.

La plupart des vers qui ne donnent pas leurs cocons n'éclosent pas ou meurent dans les premiers âges, alors que leur consommation n'a pas été considérable, ni les soins qu'on leur a donnés bien nombreux. La perte n'est très-grande pour les éducateurs que lorsqu'elle se fait sur des vers qui ont pris leur développement et qui ont déjà consommé beaucoup de feuilles et employé beaucoup de main-d'œuvre, ce qui n'est pas le cas ordinaire. Ainsi, l'once qui donne 60 livres de cocons, ne consomme certes pas autant, et n'a pas demandé autant de soins que celle qui donne 100 livres; cependant les dépenses en feuilles et en main-d'œuvre ne sont guère en moyenne que d'un quart de plus pour un produit de deux tiers en sus de 100 livres au lieu de 60. Ainsi, si l'on dépense 1/3 du produit pour obtenir 60 livres, on n'en dépensera guère qu'un quart pour en obtenir 100. Le produit net dans le premier cas sera donc 40, et dans le deuxième 75 : différence très-grande pour le producteur, mais qui n'est pas la même pour les marchés qui absorbent les produits, parce que la feuille que n'ont pas consommée les vers moins nombreux de la première éducation, produira 1/4 au moins en outre des 60 livres : ce qui fait qu'entre les mains du moins habile, mais avec plus de dépense, il y a 75 livres de cocons produits avec la même quantité qui en donne 100 entre les mains de l'éducateur plus soigneux.

Mais il y a encore un autre avantage, c'est que les cocons de l'éducation qui a bien réussi, sont plus lourds, donnent plus et de meilleure soie que l'éducation qui a produit 60 livres. Dans cette dernière, près des 2/3 des vers ont péri de maladie, et parmi ceux qui restent, un grand nombre encore en a été attaqué, a été affaibli, et n'a donné que des cocons légers et de la soie de moindre qualité, pendant que la santé, qui s'est maintenue dans l'éducation qui a produit 120 livres, fait produire des cocons presque tous de la plus belle et de la meilleure soie.

Mais ces cent livres de cocons, dont nous sommes encore si éloignés et que la méthode de Dandolo nous fera réaliser, sont encore loin de la limite à atteindre. Nous verrons dans la lettre prochaine qu'on peut beaucoup mieux faire, et qu'on a effectivement beaucoup mieux fait.

QUATRIÈME LETTRE.

Une idée juste produit toujours dans son application d'heureuses conséquences. L'opinion générale que la mort des vers était en plus grande partie due au défaut d'air, opinion qui déjà avait conduit à mieux faire, ne s'est pas arrêtée dans ses résultats. M. Camille Beauvais, secondé par M. Darcet, a obtenu à la ferme des *Bergeries* un succès supérieur aux plus grands réalisés par Dandolo. Huit onces de graines lui ont produit 551 kilogrammes de cocons blancs, soit 1,102 livres ou 137 livres par once, résultat d'autant plus grand qu'il est donné par le ver de Chine, dont les cocons pèsent un 12e de moins que les bons cocons jaunes de l'espèce ordinaire, puisqu'il en faut 260 pour faire la livre, pendant qu'en moyenne, pour les cocons jaunes, il n'en faut que 240.

Sur les 42,000 vers de chaque once, il n'a pas perdu 15 pour $_0/^0$, en sorte que les 336,000 œufs de ses huit onces lui ont produit 286,520 cocons; encore attribuet-il une perte de 4,000 vers au défaut de ventilation qu'a amené un mauvais arrangement des bruyères.

Ce succès, qui s'était rarement réalisé dans des éducations en grand, serait dû en grande partie aux appareils de M. Darcet dont l'esprit fécond en ressources heureuses améliore toutes les parties des arts industriels auxquels il donne des soins. C'est à son système de ventilation que M. Camille Beauvais a dû la solution du problème que depuis long-temps il cherchait à résoudre, d'obtenir pour sa magnanerie une température convenable et un air pur et constamment renouvelé. Ce système de ventilation consiste en un calorifère placé au dehors de la magnanerie, dans un étage inférieur, et qui porte dans toute la longueur du plancher de foulée de l'atelier des tuyaux d'air chaud ou froid à volonté, qui s'y répand par des ouvertures. Dans le plancher supérieur, sont établies des ouvertures correspondantes à celles du bas, qui au moyen de tuyaux, portent jusque dans la cheminée même du calorifère l'air vicié de la magnanerie. Cet air vicié se joint au courant d'air chaud et de fumée de la cheminée, et est entraîné par lui; l'air chaud détermine un courant rapide d'air aspiré de la magnanerie par les tuyaux qui y ont leur embouchure, et cet air est immédiatement remplacé par l'air chaud du calorifère.

En faisant plus ou moins de feu dans ce dernier, on donne aux vers de l'air plus ou moins chaud. Lorsque la magnanerie n'a pas besoin d'être échauffée, un fourneau auquel on donne le nom de fourneau d'appel, placé au-dessus de la magnanerie, détermine le courant de la cheminée qui aspire et entraîne l'air des tuyaux de ventilation de l'atelier. Un tarare semblable à celui du crible à vent, mû par un homme, donne au besoin plus d'actitivité au courant.

L'humidité de l'air chargé de miasmes est beaucoup plus à craindre que l'air trop sec dans la magnanerie; mais la ventilation à l'air chaud détruit puissamment cette humidité; si donc l'air devenait trop sec, ce qui est un inconvénient pour la santé des vers et pour les feuilles

même qu'il flétrit, on fait passer l'air de ventilation sur
des vases qui contiennent de l'eau ou qu'on remplit de
glace si l'on veut rafraîchir la température. Cependant
comme la glace est rare et chère, peut-être devrait-on
disposer des tuyaux de prise d'air dans des caves; l'air
qu'on y puiserait, qui s'élève peu au-dessus de 10 degrés
Réaumur, ne s'emploierait que pour rafraîchir, lorsque
la température de l'air extérieur serait plus élevée que
celle qu'on veut établir dans l'atelier, tandis que l'air
extérieur serait plus convenable lorsqu'il faudrait échauffer la magnanerie (1).

Nous ne donnons ici qu'une idée bien incomplète du
beau système de ventilation inventé par M. Darcet; mais
on peut en trouver tous les détails dans le *Bulletin de
la Société d'encouragement* de septembre 1835, et dans
sa publication de 1836.

C'est ce système de ventilation qui a beaucoup con-
couru à porter le produit de M. Camille Beauvais de 104
livres de cocons, produit de 1834, à 137 livres par once
de graine en 1835, et qui l'a par conséquent accru de
31 p. o/o, résultat bien grand, et qui, s'il était partout
possible, mettrait bientôt la production française au
niveau de la consommation.

M. Darcet a fait en même temps une série d'expériences intéressantes et d'analyses curieuses des feuilles et

---

(I) Ce procédé de rafraîchir l'air dans les caves vient d'être employé
par M. Darcet dans plusieurs magnaneries et entr'autres dans celle du
roi à Neuilly. En mêlant cet air frais avec plus ou moins d'air extérieur,
et en le faisant passer, lorsqu'il est trop sec, sur des linges mouillés,
il est parvenu à modifier à son gré la température et l'état hygrométrique de l'atelier.

des vers à soie. Ainsi, il s'est assuré qu'un quintal de feuilles se réduit à 32 livres de substance sèche : que ces feuilles sèches contiennent 5,58 p. o/o d'azote, et que la soie en contient 11,33.

Il évalue à 29 grammes la quantité de feuilles fraîches que consomme un ver à soie dans tout le cours de sa vie. Ce chiffre, à ce qu'il nous semble, demande à être beaucoup réduit; il l'a déduit de la consommation regardée, il est vrai, jusqu'ici comme nécessaire, de 15 quintaux de feuilles pour amener un quintal de cocons; mais il y a, sur ces 15 quintaux, beaucoup de déductions à faire. Et d'abord, ces 15 quintaux sont des feuilles non épluchées, qui, d'après les expériences de Dandolo, perdent 1/11 à l'épluchage et se réduisent à 1,360 livres; en outre, il reste, après l'épluchage, d'après les mêmes expériences dans la litière et les déjections en queues, mures et débris de feuilles non consommés, 3/7 de la feuille mondée : la consommation des 26,000 vers qui ont produit le quintal de cocons se borne donc à 720 livres ou 360 kilogrammes, ce qui réduit la consommation de chaque ver à 14 grammes ou moins d'une demi once. Chaque ver qui pèse 3 grammes 3/4 n'a donc consommé qu'un peu plus de quatre fois son poids de feuilles, et, ce qu'il y a de bien remarquable, c'est que tout l'azote des feuilles serait passé dans le cocon.

Ces résultats diffèrent sans doute beaucoup de ceux M Darcet; mais il était absolument nécessaire de combiner ces derniers avec ceux de Dandolo, pour arriver à un résultat rigoureux.

Ce qui doit encourager dans les tentatives, et disons-le mieux, dans les dépenses à faire pour introduire le système de ventilation Darcet, c'est que M. Camille Beauvais a commencé par n'être guère plus heureux que les autres éducateurs : la première année, il n'a obtenu que 67 livres de cocons par once de graines ; mais ses succès se sont accrus avec ses soins et son expérience , et il espère réduire encore les pertes qu'il a faites ; M. Henri Bourdon, propriétaire à Ris, a obtenu un produit qui s'élèverait à 170 livres par once. Il faut que ses cocons aient été plus lourds, ou que l'espèce de ses vers soit celle qui donne le cocon jaune, car les 42,000 vers de l'once de cocons blancs, tous réussis à 260 cocons par livre, ne produiraient que 161 livres, pendant que l'once qui produit des cocons jaunes à 240 par livre, peut en produire 175.

Et puis, il y a d'ailleurs, dans l'appréciation des cocons, quelque chose de vague : suivant qu'ils se pèsent avec ou sans la bourre, immédiatement après leur fabrication, ou huit à dix jours après la mort de la chrysalide ; suivant encore qu'on fait périr cette dernière dans le four ou dans une étuve, le poids des cocons peut être très-différent.

Sans doute encore plusieurs circonstances dans l'éducation, et, par conséquent, son produit peuvent encore être améliorés. Mais si seulement, en réunissant les meilleurs procédés et tous les soins, on pouvait arriver à approcher en moyenne du résultat de M. Camille Beauvais ou même de celui de Dandolo, on aurait fait une immense conquête, et la France devrait à MM. Beauvais et Darcet une grande reconnaissance pour y avoir puissamment contribué.

M. Camille Beauvais a consommé dans son éducation, qui a duré 37 jours, 16,830 livres de feuilles non mondées ; ce sont quinze quintaux de feuilles consommées pour un quintal de cocons, résultat un peu plus fort que celui de Dandolo, qui est de 16 quintaux pour 120 livres de cocons ou de 1,340 par quintal.

A ces grands succès de M. Beauvais, on peut comparer ceux de M. Amans Carrier à Rhodez, qui, en 1833, a obtenu 128 livres de cocons par once, tout en se débarrassant de tous ses malades. C'est sa douzième année d'éducation dans un pays où, depuis la révolution de 89, tous les mûriers avaient été détruits, et son succès va toujours grandissant. Sa méthode est celle de Dandolo, et il s'attache particulièrement à renouveler l'air avec le plus grand soin, surtout au cinquième âge.

D'autre part à Milhau, Mme Loirette a obtenu, la même année, 700 livres de cocons avec 5 onces de graines ou 140 livres par once. Les succès de M. Camille Beauvais ne seraient donc plus la seule exception et ne sembleraient pas par conséquent être très-difficiles à égaler.

Mais les moyens de ventilation que nous avons décrits ne sont malheureusement pas applicables à toutes les localités ; sans doute on peut plus ou moins les établir dans toutes les grandes constructions ; mais la plus grande partie de la soie produite en France se fait dans des appartemens qui ne sont point spécialement destinés aux vers à soie ; ils occupent, pendant les six semaines qui leur sont consacrées, une partie du logement de la famille, et cela a lieu dans la chaumière du pauvre comme dans la demeure du riche ; ailleurs encore, on les loge dans des granges, des hangars fermés, où des feux de houille brûlent souvent à l'air libre, maintiennent la chaleur nécessaire et concourent à la ventilation. Souvent dans ces granges toutes à jour, où l'on ne peut se défendre des influences de l'air extérieur, les éducations réussissent mieux que dans des appartemens bien fermés, parce qu'il y a dans ces granges plus de volume d'air et une meilleure ventilation.

Les procédés Darcet ne sont applicables dans aucune de ces positions. Comment y suppléer et donner de l'air pur à ces précieux insectes? Les feux de flamme, les tuyaux de chaleur, l'ouverture des croisées et un grand espace donné au ver sont alors indispensables. Un de nos compatriotes, M. Peysson, vient d'imaginer un procédé facile et peu dispendieux, qui, mis en pratique par lui depuis cinq ans et déjà répandu chez d'autres, réalise en partie les résultats des procédés Darcet : nous nous en occuperons ultérieurement.

CINQUIÈME LETTRE.

Nous avons vu dans la lettre précédente que M. Camille Beauvais, dans son éducation de vers de 1835, avait obtenu des résultats supérieurs à ceux qu'on avait réalisés avant lui. Nous avons développé les procédés qui les lui ont fait obtenir; nous avons fait voir qu'ils étaient plus ou moins à la portée de tous les éducateurs. Cet habile expérimentateur ne s'est pas arrêté dans la carrière utile qu'il parcourt; il a fait cette année de nouveaux pas et a obtenu des résultats qui semblent au moins aussi importans que ceux de l'année précédente; nous nous empressons de les faire connaître, afin que les éducateurs puissent, long-temps à l'avance, apprécier les avantages qu'ils auraient à les imiter, et préparer les dispositions nouvelles qui, dans ce cas, leur seraient nécessaires.

M. Camille Beauvais a élevé séparément un lot de vers à soie; et au moyen de quelques circonstances nouvelles, faciles à imiter, il a terminé son éducation en 21 jours, et a produit 185 livres de cocons avec 20 quintaux de feuilles. Ses vers, pendant le cours de l'éducation, se sont montrés constamment plus vifs, plus vigoureux, et doués de plus d'appétit que les autres. Il a obtenu tous ces avantages en leur donnant de très-fréquens repas: 48 le premier jour, 30 le second, et 12 dans tout le reste de l'éducation. Ces vers ont été soumis à une température de 21 à 22 degrés Réaumur et à un état hygromètrique de l'air de 85 à 90 degrés de l'hygromètre Saussure. L'année prochaine, il espère abréger encore le temps et le réduire à 18 jours avec une température de 22 à 25 degrés, et en élevant l'humidité jusqu'au degré 100 de l'hygromètre Saussure (1).

L'éducation de l'année précédente avait duré 35 jours. En la réduisant à 21, on a gagné 2/5 de temps, et précisément du temps le plus important et le plus nécessaire aux mûriers pour se refaire, du temps qui coïncide sur quelques points avec la fauchaison, ailleurs avec la moisson. On diminue, par là, dans la même proportion, le temps des pertes, des maladies, des chances de toute espèce à courir; on termine avant l'époque où arrivent les touffeurs et les orages si dangereux aux vers, et on épargne d'un quart au moins tous les frais de main-d'œuvre, circonstances qui, réunies, ont la plus grande influence sur le produit net.

Mais ce qui est encore plus remarquable, c'est que le

(I) M. Beauvais, étendant ses recherches à toutes les parties de l'éducation des vers, est parvenu à faire éclore, à l'aide de la chaleur humide, de la graine conservée depuis 22 mois dans la glacière de Neuilly. L'éclosion a réussi comme avec de la graine nouvelle.

Le résultat naturel de cette découverte est que la chaleur humide procure une éclosion facile et simultanée; qu'on pourra, à l'aide d'une glacière, retarder autant qu'on le voudra son éducation, tenir chaque année de la graine en réserve pour le cas des gelées tardives qui détruisent toutes les feuilles des mûriers, en conserver, comme M. Loiseleur des Longchamps, pour faire plusieurs éducations dans une année, et garder même pour l'année suivante la graine qu'on n'aurait pas employée.

quintal de cocons n'a plus consommé pour arriver que 1,o81 livres de feuilles, quantité qui n'est guère que la moitié du terme moyen de consommation qu'on porte le plus souvent à deux milliers par quintal, et qui n'est que les deux tiers de celle de 15 et 16 quintaux des éducations qu'on cite pour modèles; économie d'une haute importance, puisqu'elle donnerait le moyen de produire avec la même quantité de feuilles le double de soie dans le premier cas, et la moitié en sus dans le second.

D'ailleurs, cette économie de feuilles, qui est la suite de repas fréquens, s'explique assez facilement, si l'on se rappelle qu'il résulte des expériences de Dandolo que les 15 quintaux de feuilles nécessaires dans son éducation modèle pour un quintal de cocons, se réduisent par les débris, l'épluchage et ce que gâtent les vers sans le consommer, à 720 livres de feuilles consommées. Dans les fréquens repas, la nourriture est donnée exactement à mesure de la consommation; il n'y a donc rien ou presque rien de perdu, et c'est, nous le pensons, la cause qui produit en grande partie l'économie remarquée.

Mais ces expériences ne sont heureusement pas des faits isolés et sans précédens; elles sont l'habile déduction de faits antérieurs et de connaissances précédemment acquises qui, dans les mains de M. Camille Beauvais, ont pris une importance qu'elles n'avaient pas, parce qu'il a réuni dans son expérience des conditions restées isolées avant lui, qu'il les a appliquées à toute la durée de l'éducation, et qu'il en a pu préciser d'une manière formelle les résultats; il a, par conséquent, tout le mérite de l'invention; et le service qu'il rend est d'autant plus important, que les faits qui en résulten,

en s'appuyant sur d'autres qui leur sont antérieurs, ac-
quièrent un degré de certitude qu'ils seraient loin d'avoir
sans cela.

Sauvage, dans ses expériences, avait été sur la voie
qu'a suivie M. Camille Beauvais. Dans une éducation
hâtée au moyen d'une température de 28 à 30 degrés dans
les deux premiers âges, il réduisit à 9 jours leur durée
ordinaire de 12; et en abaissant la température de 20 à
22 degrés pour les deux suivans, ils ne durèrent que 10
jours, au lieu de 14, et, en tout, ses vers montèrent au
bout de 24 jours. Il avait remarqué que cette température plus élevée augmentait leur appétit, les faisait
croître et vivre beaucoup en peu de temps; ces observations l'amenèrent aussi à donner des repas plus fréquens; mais ces repas se bornaient à 12 le premier jour
et à 6 les jours suivans; il remarqua encore qu'il écono-
misait ainsi trois ou quatre quintaux de feuilles. Sa récolte fut abondante; mais il fut encore loin du résultat
de M. Beauvais.

Ce ne fut pas dans la vue de faire une expérience que
Sauvage voulut presser ses vers en les chauffant et leur
donnant de fréquens repas; c'était pour avancer son éducation commencée tard dans une année où la saison
hâtait le développement des feuilles; aussi il engage
ceux qui voudraient l'imiter à retarder l'éclosion de leurs
vers de huit jours *au moins*, afin que la grande consommation des vers n'arrive pas avant le grand développement de la feuille; autrement, le temps qu'on aurait
gagné pourrait jeter dans la disette de feuilles, inconvénient plus grand que l'avantage de l'économie de temps.

Néanmoins, par les résultats qu'il avait trouvés, il fut
amené à profiter de son expérience, et il énonce, comme

résultat de ses observations, que *les vers à soie hâtés avec prudence réussissent toujours mieux que les autres.*

Sauvage, dans le temps s'appuyait, comme M. Camille Beauvais, sur l'expérience séculaire des plus anciens éducateurs de vers. Les Chinois, dix siècles peut-être avant notre ère, ont commencé l'éducation artificielle des vers à soie, et ont dès long-temps adopté les procédés qu'ils ont jugés les plus utiles et les plus productifs. Déjà une grande partie de ceux que nous suivons leur sont dus. Dans le XIVe siècle, un ouvrage fut publié en Chine sur ce sujet par un ministre d'Etat, et y jouit encore, à ce qu'il paraît, d'un grand crédit. Le père Duhalde, dans son *Histoire de la Chine*, en a donné un extrait plein de notions intéressantes. L'auteur dit, entr'autres choses, qu'on donne le premier jour, toutes les demi-heures, à manger aux vers à soie; le second, trente fois; et les jours suivans, on diminue successivement le nombre des repas; que l'éducation ne doit durer que 25 jours; et que celle qui se prolonge au-delà donne d'autant moins de soie.

Mais le climat méridional de la Chine donne en même temps la température élevée : les vers y réunissent donc les deux premières conditions de M. Camille Beauvais, repas fréquens et chaleur; et par cette raison le temps de leur éducation s'élève au plus à 25 jours.

Ce n'est pas ici le lieu de nous étendre sur les autres procédés chinois. Nous avons recueilli dans les ouvrages sur la Chine les renseignemens sur l'éducation des vers à soie que nous avons jugés les plus utiles : nous en ferons connaitre plus tard le résumé.

Les notions que M. Camille Beauvais a puisées dans ces ouvrages ainsi que dans la pratique de M. l'abbé Sauvage, ont été pour lui des traits de lumière ; et dès le premier jet il a dépassé ses maîtres, en abrégeant plus qu'eux le temps de l'éducation et en augmentant l'économie dans la consommation. Il a encore ajouté à leurs procédés une plus forte dose d'humidité de l'air. Serait-ce à cette circonstance nouvelle que serait due une partie du succès ?

Mais avant M. Camille Beauvais, les éducateurs praticiens et théoriciens ont regardé l'humidité comme l'une des grandes causes de la perte des vers à soie ; y a-t-il contradiction avec M. Camille Beauvais ? Nous ne le pensons pas.

Nous croyons devoir distinguer d'une manière spéciale l'humidité de l'air de ventilation d'avec celle que font naître et concentrent les miasmes humides qui s'échappent des vers eux-mêmes et de leur litière en fermentation ; cette dernière a toujours été regardée comme le fléau des éducations, et elle doit être activement combattue en l'expulsant de la magnanerie, et en remplaçant les combinaisons gazéiformes et délétères qu'elle a formées, par des masses d'air pur tiré du dehors. L'humidité qu'apporte cet air est elle-même pure et sans mélange d'aucun principe étranger ; on conçoit donc bien que son effet sur la santé des vers puisse être tout à fait différent, qu'elle puisse même leur être salutaire comme l'autre leur est funeste.

Les résultats obtenus par M. Camille Beauvais s'appuient encore sur l'expérience de tous les éducateurs, qui ont admis en principe que quelques repas de plus ou de moins avancent ou retardent sensiblement une table de vers à soie ; on emploie d'ordinaire ce moyen pour amener au même point de croissance les parties de

3

vers qui avancent ou retardent plus que la masse. Le principe était donc ancien et connu ; il restait à en faire l'application à toute la durée de l'éducation, et c'est ce qu'a fait M. Camille Beauvais.

Les avantages qu'il a réalisés sembleront encore plus naturels, si on les rapproche des circonstances que présente la production naturelle de la soie dans une partie des pays où on l'a observée. Les générations des vers y sont, dit-on, de 12 par an ; admettant que ce soit plutôt les récoltes des cocons que les générations des vers qui s'élèvent à ce nombre et réduisant les générations à 8 ou 9 par an, toujours encore auraient-elles lieu dans l'espace de 40 à 45 jours, en y comprenant le temps nécessaire pour l'incubation et l'éclosion des œufs, la vie entière des insectes, la formation des cocons, la sortie des papillons et la ponte de la graine ; pendant que dans nos éducations artificielles toutes ces phases successives demandent en moyenne 70 à 80 jours au moins ou près du double du temps ; mais, dans l'éducation naturelle, le ver rencontre dans les pays où il est indigène et sur les arbres où on l'élève, les deux principales circonstances que lui a offertes M. Camille Beauvais dans ses expériences : placé au milieu et à portée de feuilles toujours fraîches, ses repas sont toujours aussi fréquens qu'il le désire, et la température toujours élevée et flottant entre 20 et 30 degrés lui donne cette activité que M. Camille Beauvais a remarquée parmi les siens ; ce serait donc à l'introduction dans son atelier de ces deux conditions que le ver rencontre dans l'état de nature, que M. Camille Beauvais aurait dû particulièrement son succès.

Les avantages de la méthode nouvelle de M. Camille Beauvais se trouvent encore confirmés par des expériences faites dans les environs de Dijon, à Marsonnas-la-Côte, et dont nous pouvons tirer d'utiles inductions.

MM. Beaurepère et Lapertot ont fait une petite éducation d'un peu plus d'une once et demie, dans laquelle ils ont, sur l'indication de M. Camille Beauvais, donné huit fois par jour à manger à leurs vers. Le résultat remarquable de cette éducation a été le produit de 155 livres de cocons par 1875 livres de feuilles. Un quintal de cocons a donc été produit par 12 quintaux de feuilles. Ils ont cependant perdu un tiers de leurs vers par suite, à ce qu'ils pensent, d'un orage arrivé à la fin du quatrième âge. Ils ont alors clos hermétiquement leur chambrée, et ils ont peut-être ainsi décuplé le mal de l'orage par l'air étouffé qu'ils ont fait respirer à leurs élèves.

Le tiers de vers qui ont péri à leur quatrième âge avait consommé un quinzième de toute la feuille : sans cet accident, l'économie de la consommation aurait été encore plus considérable.

Cette feuille était le produit de 2 hectares de mûriers nains et à plein-vent, multicaules, greffés et sauvageons, plantés en 1834. — C'est peut-être se presser un peu de commencer à jouir.

Nous remarquerons que les avantages sont ici beaucoup moins grands que chez M. Beauvais : ainsi, l'économie de feuilles a été moindre; mais aussi les repas ont été beaucoup moins fréquens. L'éducation a duré le temps ordinaire; mais les vers ont été souvent sans feu; et lorsqu'on en faisait, on maintenait la température à 15, 16 et 17 degrés, au lieu de 21 et 22. Avec cette température froide, il est certain que, sans les repas fréquens, l'éducation se serait beaucoup plus prolongée.

On doit conclure aussi que l'élévation de la température a plus de puissance pour abréger l'éducation que les repas fréquens, puisque celle de MM. Beaurepère et Lapertot a duré le temps ordinaire, bien que leurs vers aient reçu un nombre de repas double du nombre accoutumé.

Enfin leurs vers n'ont eu ni l'active ventilation, ni la température, ni les conditions hygrométriques de M. Camille Beauvais : aussi la maladie en a enlevé un tiers.

En réunissant les mêmes conditions que M. Beauvais, il est donc à croire qu'on approcherait de son résultat. Les conditions hygrométriques sont peut-être les moins faciles à remplir ; il serait à désirer qu'elles ne fussent pas indispensables au succès. C'est à l'habile expérimentateur qui les a introduites à nous en montrer la nécessité et en préciser, s'il se peut, les avantages.

Toutefois, ne nous effrayons point de ces degrés hygrométriques : ils ne sont pas loin de la nature, et ne sont pas difficiles à obtenir. Dans le mois de juin dernier, qui a été généralement partout très-sec, la moyenne hygrométrique de l'air a été, à Genève, de 72° pendant le jour, et de 82 pendant la nuit, pendant qu'à Zurich elle a été de 73 pendant le jour et de 84 pendant la nuit. Il n'y aurait donc que quelques degrés hygrométriques à ajouter à l'air de ventilation pendant le jour, et peu à changer à celui de la nuit. Cependant, comme on élève souvent la température de l'air extérieur, et que cette circonstance le dessèche, l'air de ventilation devra être mis en contact avec de l'eau, ou on produira, à l'aide du feu, de la vapeur d'eau que l'air entraînera avec lui dans la magnanerie.

Mais ces nouvelles circonstances de chaleur et d'humidité rendent l'active ventilation encore plus nécessaire.

La vigueur plus grande, la vie plus active, la consommation plus considérable des vers, la chaleur et l'humidité plus intenses, absorbent plus d'air, en vicient une plus grande quantité et déterminent une plus grande masse d'émanations délétères : il sera donc encore plus nécessaire d'amener de l'air pur dans toutes les parties de l'atelier.

Nous trouvons encore dans la première éducation d'essai qui a eu lieu cette année à Grignon, de nouveaux motifs pour appuyer les résultats de M. Beauvais. Cette éducation a été faite sous une température de 16 à 17 degrés : elle a duré le temps ordinaire ; mais au moyen de repas plus fréquens, on a obtenu 105 livres de cocons avec la consommation de 12 quintaux de feuilles. Le résultat eût été meilleur et plus prompt, si les repas fréquens fussent arrivés dès le commencement. Dans le premier âge, ils n'ont pas été plus répétés qu'à l'ordinaire. Dans le 2me, le 3me et le 4me, ils ont été de cinq par jour, et dans le 5me seulement ils se sont élevés jusqu'à neuf. Les pertes éprouvées ont été attribuées à des feuilles humides, qui, bientôt même, ont manqué ; mais, malgré ces circonstances défavorables, l'économie produite par les repas fréquens a encore été égale à celle de MM. Beaurepère et Lapertot.

En nous résumant sur tout ce qui précède, nous dirons que la pratique de vingt siècles chez les Chinois, les expériences de Sauvage, et les principes admis par tous les éducateurs, s'accordent, avec les expériences de M. Camille Beauvais, pour prouver que les repas fréquens concourent beaucoup à hâter l'éducation des vers à soie; il s'ensuit encore qu'une chaleur de 21 à 22 degrés est nécessaire avec les repas fréquens pour arriver à diminuer de plus d'un tiers le temps nécessaire à leur éducation; qu'il paraît convenable, nécessaire peut-être, de joindre à ces deux premières conditions une assez grande humidité dans l'air qu'on fait circuler dans la magnanerie; que le résultat immédiat de ces procédés est une économie qui va presqu'à diminuer de moitié la feuille consommée.

Ces divers avantages sont bien grands; ils sont à la portée de toutes les éducations. Ils ne demandent ni machines, ni procédés délicats ou compliqués; ils ont déjà tout le degré de certitude que des faits nouveaux peuvent acquérir en s'appuyant sur des faits anciens non contestés ni contestables; ils ne font courir aucune chance de diminution à la précieuse récolte.

On peut, dans la plupart des magnaneries, remplir plus ou moins ces conditions; on peut partout soutenir la température entre 21 et 22 degrés : déjà nos éduca-teurs du Bugey remplissent cette condition, et avec elle réduisent l'éducation à 28 ou 3o jours. Partout encore on peut multiplier le nombre des repas, les porter à 24 les deux premiers jours, et à 12 pendant tout le reste de l'éducation. Une seule personne debout pendant la nuit peut, suivant l'étendue de l'éducation, pendant les quatre premiers âges, suffire à distribuer la feuille pré-parée et hâchée dans la soirée; et dans le dernier âge, un seul individu debout éveillé, toutes les deux heures, et pour un moment seulement, les aides dont il a besoin.

Lorsque l'air paraîtra trop sec dans l'atelier, des lin-ges mouillés placés dans la direction des courans d'air, de l'eau mise en vapeur au moyen des poêles ou des cheminées, ou, comme en Chine, des aspersions d'eau

fraîche sur les planchers, lui rendraient l'humidité nécessaire.

Mais il faut encore dans ce cas retarder de dix jours
au moins l'éclosion des vers. Si l'on craint l'éclosion
spontanée, on met dès le mois de mars sa graine dans un
bocal de verre bien bouché, qu'on place dans une glacière, ou à défaut dans une cave. Lorsque l'éclosion est
finie, on fait consommer aux jeunes vers les feuilles encore peu développées des bouts de bourgeons, dont les
premières restent sur les arbres et grandissent pour l'é-
poque de la forte consommation. Ainsi, dans ce nouveau système, les premiers âges vivent de feuilles qui
n'eussent point existé dans le cas d'une éducation précoce, pendant que celles qui eussent été consommées de
bonne heure restent pour l'époque de la grande consommation. Il y a donc encore là un nouveau moyen de diminuer la consommation de la feuille dont n'a pas tenu
compte M. Beauvais.

Il suffit que l'éducation, pour sa durée de 20 à 25
jours, commence du 15 au 20 mai, pour la voir finir,
au plus tard, du 10 au 15 juin, époque à laquelle vont
commencer les fauchaisons, et où arrivent les temps
orageux et les temps de touffeur si funestes aux vers.

Aucune de ces circonstances ne paraît difficile à réaliser. Toutes au contraire sont connues pour être salutaires aux vers. Il n'est point question ici d'une nouveauté hasardeuse, ni qui doive faire courir des chances; il ne s'agit que de modifier favorablement les circonstances ordinaires de l'éducation.

Il est donc grandement à désirer que, sur beaucoup
de points en France, on essaie dès cette année de marcher sur les traces de M. Camille Beauvais, de Sauvage

et du peuple le plus grand producteur de soie. Nous avons tout lieu de le penser : les résultats seraient favorables ; il en sortirait donc une de ces grandes convictions qui entraînent les masses, et qui ferait naître presque simultanément une grande et générale amélioration dans cette riche et précieuse industrie.

SIXIÈME LETTRE.

M. Peysson, de Chazey, près Belley, obtient régulièrement en moyenne 100 livres de cocons par once de
graine. De toutes les éducations de vers qui nous avoisinent, la sienne est relativement la plus productive.
Sans doute ses soins intelligens, son activité et son expérience concourent à ce succès; mais plusieurs de ses
voisins ne lui cèdent en rien sur tous ces points. Ses
succès sont dus principalement, nous le pensons avec
lui, à ce qu'il est parvenu par un procédé nouveau à
faciliter le renouvellement de l'air, diminuer les inconvéniens de l'entassement des vers et de leur litière; et
cette idée juste dont il a trouvé une application heureuse,
a produit chez lui son résultat naturel, une éducation
plus facile et plus productive.

Les planches, ordinairement employées à placer les
vers, ne permettent aucune circulation; le ver reste en-
tassé sur une litière humide qui fermente avec ses déjections, que rien ne peut sécher, et qui se renouvelle
bientôt après qu'on l'a enlevée; la planche s'empreint
profondément de cette humidité nauséabonde et délétère,
qui ne disparaît pas en levant la litière, et dont l'effet
se renouvelle et s'aggrave même encore dans toutes les
années successives où on l'emploie.

Cet inconvénient, senti depuis long-temps, a fait tenter dans beaucoup de pays de remplacer ces planches. En Italie et dans le midi de la France, on leur a substitué des claies en roseaux : M. Camille Beauvais emploie aussi ce système qui tend de plus en plus à se propager comme préférable à celui des planches ; mais il faut en outre, dans les premiers âges, au moins, couvrir ces claies de papier, ce qui coûte encore et diminue l'avantage qu'elles offrent de permettre à l'air un peu de circulation.

Pour remplacer les roseaux, *arundo donax*, qui ne viennent pas dans notre pays, et dont les méridionaux font leurs claies, dites *canis* ou *canisses*, Mme Lavigne, à Belley, a imaginé de faire faire avec des roseaux de marais, roseau à balai, *arundo phragmites*, des claies, qui sont à la fois légères, peu coûteuses, et permettent à l'air de les traverser et de les sécher. Ce procédé s'est étendu dans le Bugey, et il paraît avoir été à peu près en même temps imaginé sur les bords de la Saône par M. Rivière, de Montmerle, qui emploie aussi des claies légères faites avec des roseaux pris au bord des rivières.

Les claies de Mme Lavigne sont de 4 pieds en carré, elles sont flexibles, se placent et se déplacent à volonté, se prêtent facilement au délitage ; elle emploie, en outre, à cette dernière opération des filets de 2 pieds de large et de 4 pieds de long, qu'elle couvre de feuilles fraîches, sur lesquelles viennent se placer ses vers ; ces claies et ces réseaux de fil employés aussi dans le midi semblent modifiés heureusement par Mme Lavigne, en raison de la petite dimension et de la flexibilité qu'elle leur a données ; nous en croyons la manœuvre facile et leur emploi est certainement bien préférable aux planches auxquelles on les substitue. Le détail de ce procédé ingénieux, se trouve dans un écrit de M. Lavigne, qui vient de paraître à Belley, et qui renferme des instructions très-utiles aux éducateurs de vers à soie.

Ces réseaux ou filets portent sur chacun de leur grand côté une baguette ou un roseau, à l'aide desquels ils se placent, se portent et se rapportent à vide, ou couverts de feuilles et de vers, ou seulement de litière. Avec ces réseaux, la manœuvre du délitage est on ne peut plus facile et accélérée, et, lorsqu'ils sont débarassés de vers, toute la litière d'un tour de main se jette dans un panier pour l'emporter hors de la magnanerie. On pourrait se borner à une petite quantité de ces filets qu'on débarras-serait à mesure que les vers y monteraient; mais pour que l'opération soit prompte et facile il en faut une éten-due égale à celle des tables, et, de plus, quelques-uns de rechange, parce qu'ils restent engagés sous les vers. En outre, dans les premiers âges, les vers et les feuilles hachées, passeraient par les mailles de 7 à 8 lignes de largeur, il serait donc utile d'en avoir d'autres à mailles plus étroites; mais il n'en faudrait guère qu'un huitième de l'étendue destinée aux vers pour servir jusqu'à la fin du deuxième âge.

M. Peysson, de son côté, dans le moyen qu'il a ima-giné pour remplacer les planches, a rencontré, à ce qu'il semble, plus heureusement que les claies; il emploie pour cet objet de la toile d'emballage un peu soignée, attachée à des cadres en bois; cette toile permet à l'air, au moyen des jours qui la criblent, d'arriver aux vers, à la litière, et de les toucher immédiatement par des-sous presque comme par dessus. Les vers échauffent la couche d'air qui les environne; cet air échauffé s'élève, et est immédiatement remplacé par celui qui se tamise à travers les petites mailles de la toile; il y a donc circulation et changement d'air, circonstance éminemment utile à ces insectes. Par ce moyen encore l'humidité s'évapore, la fermentation des feuilles et des excrémens ne se développe plus avec la même intensité. La toile après le nettoiement est presque sèche, pendant que les planches, les claies et le papier qui les couvre conservent encore beaucoup d'humidité; les cadres sont légers, mobiles; le tassement de la litière n'a plus lieu sur ces toiles flexibles; enfin tout cet ensemble se prête mieux à tous les moyens de ventilation qu'on voudrait employer.

La toile qu'on emploie coûte un franc l'aune. Après l'éducation faite, on la détache des cadres et on la lessive pour l'année suivante.

La question du lit que l'on assigne au ver pour y passer sa vie est importante, et peut beaucoup contribuer au succès; nous ne devons pas quitter ce sujet sans rappeler qu'un habile éducateur italien le docteur Pittaro, et M. Benjamin Cauvi, ont proposé de faire des canis en treillis de fil de fer, avec des mailles de 7 à 8 lignes de diamètre, et des rebords de 18 lignes; ces treillis servent à la fois au placement des vers et au délitage dans lequel ils remplacent les filets, ils expédient cette opération très-promtement. M. Cauvi pense qu'avec des canis d'une dimension uniforme, deux personnes peuvent déliter en quatre heures de temps une éducation de 12 onces : avec ces moyens expéditifs il conseille de déliter tous les deux jours. Toutefois, les larges mailles des treillis, ont l'inconvénient de laisser échapper les déjections des vers, et d'en laisser tomber quelques-uns d'un étage à l'autre dans les commencemens de l'éducation; M. Pittaro propose de parer à cet inconvénient, en couvrant les canis de fil de fer, avec des réseaux de fil à mailles plus serrées.

On peut encore objecter à ces réseaux qu'ils offrent à l'électricité de grands moyens de circulation, qu'ils attirent au milieu des vers ce principe actif et subtil que beaucoup d'éducateurs semblent s'accorder à regarder comme nuisible.

M. de Champris, à Cuiseaux, en même temps qu'il essayait les toiles Peysson, les a suppléées, en partie, en collant du papier fort sur les cadres, et le perçant de trous avec de grosses épingles; des traverses de bois lient les cadres à la distance où l'on doit placer la bruyère, ou la paille de colza, pour lui donner un appui, et les vers semblent se trouver à peu près aussi bien sur ce papier que sur les toiles; enfin, comme nous le verrons plus tard, les Chinois couvrent de paille hachée leurs canis de roseaux; leurs cadres sont, à ce qu'il semble, mobiles, ce qui leur donne le moyen d'expédier le délitage; mais cette litière de paille a ausssi le défaut d'intercepter le passage de l'air.

Cette année, les cadres à toile ont été essayés avec succès à Challes; ils ont été trouvés propres, commodes et expéditifs. Ces cadres étaient de 7 pieds de long et 2 pieds 8 pouces de large, et se plaçaient et déplaçaient comme des tiroirs.

Il serait grandement à désirer que des expériences bien faites et répétées en beaucoup de lieux sur les divers moyens de placer les vers et d'opérer le délitage, pussent indiquer celui qui serait le plus expéditif et le plus salutaire.

Nous avons vu précédemment que, dans les appartemens ordinaires et surtout dans les habitations des hommes de la campagne, les procédés de ventilation de Dandolo, et à plus forte raison ceux de **M.** Darcet, n'étaient pas applicables ; mais l'ouverture des croisées et les feux de flamme peuvent en grande partie y suppléer, si, comme **M.** Peysson, on y joint l'emploi de la toile canevas.

Il serait sans doute utile de pouvoir réunir les deux procédés à la fois ; on pourrait espérer alors de voir se soutenir l'avantage qu'a réalisé **M.** Camille Beauvais dans son éducation de 1835. Le procédé des toiles ou cadres de canevas nous semblerait donc nécessaire ou du moins très-utile pour compléter les moyens de ventilation du procédé Darcet.

Si l'expérience de cinq ans de **M.** Peysson ne l'abuse pas, si le raisonnement, si les circonstances de salubrité, d'aération facile, de simplicité et de facilité de service qu'offre l'emploi des toiles ne sont pas contrebalancés par quelques graves inconvéniens qu'on ne peut pas deviner ni encore moins supposer, ce procédé serait un progrès notable dans l'éducation des vers à soie ; il serait, comme nous l'avons dit, le complément des procédés Darcet, et il en dispenserait, en partie, dans les lieux où ils ne seraient pas applicables. D'ailleurs, tous les pays qui récoltent du chanvre peuvent fabriquer ces toiles, ce qui est important, surtout pour les cultivateurs qui seraient dispensés de se procurer chèrement des planches en les achetant, et plus chèrement encore en les louant.

Mais que dans toutes les positions, que dans celles surtout où les moyens de ventilation énergiques ne peuvent pas s'employer, on ne perde pas de vue que les feux à grandes flammes, les tuyaux de chaleur et les poêles sont avec les toiles, et l'emploi de la chaux vive, les plus puissans moyens de combattre l'humidité stagnante des ateliers et d'empêcher par là la formation des miasmes que produit en grande masse l'humidité chaude de l'air qui séjourne sur la litière et sur le corps des animaux eux-mêmes.

Arrêtons-nous un instant pour tirer une importante conclusion de ce qui précède. Ce que nous avons vu sur la prompte altération de l'air par les vers à soie et leur litière, l'opinion unanime de tous ceux qui ont écrit sur l'éducation des vers à soie, en la pratiquant, nous ont mis en droit de conclure que le renouvellement de l'air dans les magnaneries est une nécessité absolue et une condition indispensable de succès; mais cette opinion s'appuie désormais sur des faits nouveaux et précis, sur le succès de tous ceux qui ont donné de l'air à leurs vers à soie, succès qui ont grandi, comme nous allons le voir, à mesure que les moyens de ventilation se sont améliorés.

Ainsi, M. Peysson, par son adoption des toiles canevas, réussit tous les ans à obtenir en moyenne un quintal de cocons par once, et il est certain que c'est spécialement au contact plus immédiat de l'air renouvelé, à la circulation que permet la toile au milieu des jeunes élèves, au moindre développement ou à la plus prompte dessication de la grande humidité qu'ils produisent, qu'il doit l'avantage d'être parvenu à accroître d'un tiers en sus les produits ordinaires.

D'autre part, Dandolo est arrivé à son produit moyen de 120 livres, en perçant ses planchers supérieurs et inférieurs et ses murs latéraux d'ouvertures pour faire circuler l'air, et en attirant vivement avec ses feux de flamme, dans les tuyaux de cheminée, l'air vicié, afin de l'expulser.

Enfin M. Camille Beauvais, par les procédés de ventilation plus puissans de M. Darcet, par ses moyens d'échauffer, de rafraîchir, de dessécher ou d'humecter à volonté l'air, a accru encore d'un 7e les résultats de Dandolo; il est donc impossible de méconnaître l'effet puissant de l'air renouvelé dans les magnaneries, et de ne pas conclure qu'après les conditions ordinaires, les soins habituels de nourriture, de chaleur et de propreté, la ventilation est le plus sûr moyen de succès.

Nous devons ajouter à tous ces motifs une dernière considération : dans tous les pays d'éducation, un fait est remarqué sans exception, c'est que les petites éducations réussissent mieux que les grandes. Or, dans ces petites éducations, les procédés et les soins sont les mêmes; les repas aux mêmes heures, les nettoyages aux mêmes époques que dans les grandes; les procédés dispendieux et qui demandent plus de main-d'œuvre y sont même moins rigoureusement employés, parce qu'on attache moins d'importance au produit; et, enfin, le plus souvent les petites éducations sont le début des commençans : l'avantage devrait donc être en faveur des grandes.

D'où peut donc venir la différence notable qui existe entre les premières et les dernières ? c'est que pour les petites, la place pour les vers est toujours plus étendue, et la masse d'air qui les entoure, toujours grande, relativement à leur nombre : il n'y a plus là d'entassement nécessaire; et alors même que les vers y seraient tenus serrés, il y a toujours'autour d'eux facile renouvellement d'air; aussi, en recueille-t-on le résultat qui suit toujours une bonne ventilation, un produit plus grand et plus assuré.

Nous ne croyons pas devoir terminer sans faire remarquer de nouveau que les soins pour la ventilation,
pour combattre l'humidité stagnante et entretenir la
propreté doivent redoubler dans les derniers jours du
cinquième âge; c'est souvent le port où l'on échoue.

Dans ces derniers jours, les vers, alors même qu'ils
cessent de manger, perdent par la transpiration, ou
évacuent une quantité de substances excrémentielles,
dures, liquides ou gazeuses, qui, d'après les expériences
de Dandolo, équivaut à plus de moitié de leur poids ; or,
toutes ces substances délétères, qui, dans l'état de nature, tombent sous les arbres ou s'échappent au loin,
leur servent ici de lit et d'atmosphère, et leur nuisent
par conséquent beaucoup dans l'état de crise et de transformation où ils se trouvent. Leur action délétère est
si puissante, que dans la magnanerie de M. Beauvais,
malgré tous les soins de ventilation, l'air à cette époque
avait perdu 1/6 de son oxigène, remplacé par de l'azote,
de l'acide carbonique et des miasmes inappréciables aux
réactifs chimiques ; aussi a-t-il à cette époque perdu plus
de vers que dans le reste de son éducation. Tous les
soins doivent donc redoubler dans ce moment, puisque
c'est celui qui couronne l'œuvre, qui donne les résultats
positifs et que ces résultats peuvent être compromis par
la négligence d'un seul jour.

SEPTIÈME LETTRE.

Nous continuerons aujourd'hui de nous occuper des améliorations de M. Peysson dans l'éducation des vers à soie. Nous jugeons inutile de reproduire ici des détails de chiffres que nous avons donnés ailleurs, desquels il résulte que les frais de l'établissement des toiles Peysson ne sont que moitié de ceux de l'ancien système de planches; que les toiles coûtent 5o francs, comme planches 1oo francs par once.

Chaque année il faut monter et démonter les planches et les claies, les déclouer, les transporter et les loger, ainsi que les grands cadres, et remplacer le papier. Pour les toiles, on les démonte, on les lessive et on les rentre dans une armoire.

Mais quelle serait leur durée comparée? M. Peysson, d'après son expérience de cinq ans avec les toiles, estime qu'elles en dureraient au moins trente; réduisons cette durée à vingt, et supposons la durée des planches double, ce sera au bout de vingt ans 2o fr. de toile à remplacer; la différence de l'un à l'autre système restera donc encore bien grande, surtout si l'on compte, comme il convient, l'intérêt de la mise de fonds.

La méthode Peysson pour l'emploi des toiles réunit donc aux convenances, à la simplicité, à la salubrité, une économie notable; il semblerait même qu'on ajou-

terait aux avantages qu'elle offre, en montant les toiles
sur des cadres de sept pieds de longueur seulement, qui
seraient facilement mobiles et pourraient être placés et
déplacés en les glissant entre les liteaux des grands cadres debout. On pourrait les sortir de place pour changer et
déliter les vers. L'expérience nous a prouvé, cette année,
à Challes, que cette modification dans les cadres de toiles
est à la fois très-commode et très-expéditive. L'expérience a encore prouvé à M. Peysson, ainsi qu'à nous,
que les toiles ne sont point assez tendues ou se déten-
dent, si on les attache avec des tresses; autrement ces
tresses seraient plus commodes et ménageraient mieux
la toile que les clous qu'on emploie.

200 pieds carrés, au moins, sont l'espace nécessaire
à une once de graines, qui produit 100 livres. Ce poids
de cocons est le produit de 26,000 vers. Un pied carré
suffit donc à 130 vers, et chaque ver y occupe un pouce
et 1/5; c'est l'espace que donne M. Peysson sur ses toiles.

Dandolo demande 183 pieds pour une once, qui produit
chez lui 120 livres données par 31,200 vers; c'est donc
170 vers par pied carré, ou 5/6 de pouce carré de surface
pour un ver.

M. Bonafous demande 240 pieds par once; c'est l'espace qui nous semble encore préférable; c'est celui que
nous conseillons surtout lorsque les moyens de ventilation ne sont pas très-actifs, et qu'on voudra hâter par
la chaleur la marche de l'éducation.

Toutefois, il est bien remarquable que le ver, dans
son grand développement, prend 40 lignes de longueur sur 3 de diamètre, qui occupent en surface
sur les tables 5/6 de pouce carré; or, cette étendue est
tout l'espace accordé par Dandolo à son ver, qui réussit

néanmoins très-bien. On doit donc en conclure que le ver à soie qui, comme nous l'avons vu, vicie une si grande masse d'air, jouit d'une bien grande vitalité, et que destiné à vivre libre au grand air, ayant à lui tout l'espace, il se prête bien docilement à l'entassement, aux demeures étroites et sombres que lui fournit notre civilisation calculatrice; mais nous en tirerons aussi la leçon utile que l'entassement n'est pas ce que craint le ver, pourvu que l'air soit souvent renouvelé; et, sous ce point de vue, il ressemble aux autres espèces de chenilles que nous voyons passer une partie de leur vie groupées contre le froid et contre tous les accidens atmosphériques.

M. Peysson ne pense pas que ses cadres de toile, avec des soins ordinaires, puissent suffire pour assurer le succès de l'éducation; il veut encore que ceux qui la dirigent en fassent, pendant qu'elle dure, leur unique affaire, pour pouvoir y donner leurs soins et leur attention de tous les instans, et il demande à la fois l'œil éclairé du maître et les soins assidus et empressés de la maîtresse.

Il tient la graine à une température sèche et également à l'abri du froid et de la chaleur; il fait éclore à l'étuve, moyen le plus sûr pour obtenir une éclosion simultanée qu'il regarde comme la condition presque nécessaire d'un grand succès.

Pour se procurer cet avantage dans son éducation de 10 onces, il en fait éclore 15, et jette sans pitié un tiers de ce qui lui éclot, les premiers et les derniers; il ne prend pour les élever que ceux qui lui arrivent le second et le troisième jour de l'éclosion; ce sacrifice de 2 à 3 francs en moyenne, par once d'œufs, lorsqu'on les achète, et qui n'est pas du quart lorsqu'on les fait avec ses cocons, est compensé bien au-delà par un succès plus assuré, par la suppression de la main-d'œuvre et des soins spéciaux que demandent souvent, aux dépens de tous les autres, les premiers et les derniers venus.

Sachant que les vers à la fin du second âge occupent un 8e de l'espace qui leur est nécessaire à la fin de leur carrière, s'il les voit, à cette époque, trop serrés, il sacrifie ou vend tout le surplus; ils ont alors peu coûté ; ils n'ont consommé qu'un 18e du poids des feuilles nécessaires à leur complet développement. Cependant, ce 18e correspondrait bien au 10e, si la feuille était arrivée à sa croissance. Rarement a-t-il à sacrifier plus du 8e de ses vers. S'il les vend, comme cela arrive souvent dans les pays d'éducation, il n'y a rien à perdre, il y a même bénéfice ; s'il les perd, il aura employé en vain un 8e de 10e ou un 80e de sa feuille, et par là il s'est assuré contre la disette de feuilles au cinquième âge, qui est bien l'une des positions les plus pénibles et souvent les plus dispendieuses qui puissent affliger l'éducateur.

M. Peysson juge nécessaire de hâcher la feuille jusqu'à la fin du quatrième âge : il pense que c'est un moyen efficace de conserver l'égalité dans ses vers, parce que la feuille coupée menue est mise à la portée d'un plus grand nombre, des plus faibles comme des plus forts ; mais il la coupe d'autant moins que les vers grandissent. Dandolo recommande aussi le même soin jusqu'à la moitié du quatrième âge ; ce procédé n'est point aussi répandu qu'il devrait l'être ; à cette époque d'ailleurs, le temps ne manque pas encore aux éducateurs qui ne peuvent mettre trop de soins à maintenir cette égalité, l'une des conditions de succès, et qui plus tard économise beaucoup plus de temps qu'elle n'en a coûté à remplir.

On peut s'aider dans cette manipulation par des instrumens qui hâtent son exécution : pour le premier et
le second âge, où il faut couper très-menu, outre un
couteau bien tranchant, on s'aide d'un couteau à double lame, analogue à celui à une lame qui sert dans les
cuisines à hâcher les légumes et la viande ; enfin, dans
le quatrième âge, pendant les trois ou quatre premiers
jours, Dandolo coupe encore grossièrement sa feuille
avec le hâche-paille simple.

Nous venons d'exposer l'analyse des soins plus particuliers que M. Peysson donne à ses vers à soie ; il doit
sans doute à cela une partie de ses succès ; mais nous
pensons avec lui qu'ils sont dus plus particulièrement
à la meilleure ventilation, au plus facile rénouvelle-
ment d'air, et à la facile dessication des litières que
permet le remplacement des planches par ses cadres
de toile.

M. Peysson n'est pas seul dans son pays à faire des
éducations très-profitables ; le produit de la plupart de
celles qui s'y font dépasse de beaucoup le produit moyen
qu'on obtient en Dauphiné et en Provence. Cependant,
un grand nombre de ces entreprises sont à leur début ;
quand on commence, il n'est pas plus difficile d'apprendre
à bien faire qu'à mal faire, tandis qu'il est souvent presque impossible de perdre de mauvaises habitudes : il est
donc tout à fait à croire, comme d'ailleurs le prouve
déjà l'expérience, que les éducations nouvelles dans la
plupart des pays où cette industrie n'est pas connue, seront plus productives que dans ceux où elle est anciennement établie.

Mais malgré les cent mille mûriers plantés dans le
Bugey, c'est la feuille qui manque aux éducateurs em-

pressés, et elle y est rare et chère; les éducateurs l'a-
chètent 3, 4 et 5 fr. le quintal, en raison du besoin qu'ils
en ont; aussi, ceux dont les éducations réussissaient mal
ont trouvé plus de profit à vendre leurs feuilles; et l'un
des hommes les plus considérables du pays m'a dit avoir
vendu en 1835 la feuille de ses mûriers mille francs,
résultat beaucoup plus profitable pour lui que l'éducation
à moitié de fermiers mal habiles ou peu expérimentés.

Tandis que M. Peysson obtient un quintal par once,
M. Meygret-Collet, à Cerveyrieux, recueille 6 quintaux
pour 8 onces ou 75 livres par once; et ce qu'il y a de bien
remarquable, c'est que ses cocons lui ont produit 66 livres de soie filée, ou à peu près une livre pour neuf de
cocons. Il a des mûriers nombreux et très-bien conduits
qui, par le développement qu'ils prennent, lui permettent d'augmenter d'une once par an son éducation.

M. Gonod, à Artemare, a obtenu 86 livres par once
dans une éducation de 8 onces, et plus d'une livre de
soie filée pour dix de cocons.

M. Brillat des Terreaux recueille 75 livres par once
et une livre de soie filée pour dix de cocons.

Nous pourrions encore citer M. Garin de Lamorflans,
et un grand nombre d'autres, dont les éducations sont
très-profitables et croissent chaque année.

Dans les rapports que nous avons avec les éducateurs
de ce pays, et dans les notes que nous a transmises
M. Millet, garde-général des forêts, géologue distingué
et bon observateur, nous recueillons, comme faits géné-
raux, que les éducations consomment de 18 à 20 quintaux de feuilles par quintal de cocons; que les vers qui
éclosent dans les premiers jours de mai montent au bout
de 28 à 30 jours; que la température moyenne qu'on

maintient dans les ateliers, s'élève de 20 à 22 degrés Réaumur. Nous relèverons aussi le fait très-remarquable d'une livre de soie produite par moins de dix de cocons, fait rare même dans les pays méridionaux.

Il est peu de pays d'éducations anciennes qui puissent citer autant de succès remarquables et aussi voisins l'un de l'autre ; il en ressort évidemment que le sol, le climat et toutes les circonstances dans le pays conviennent éminemment à cette industrie ; que c'est l'un des pays de France, d'Europe peut-être, les plus favorisés sous ce point de vue ; ses cent mille mûriers, dont les 3/4 ont moins de 15 ans de plantation, couvrent à peine 160 à 180 hectares de terrain ; leur produit, cette année, a dépassé deux cent mille francs : c'est donc plus de 1,300 fr. par hectare de sol planté en mûriers la plupart encore très-jeunes, et qui sous peu, par conséquent, doubleront encore de produits. Quoi de plus encourageant qu'un pareil fait qui se prononce déjà sur une certaine étendue (1) !

(I) Les faits, dans ce pays, répondent à nos désirs et aux vœux que nous avons exprimés. Dans cet arrondissement, composé de 112 communes, déjà on élève le ver à soie dans 61, et le mûrier est planté dans 74. Au printemps 1836, les plantations se sont accrues de 7,200 mûriers. Sur 74 communes où se trouvent des mûriers, 62 ont accru leurs plantations, et on compte, outre plus de 100 mille mûriers à grand vent, plus de 200 mille sujets tant en haies qu'en pépinières. Tout porte à croire qu'en 1837 les plantations seront encore plus nombreuses. Les plantations existent dans la plupart des communes où elles peuvent réussir ; aussi des 38 communes qui n'ont point de mûriers, 3 seulement ont fait quelques plantations. La plupart de ces communes sont placées dans les montagnes les plus âpres et dans des positions où l'éducation des vers à soie semble avoir peu de chances. Mais dans le reste du pays qui compose les deux tiers de sa surface, la progression est rapide, et ne semble pas devoir encore s'arrêter ; toutes les circonstances, au

Pourquoi donc un pays aussi heureux, sous ce point de vue, ne ferait-il pas de la production de la soie sa première, sa grande occupation? Pourquoi, dans une contrée où l'on poursuit, comme partout, la fortune, ne double,

---

contraire, tendent à l'accroître; et il est vraisemblable qu'avant que vingt ans soient écoulés, la production de la soie y aura encore au moins triplé. Le produit de cette année, en cocons, a dépassé de 2,000 kilogrammes celui de l'année dernière : il eût été beaucoup plus considérable sans plusieurs circonstances qui, cette année, ont nui à l'éducation des vers.

D'une part, beaucoup de graines ont commencé à éclore avant la pousse des feuilles, et force a été de dépouiller les jeunes mûriers avant un développement suffisant de la feuille nourrice; cet inconvénient a amené une disette de feuilles dans le moment de la grande consommation; en outre, à la fin du 5me âge, des chaleurs atmosphériques, survenues inopinément, ont pressé les vers, ceux surtout qui avaient été peu chauffés dans leurs premiers âges; ils se sont trop hâtés de monter et il en est résulté des cocons tellement légers, qu'il a fallu, dans le Bugey, 11 livres de cocons pour une livre de soie, pendant que nous avons vu dans les observations qui précèdent que, dans les années ordinaires, moins de 10 livres de cocons suffisent.

Les mêmes circonstances se sont produites dans presque toutes les éducations du département, jusque dans notre petite éducation expérimentale de Challes. L'éclosion trop hâtée de la graine, la montée trop précoce des vers et la légèreté des cocons, ont produit partout des mécomptes; cependant la récolte a été encore assez bonne, d'autant mieux que le prix de la soie a compensé au moins la différence des produits.

La graine était trop avancée par les chaleurs de l'été de 1835 et quelques jours chauds du mois d'avril; le ver existe dans son œuf et y parcourt plusieurs périodes de sa vie qui peuvent être hâtées ou retardées suivant les circonstances auxquelles il est exposé. Dans la nature, il éclot presque immédiatement, et, par conséquent, dans l'éducation artificielle, il lui faut des soins spéciaux pour retarder l'éclosion jusqu'au printemps suivant; aussi, il est convenable, pour rester maître de l'époque de l'éclosion, de tenir toujours la graine dans des lieux secs et frais. Les Chinois, pour la retarder d'une manière

ne triple-t-on pas ces moyens assurés de richesse qui ne couvrent encore qu'un 80ᵉ du sol ? A l'œuvre donc, actifs, ardens ouvriers ; la mine d'or vous est connue, vous est ouverte ; préparez tout pour y puiser abondamment ; le filon ne tarira pas ; il s'agrandira, au contraire, sous vos mains laborieuses.

---

plus efficace, l'exposent en hiver à la neige, et lui font prendre des bains d'eau froide ; les Toscans l'envoient sur des montagnes élevées, pour ne l'en tirer qu'à époque où ils veulent la faire éclore. Nous avons aussi, nous, de hautes montagnes à portée, ou bien nous pouvons la placer dans des caves saines, ou mieux encore dans des glacières qui ne nuisent en aucune manière à la graine, comme le prouvent les expériences de MM. Camille Beauvais et Loiseleur des Longchamp.

HUITIÈME LETTRE.

Si une partie de notre pays est plus avancée que le reste dans l'éducation des vers à soi , il est encore un assez grand nombre de cantons qui marchent avec succès dans la même voie et de plus nombreux encore qui pourraient y entrer.

Le littoral de la Saône, celui de l'Ain, les rampes et le bas des coteaux du Revermont, les premiers échelons de la montagne, la combe du Suran, une partie de l'arrondissement de Nantua, la plaine de Gex et les coteaux des bassins de la Bresse, présentent sans doute aussi les plus grandes chances de succès.

Sur les plateaux de Bresse, on en aurait un peu moins, cependant le mûrier y réussirait en le plantant sur terre et couvrant ses racines d'une butte de terre meuble. M. le docteur Piquet, à St-Denis, a planté sur le plateau des mûriers qui ont bien poussé et qui sont en bon état malgré les changemens de mains de la propriété. M. Jacquemet, à St-André, a fait aussi, en mauvais sol argilo-siliceux, une plantation de mûriers de tige placés au milieu de massifs de mûriers nains ; il a déjà réussi dans ses tentatives d'éducation ; mais ce mauvais sol a besoin particulièrement de travail et d'engrais qui en accroîtront beaucoup les produits ; cette année il a dû recevoir l'un et l'autre. En Dombes, pays d'étangs, le sol convenable aux mûriers manquerait moins que sur les plateaux de Bresse; mais les bras y sont rares et chers et l'air y est peu sain. Dans le Midi on écarte les vers à soie des pays d'*aria cattiva*, ils y auraient donc moins de chances qu'ailleurs.

Mais disons quelques mots des établissemens qu'on trouve déjà dans les divers pays dont on vient de parler.

Sur les bords de la Saône on rencontre des éducations nombreuses; on en compte plus de 40 grandes ou petites dans le seul village de Montmerle, c'est là que se trouve l'établissement le plus remarquable de ce canton, celui de M. Rivière qui dépasse, chaque année, en moyenne 70 livres de cocons par once et qui, sous peu d'années, espère élever 20 onces avec ses propres mûriers.

M. Renaud, près Bourg, dans le fond du bassin humide de la Reyssouze, position qui semble très-peu favorable à l'éducation des vers à soie, obtient, chaque année, depuis 5 ans, une moyenne avantageuse dans une éducation qui, déjà, s'élève à 10 onces, qui s'accroît chaque année et doit croître encore long-temps avec les 4,000 mûriers qui lui fournissent leurs feuilles.

MM. Bottex à Neuville produisent 40 livres de soie filée pour 5 à 6 onces de graines, ce qui fait un produit de plus de 70 livres de cocons par once.

Dans le même pays, M. Moyret, juge de paix, a commencé, cette année, une petite éducation qui a donné les plus beaux résultats. Dans les environs de Meximieux, M. de Villieux a fait d'immenses plantations qui ont très-bien réussi et commencent à entrer en produit.

En 1835, M. de Lateyssonnière fils a obtenu pour résultat d'une première éducation 116 livres de cocons pour une once de graine, avec le livre de Dandolo à la main, dans un pays peu fécond sur le plateau de terrain blanc près des confins de la Dombes. Ses cocons se sont trouvés légers puisqu'il en a fallu 13 livres pour une livre de soie filée. La légèreté des cocons peut, il est vrai, être attribuée à la variété de cocons blancs qu'il a élevés; mais il faut encore qu'il ne soit pas péri 1/20 des vers pour avoir obtenu un résultat pareil.

Au Greffuet, commune de Viriat, chez M. de Corcelles, un premier essai a donné presque autant de cocons que de vers.

Depuis trois ans, la Société d'Emulation fait à Challes une petite éducation qui manque malheureusement de feuilles, parce que les mûriers n'ont point eu de succès dans ce terrain à sous-sol argileux et imperméable, mais qui réussit assez bien avec ses petits moyens, en prenant ailleurs la feuille qui lui manque : son but est d'étudier quelques sujets d'expérience. Cette année on a essayé avec succès les cadres mobiles en toile cannevas, ainsi que la variété de cocons blancs de Roquemaure; l'année prochaine, on essaiera les procédés Beauvais de repas fréquens avec une température de 22 degrés.

Nous citerions encore un propriétaire qui, depuis trois ans, a commencé ses éducations sur le plateau de Corgenon; un assez grand nombre d'autres vont faire des essais avec des mûriers plantés depuis 10 à 12 ans. Sur la plupart des points de notre pays, la production de la soie réussit donc d'une manière particuliérement encourageante. Le succès des premiers établissemens nous assure celui de ceux qui vont suivre; chaque année il devient de plus en plus constant que les gelées de printemps sont moins fatales dans notre climat que dans le Dauphiné et la Provence et dans presque toute l'étendue du bassin du Rhône. En 1835, à Alais et dans les environs, la gelée a enlevé une forte partie de la récolte ; elle a fait peu de mal dans notre pays ; elle a frappé une grande partie des vignobles du Midi et les nôtres ont peu souffert : cette année (1836), la gelée a frappé beaucoup de vignobles méridionaux, quelques-uns même dans le Bugey, et ceux du coteau du Revermont ont été plus épargnés. Le vent du Nord qui cause ces accidens dans le bassin du Rhône est souvent plus vif en se rapprochant de la mer, et j'ai vu des gelées détruire les bourgeons de vignes et de noyers du côté de Vienne et de Valence et leur nuire beaucoup moins dans notre pays, et puis, enfin, il arrive souvent que dans le Midi les gelées d'avril prennent des bourgeons qui ne sont point encore développés dans le Nord.

Si nous n'avions pas déjà des faits nombreux, anciens et qui se répètent tous les ans pour prouver que la latitude et la température de notre pays conviennent à l'éducation des vers à soie, si déjà les plus grands succès qui aient été obtenus ne se rencontraient dans des contrées plus au Nord que la nôtre, nous ferions remarquer que les éducations types de Dandolo, à Varèze, ont eu lieu dans un pays où, quoiqu'en Lombardie, le printemps semble plus retardé que chez nous et dans la plus grande partie de la France centrale, puisque, des deux éducations qu'il cite, la première a commencé le 18 mai et la deuxième le 23, pendant que dans notre pays on commence ordinairement les premiers jours de mai ; et puis il résulte des observations du comte Dandolo qu'en 1814, la moyenne de la température du 23 mai au 28 juin à 5 heures du matin a été, à Varèze, de 10 degrés 1/2 de Réaumur, et c'est avec ce temps froid et ce climat retardé qu'il a obtenu 122 livres de cocons par once de graines.

Mais la différence du climat ne suffit pas pour expliquer ces vingt jours de retard sur les éducations de notre pays ; nous en conclurons encore que Dandolo faisait éclore relativement plus tard que nous, et il nous en fournit lui-même la preuve puisque, dès le 6ᵉ jour de son éducation, ses mûriers lui fournissent, pour ses jeunes vers, des jeunes bourgeons avec leurs feuilles. Nous tirerons donc de ce fait une leçon utile pour ne pas trop presser l'éclosion de nos vers ; sans doute il ne faut pas les trop retarder de crainte que leurs derniers jours avec leurs grands travaux ne se rencontrent avec la fauchaison et la moisson ; mais une éducation trop précoce, outre qu'elle court plus de chances de la gelée, consomme la feuille avant son développement, ce qui diminue d'un quart, peut-être, la quantité qu'en aurait produite huit jours seulement de retard dans l'éducation. On peut, d'ailleurs, comme nous l'avons vu précédemment, retrouver ce temps. L'usage immémorial des Chinois et les expériences de MM. Camille Beauvais et Sauvages doivent nous profiter ; nous y gagnerons beaucoup de temps, un tiers de feuilles, et plus de chances de succès. Déjà, dans la partie de notre pays où la réussite est plus grande, des éducations se font aux degrés de température de M. Camille Beauvais ; qu'on y ajoute des repas fréquens en renouvelant activement l'air, et on approchera sûrement de ses résultats.

Nous ne devons craindre ni la chaleur atmosphérique, ni la chaleur des ateliers. C'est dans le pays qui touche le tropique qu'il se produit le plus de soie. Ce sont les chaleurs lourdes de l'atmosphère qu'on peut craindre, mais elles ne commencent guère dans notre climat que dans la seconde moitié de juin. C'est encore la chaleur d'un air humide et stagnant que nous devons éviter pour nos ateliers, et non la chaleur d'un air activement renouvelé. Sauvages a très-bien réussi avec une température de 28 à 3o degrés, qui, pendant le jour, doit être celle des éducations chinoises puisqu'elle est celle de leur atmosphère : avec ces soins, nous terminerons encore avant le 15 de juin.

Les pluies abondantes de notre pays seraient sans doute un obstacle au succès, si elles étaient distribuées également dans tout le cours de l'année ; mais placés que nous sommes dans le bassin du Rhône et de la Saône, dans le bassin de la Méditerranée, notre climat a sa saison des pluies en automne et en hiver, le printemps y est souvent sec, trop sec même pour une partie des semailles de mars, pour les orges, les avoines, les chanvres et surtout pour les fromens de printemps, dont la culture ne peut réussir. Le mois de mai y est peu pluvieux, et les pluies que nous essuyons tombent abondamment et sans faire de longues suites de jours de pluie. La feuille destinée à nos vers à soie pourra donc leur être donnée presque toujours sèche, et se sera développée même le plus souvent par un temps sec : notre climat, sous ce rapport, a beaucoup d'analogie avec celui du reste du bassin du Rhône; toute la Franche-Comté et la meilleure partie de la Bourgogne se trouvent dans le même cas, et, par conséquent, dans les mêmes circonstances favorables pour la production de la soie.

NEUVIÈME LETTRE.

La question de la convenance et des succès des vers à soie dans des latitudes plus avancées que la nôtre, étant une question vitale pour la France, nous nous occuperons encore de quelques considérations sur ce sujet.

Dans un tableau de récoltes de cocons en Languedoc depuis 1762 jusqu'en 1782, inséré dans le dictionnaire d'Agriculture de Déterville, on remarque que les années les meilleures, correspondent le plus souvent à des vents de Nord froids; un climat chaud n'est donc pas du tout nécessaire aux vers à soie: ensuite, sur les vingt-une années, il y a dix récoltes bonnes ou très-bonnes, sept médiocres, modiques ou très-médiocres, quatre mauvaises ou très-mauvaises; ce qui nous fournit la remarque que les éducations des pays plus au Nord offrent en général de meilleures chances : dans le nôtre par exemple, les 3/4 au moins des récoltes sont bonnes, moyennes ou médiocres, et l'autre quart au plus très-médiocres ou mauvaises. Nous observerons ensuite que trois des années mauvaises de ce tableau ont dû leur faible produit à la gelée des feuilles en avril, perte qu'un climat plus tardif eût épargnée; on voit encore que les chaleurs de juin, les vents de Sud et les vents étouffans y accompagnent et semblent déterminer les récoltes médiocres ou mauvaises; dans les pays plus au Nord le résultat eût été moins fâcheux parce que l'intensité de ces intempéries y est moindre.

Ce sont là des avantages incontestables pour la France centrale; mais les méridionaux ont pour grande compensation un pays où le mûrier a, pour se refaire, après l'enlèvement de ses feuilles, une saison plus longue, plus chaude, plus favorable : aussi leurs mûriers sont-ils moins fatigués de l'effeuillement annuel, deviennent plus grands, sont plus durables, plus productifs ; et pendant que nos beaux mûriers ont rarement au-delà de quatre pieds de tour, on en voit dans le Λivarais, dans les Cévennes et même en Dauphiné, de 5 à 6 pieds et plus de tour, qui ressemblent à des noyers et produisent jusqu'à 12, 15 et 20 quintaux de feuilles (1); ils ont donc, en ce point, un avantage notable sur nous; mais en renouvelant nos petits mûriers, en cultivant beaucoup le mûrier nain, notre désavantage se résume à faire un quart ou un cinquième de dépense de plus qu'eux en rente de sol et en plantation : différence qui, d'après les élémens que nous avons admis dans nos lettres anciennes et comme nous pourrons le revoir plus tard, ne s'élèverait pas au-dessus de cinq francs par once de graines ou cinq centimes par livre de cocons.

____

(I) M. Fraissinet, pasteur de Sauves, nous apprend que ces mûriers portent le nom de mûriers de l'Ordonnance : ils ont été plantés en exécution de l'ordonnance de Henri IV, et sont restés long-temps sans être cueillis, c'est ce qui explique, autant que le climat, leur énorme volume, car ceux qu'on plante depuis un siècle et qu'on cueille tous les ans et dès leur sixième année sont loin d'atteindre à ces dimensions. La partie du département au-delà de l'Ain a bien aussi quelques-uns de ces gros mûriers qui datent de la même époque, et ils y sont arrivés à 4 ou 5 pieds de tour.

L'éducation des vers en Europe et même dans beaucoup de pays où le vers est indigène, est entièrement artificielle. Dans les climats les plus favorables, en Italie, en Espagne et même en Chine, il leur faut des abris et une chaleur supplémentaire : or, ces deux circonstances sont tout à fait indépendantes du climat et peuvent se réunir partout; aussi l'éducation des vers à soie a réussi dans tous les lieux où on l'a tentée, jusqu'en Suède même ; mais en nous bornant à la France, nous avons vu que les plus beaux succès qu'on y ait obtenus, l'ont été dans les environs de Paris; les parties centrales et le Nord peut-être offrent pour le climat quelques avantages remarquables; et d'abord les gelées de printemps y sont généralement moins fatales, parce que les gelées d'avril qui nuisent beaucoup et sont à peu près aussi fréquentes dans le Midi que dans le Nord, attaquent peu le mûrier qui, dans les climats plus froids, ne commence à pousser qu'à la fin de ce mois; d'ailleurs, plus l'on avance au Nord, plus les saisons sont régulières et à l'abri de la gelée.

Et puis partout on peut se défendre du froid à l'aide des fourneaux et des cheminées, mais il n'en est pas de même de la chaleur; lorsque la température du dehors s'élève au-delà de 25 degrés Réaumur à l'ombre, celle des ateliers, qui s'augmente de toute la chaleur des milliers d'insectes qui y vivent et de la fermentation que produisent leurs déjections, s'abaisse difficilement malgré les moyens de ventilation, au-dessous de la chaleur extérieure : or, cette température est beaucoup plus ordinaire dans le Midi que dans le Nord; elle n'a, il est vrai, rien de dangereux avec une active ventilation, mais cette active ventilation est bien rare; et puis ce qui est souvent fatal dans le Midi, ce sont les touffes ou chaleurs sourdes qui y sont beaucoup plus fréquentes.

Il est remarquable que dans les contrées méridionales, les cantons où l'on obtient le plus de succès sont les parties montagneuses où la chaleur est moindre, et dont la température se rapproche beaucoup de celle du centre de la France; aussi les montagnes du Vivarais, des Cévennes, à des hauteurs souvent où la vigne cesse de réussir, donnent de meilleure soie et en plus grande abondance que les plaines du Dauphiné, du Comtat et du Languedoc.

Il résulterait donc de ces diverses considérations que le climat de la France centrale offre d'assez nombreuses compensations qui lui donnent plus de chances, peut-être, pour faire réussir le ver à soie dans son atelier, que les contrées méridionales.

Toutefois, dans les pays placés au-delà du 5o^e degré, l'éducation des vers éprouve des obstacles qu'on ne rencontre point dans des climats plus tempérés; mais ces difficultés y viennent du mûrier et non des vers; le ver, avec les soins qu'on lui donne, serait en quelque sorte cosmopolite; mais le mûrier a des exigences qui posent des limites au succès des éducations. Et puis la pousse tardive du prudent mûrier dans les climats plus au Nord, retarde beaucoup le moment de commencer l'éducation; la plus forte main-d'œuvre coïncide avec celle de la moisson; les jours longs de ces pays, les temps souvent orageux, hâtent la végétation. La saison productive est courte, ses récoltes et ses travaux se précipitent; les travaux et les soins qu'exige l'éducation des vers à soie s'y prolongeraient jusqu'à la fin de juillet; et enfin, dans nos climats, elle a lieu avant les fortes

chaleurs, avant le temps des orages; dans le Nord, elle
se rencontrerait avec les temps qui lui sont contraires.
Toutes ces circonstances, il est vrai, ne détruisent point
le produit, elles le diminuent seulement; et comme il
est grand, on peut l'obtenir moindre et avoir encore de
grands avantages; mais le mûrier doit se contenter du
climat tel qu'il est; on peut bien le modifier en quelque
sorte en cherchant des abris au mûrier, en lui donnant
une exposition favorable; mais on ne peut alonger la
saison chaude, la saison qui produit le bois et les feuilles, et il lui faut absolument une saison longue.

Ce qui caractérise donc d'une manière spéciale le climat qui convient au mûrier et par conséquent à l'éducation des vers à soie, c'est qu'il faut que la saison soit
assez longue pour que l'arbre, dépouillé de ses feuilles,
puisse reproduire des bourgeons qui en portent de nouvelles et pour que ces bourgeons puissent prendre de la
consistance et s'aoûter avant la saison froide. Le mûrier
est un arbre très-fortement constitué; il est très-peu de
nos arbres indigènes, aucun peut-être, qui pût résister
comme lui à l'enlèvement annuel de ses feuilles au mois
de juin, au brisement d'une partie de ses jeunes bourgeons. Des peupliers de diverses variétés et des frênes
ont été dépouillés de feuilles en même temps que les
mûriers pour nourrir des bestiaux dans la ferme expérimentale de Challes; une partie est morte et ceux qui
sont restés vivans ont langui.

Il faut vraiment au mûrier, en quelque sorte, une
constitution spéciale pour pouvoir résister au régime
auquel le soumet l'éducation des vers à soie; son second
feuillage et ses jeunes bourgeons coûtent beaucoup à
l'arbre à reproduire : ils doivent toute leur substance aux

racines et au sol; ils ne peuvent rien emprunter de l'atmosphère, puisque tout l'appareil de l'absorption de
l'arbre sur elle, toutes les feuilles sont enlevées; et puis
si ces secondes feuilles et bourgeons sont surpris par la
gelée avant d'avoir pris les forces et l'organisation nécessaires pour se défendre de l'hiver, l'arbre ne peut
résister long-temps à cette double fatigue; il s'élève et
grandit peu, donne peu de feuilles et finit par succomber; il lui faut donc un climat favorable et une saison
encore longue après l'enlèvement des feuilles : toutefois ,
nous le répétons, il nous semble que jusqu'au 50e degré,
au moins, et par conséquent dans la France entière, en
s'aidant, au besoin, de quelques circonstances de sol et
de position, la saison peut encore suffire à cette double
pousse de feuilles, à l'aoûtement des jeunes bourgeons,
et, par conséquent, le climat serait encore favorable à
la production de la soie.

Il nous resterait à répondre à une objection assez grave,
faite par un homme d'esprit et d'expérience, M. Auguste
de Gasparin.

Il prédit malheur aux éducations de vers à soie qui
se font dans les climats de France qui versent leurs eaux
à l'Océan. Son frère, que les écrivains agronomiques se
félicitent de compter encore dans leurs rangs, au milieu
de ses importantes fonctions, a le premier fait cette
distinction en France, de régions à pluie d'automne et
de régions à pluie de printemps. Les pays versant leurs
eaux à l'Océan seraient la région à pluie de printemps,
et ceux qui versent à la Méditerranée seraient la région
à pluie d'automne. Nous adoptons cette importante et
utile distinction, parce qu'elle est fondée en fait; mais
il est bien remarquable aussi que les pluies sont plus

abondantes dans la région méditerranéenne. Des observations nombreuses faites à Lyon , Bourg, Cuiseaux ,
Genève , établissent que la masse de pluie qui tombe
dans ce pays, serait en moyenne à peu près double de
celle qui tombe dans la région océanique, ou plutôt
dans le climat de Paris, car nous ne connaissons d'observations sur ce sujet important, qu'en ce point de
la région océanique. Mais les pluies méditerranéennes
sont plus fortes, plus épaisses, et l'on compte dans ce
pays moins de jours de pluie et de temps couvert que
dans la région océanique ; lorsque de grandes pluies y
surviennent au mois de mai, elles y ont le caractère de
celles du climat, elles noient le sol et ses produits ,
elles nuisent éminemment à ses récoltes, et celle de la
soie s'en ressent plus encore que les autres. Dans le climat de Paris, au contraire, les pluies, quoique fréquentes , sont douces, peu durables, et, quoique le temps
reste couvert, les feuilles de mûrier, secouées par une
légère brise, ont bientôt fait de sécher : venues par un
temps humide, elles peuvent être un peu moins substan-
tielles que si elles étaient venues en temps sec ; il en
faudrait peut-être un peu plus pour nourrir les vers à
soie ; mais cependant l'expérience prouve que la soie
produite avec ces feuilles est belle et de bonne qualité.

Et puis on pourrait parer en plus grande partie aux
inconvéniens d'un temps pluvieux, en taillant les mûriers au moment où on a besoin d'en cueillir la feuille ;
les bourgeons chargés de feuilles humides peuvent facilement sécher sous des hangars aérés ; en les secouant
à la main, ils quittent l'eau qui les couvre, et en les
suspendant à des cordeaux, ils achèveraient tout à fait
et promptement de perdre l'humidité nuisible qu'ils ren-

fermeraient encore; nous verrons plus tard que les mûriers ont beaucoup à gagner à cette taille précoce, surtout si ce sont des mûriers nains; les douces pluies du
climat de Paris ne peuvent donc être un obstacle bien
sérieux; mais on conçoit que ceux qui ont essuyé pour
leurs vers les pluies de printemps de la région méditerranéenne, puissent s'effrayer de celles de la région océanique qu'ils jugent pareilles aux leurs.

D'ailleurs, n'oublions pas que le mûrier et le ver à soie
qu'il nourrit sont des produits naturels intertropicaux;
or, les produits de l'éducation artificielle obtiennent en
Europe leur maximum de succès au 45e ou 46e degré,
c'est-à-dire à 30 degrés au moins plus au nord que la
région natale; dans ces pays même, les plus beaux résultats en qualité de soie et les moins chanceux, se produisent dans les parties montagneuses et élevées où la
vigne croît à peine; comment admettre donc que ces
points soient la limite des succès possibles, et qu'on
n'obtiendra que des mécomptes à 2, 3 ou 4 degrés plus
au nord, là où la température moyenne est plus élevée
que celle des pays montagneux, théâtre de leurs plus
grands succès? Ce n'est pas là la marche de la nature;
elle gradue les climats et marche petit à petit d'un climat à l'autre, sans transition brusque ni heurtée. Ses
productions sont de même, et celles qui demandent un
climat chaud cessent de réussir sous une zône qui s'é-
loigne notablement du point où elles ont le plus grand
succès. On voit ainsi successivement et petit à petit finir
les régions de l'olivier, du maïs, de la vigne; il en est
donc de même de la région où le mûrier et son insecte
doivent réussir, qui doit se prolonger à une assez grande
distance de celle où ils réussissent le mieux.

Mais en approchant de la limite où le climat se prête

moins à un succès facile, il est essentiel de modifier
quelque chose dans la conduite de l'arbre ; pour cela il·
ne faut pas tailler le mûrier l'année où l'on cueille la
feuille, ou il faut le tailler au moment où on a besoin de
l'employer ; cette dernière méthode, comme nous le verrons, alonge, pour cet arbre, de 15 ou 20 jours au
moins la saison productive de bourgeons et de feuilles,
et cette méthode s'appliquerait plus spécialement avec
succès au mûrier nain, au multicaule qu'on taille tous
les ans, comme chez M. Camille Beauvais.

Le mieux encore serait, comme nous le verrons plus
tard, de tailler tous les deux ans en hiver ou au printemps, et de ne recueillir, par conséquent, la feuille de
ses mûriers que l'année qui suit celle où l'on a taillé.
Après la récolte de la feuille, l'arbre n'aurait pas besoin
de remplacer son bois enlevé par la taille, d'ouvrir de
nouveaux yeux ; il repousserait seulement des sous-yeux
des branches, de petits bourgeons qui auraient le temps
de s'aoûter convenablement avant l'arrivée de l'hiver.

En 1834, où nous avons eu une automne froide et
pluvieuse, le froid rigoureux et précoce que nous avons
éprouvé, a pincé dans nos pays une partie des bourgeons
poussés sur les mûriers taillés après la récolte des feuilles : aussi les produits en feuilles ont été plus faibles,
pendant que les mûriers non taillés n'ont point souffert,
parce que leurs seconds bourgeons, repoussés plus tôt et
moins vigoureux, avaient déjà cessé leur végétation
lorsque les froids sont arrivés ; il est, toutefois, bien sûr
que si les mûriers eussent été taillés en cueillant la
feuille, les 15 ou 20 jours au moins de saison chaude
qu'on aurait gagnés, leur auraient laissé le temps de repousser des bourgeons plus forts et mieux aoûtés.

DIXIÈME LETTRE.

PRODUCTION DE LA SOIE EN CHINE.

Nous avons déjà, à diverses reprises, parlé de l'imitation des procédés chinois; déjà, pour ce qui précède, nous avons puisé dans les usages de ce peuple d'utiles renseignemens : il nous semble convenable, avant d'aller plus loin, d'entrer dans de plus grands détails sur ce sujet et de résumer sur ce point les principales notions que nous avons pu recueillir.

La Chine est le pays où l'éducation artificielle du vers à soie paraît avoir pris naissance ; nous ignorons toutefois si le mûrier y est indigène; tout au moins, il ne résulterait pas de tous les détails qui nous ont été transmis sur ce pays, qu'on y fasse des récoltes de soie en plein air avec la chenille du mûrier. C'est dans l'Inde et particulièrement au royaume des Ashantees que cette industrie est exercée; sans doute, il se trouve dans cette grande étendue de pays du *céleste empire* qui s'étend du nord au midi sur 22 degrés de latitude, depuis le 23me degré jusqu'au 45me, des contrées étendues dont le climat favoriserait les éducations naturelles, et où la production de la soie peut avoir commencé de cette manière; mais l'éducation artificielle y a partout prévalu, sans doute parce qu'on l'y a trouvée plus profitable.

Les documens qui nous ont été laissés par les anciens auteurs établissent que c'est de la Sérique, pays qui correspond à la Chine, que 8 à 900 ans avant l'ère vulgaire on tirait les étoffes de soie. L'histoire chinoise rapporte qu'à une époque, peut-être plus ancienne encore, des Impératrices élevaient elles-mêmes dans leurs palais des vers à soie. Il y a donc trente siècles à peu près que l'éducation artificielle est introduite dans le pays. Ses habitans doivent avoir, sur ce point, acquis une bien longue expérience, et leurs procédés doivent être, autant que possible, consultés et nous servir de règle dans tout ce que notre climat nous permettra d'imiter.

Nous devons attacher d'autant plus d'importance aux procédés de ce pays, que les Chinois sont un peuple éminemment industrieux qui, long-temps avant nous, a inventé l'imprimerie, la poudre à canon et la plupart des arts ; leur civilisation est antérieure de plus de vingt siècles à la nôtre. Les arts utiles y ont toujours été particulièrement encouragés, et la science et l'instruction y sont encore en ce moment le seul moyen de parvenir à tous les emplois. Nous avons donc beaucoup à apprendre chez eux et particulièrement dans l'art dont nous nous occupons aujourd'hui, parce que cet art est cultivé sur une grande échelle dans une grande partie des provinces de cet empire.

Déjà nos procédés ressemblent beaucoup aux leurs : l'expérience nous a-t-elle appris tous ces détails, ou bien ceux qui nous ont apporté l'insecte et l'arbre qui le nourrit nous ont-ils en même temps apporté les divers usages qu'avait consacrés l'expérience du pays ? cette dernière conjecture est plus plausible. Cependant il est encore beaucoup de points où leur marche est différente de la nôtre: il sera donc très-utile de nous en occuper, de comparer nos procédés aux leurs, de voir en quoi ils diffèrent: il doit en sortir pour nous d'importantes leçons. C'est ce motif qui nous a décidé à multiplier les recherches. sur ce point; presque tout ce que nous avons pu recueillir de plus important sur ce sujet est dû aux ouvrages des missionnaires en Chine, et particulièrement à l'histoire de ce pays du Père Duhalde; on trouve encore quelques détails dans les ouvrages qu'a fait naître l'ambassade anglaise, de lord Macartney, dans ceux de l'ambassade hollandaise. J'ai peu trouvé d'utiles documens dans les autres ouvrages assez nombreux sur la Chine, que j'ai pu me procurer.

Il paraît que les Chinois ont plusieurs espèces de vers dont le cocon filé sert à produire des étoffes. Ces espèces paraissent indigènes au pays, ou du moins s'élèvent en plein air, et la chenille du mûrier, soit *bombix mori*, serait la seule qui recevrait d'eux une éducation artificielle. L'une des espèces de vers indigènes sert à fabriquer des étoffes qui ne se coupent jamais, qui se lavent comme de la toile, qui se vendent plus cher que celles de soie sans avoir leur brillante apparence, et sont d'usage ordinaire dans l'intérieur des maisons, à cause de leur durée indéfinie. La soie qui les tisse est moins fine, mais elle est tellement forte qu'on en fabrique les cordes des instrumens de musique. Le ver s'élève en plein air, l'arbre qui le nourrit est épineux et en forme de buisson; on le plante sur des coteaux en massifs percés d'allées, et on porte les vers sur les arbres après qu'on les a fait éclore dans l'intérieur des maisons. Les vers et les cocons sont plus longs et plus gros que ceux de l'espèce ordinaire.

L'éducation de ces vers ne demande pas d'autre soin que de cultiver et de tenir nets de mauvaises herbes, les massifs d'arbres où on les nourrit. Pendant le jour un homme armé d'une perche et d'un fusil défend les élèves du dégât des oiseaux qui viennent les détruire, et pendant la nuit on en éloigne les oiseaux nocturnes en frappant sur des bassins de cuivre.

Il est encore une autre chenille sauvage, productive de soie, qui paraît omnivore et qui mange particulièrement la feuille de chêne. — Il serait inutile d'entrer dans de plus grands détails sur ces diverses espèces de vers sauvages et sur les procédés suivis pour en tirer parti; mais il serait tout à fait à désirer que les arbres et les œufs des insectes fussent, comme on l'a fait pour l'espèce ordinaire, transportés dans nos pays. Notre climat ne permettrait peut-être pas l'éducation en plein air comme en Chine; mais si l'arbre, comme cela est probable, résistait à nos hivers comme le mûrier, l'éducation artificielle pourrait en être profitable et donner lieu à de nouvelles industries très-importantes; il est évident que pour nos arts de tous genres autant que pour ceux qui nous fabriquent nos tissus, il serait très-utile d'avoir une nouvelle matière première toute filée par la nature comme la soie, et d'une force et d'une résistance encore très-supérieure; mais revenons aux détails spéciaux sur la chenille du mûrier.

Les Chinois cultivent deux espèces de mûriers qui leur produisent deux soies de qualité différente. La première est plus forte, moins fine et sert à tisser des étoffes particulières; il est à croire que le mûrier qui la produit serait notre mûrier noir ou quelqu'une de ses variétés, et ce serait de Chine, comme nous le verrons plus tard, que les anciens auraient tiré le mûrier à gros fruit noir déjà cultivé du temps de Pline; il est des provinces où il se cultive plus particulièrement, et la soie qu'il produit se vend plus cher que celle du mûrier blanc.

Il ne paraît pas que le mûrier multicaule ait été connu à l'époque où ont écrit les auteurs que nous avons consultés; cependant il est certain qu'il est originaire de Chine d'où il a été apporté dans les Iles Philippines, et les Chinois distinguent depuis long-temps un grand nombre de variétés diverses de mûriers qu'ils destinent aux premiers âges, aux âges plus avancés, et à des qualités diverses de soie.

Ils font leurs plantations avec des mûriers qu'ils se procurent par les semis, les marcottes et les boutures. Leurs semis successifs de trente siècles les ont fait arriver à des variétés, en quelque sorte, fixes qui se perpétuent avec leurs qualités par les semis; ils se dispensent souvent, par cette raison, de la greffe dont ils n'ont plus besoin.

Ils sèment leurs graines avec de la graine de millet, et, à la fin de la saison, lorsque le millet est mûr, après avoir recueilli son grain à la main, ils mettent le feu à la paille. Cette opération fournit un engrais au sol qui, le printemps suivant, fait repousser les jeunes mûriers avec une grande vigueur.

Ils distinguent le mûrier mâle et le mûrier femelle: le mûrier mâle est celui qui porte peu ou point de fruits; comme nos habitans des Cévennes ils le recherchent et le préfèrent beaucoup. Les fruits affaiblissent les arbres, nuisent à la récolte et à la production de la feuille, et ils sont dans la magnanerie des sources de maladies pour les vers.

Leurs plantations se font en arbres de plein vent et en arbres nains; les pleins vents se plantent en lignes éloignées de 8 à 10 pas ou 20 à 25 pieds, les arbres se placent en quinconce à 10 pieds seulement de distance dans le rang; cette distance de 10 pieds dans le rang nous indique d'une manière expresse que les variétés auxquelles les ont conduits leurs semis sont de petits arbres : la distance entre les lignes de 25 pieds est destinée à faciliter la culture des plantes nourricières dans un pays où le sol et les moyens de nourriture manquent souvent à la population surabondante : ils cultivent dans ces plate-bandes préférablement des récoltes de millet qui sont plutôt favorables que nuisibles aux mûriers.

Nous remarquerons en passant que la question des récoltes simultanées qui se conviennent est très-peu avancée dans notre agriculture; mais il est bien certain qu'il est des végétaux qui vivent des excrétions des autres espèces : leur rapprochement doit donc favoriser leur développement, leur végétation, et accroître même leur durée sur un même sol.

Les Chinois plantent, à ce qu'il semble, à toutes les expositions et presque dans tous les sols, et, d'après le témoignage de lord Macartney, jusque dans les rizières dont les inondations ne semblent nuire ni aux mûriers qui y sont exposés ni aux vers qui sont nourris de leurs feuilles.

Leurs plantations dé mûriers nains sont très-nombreuses; leur meilleure soie se recueille dans la province où l'on ne cultive que le mûrier nain; ce mûrier se taille tous les ans comme la vigne; il est donc bien prouvé que la feuille des jeunes bourgeons peut donner de la soie de bonne et belle qualité : il en résulterait donc aussi que les reproches qu'on voudrait faire au mûrier nain de produire une soie de qualité inférieure, ne seraient point fondés : le témoignage de lord Macartney se joint, sur ce point, à celui des ouvrages des missionnaires.

Leurs massifs de mûriers nains sont plantés, à ce qu'il semble, assez serrés, en sorte que peu d'années après la plantation ils jugent utile de couper les racines des mûriers qui s'enchevêtrent et se croisent.

Ils taillent régulièrement leurs arbres en plein vent et regardent la taille et l'émondage comme tout à fait indispensables. Ils estiment qu'un mûrier bien taillé produit autant que deux qui ne le sont pas. Ils taillent souvent, dit lord Macartney, pour avoir des feuilles plus tendres et de la soie de plus belle qualité. Les objections qu'on fait contre la taille semblent donc tout à fait détruites par la pratique séculaire et immémoriale des Chinois.

L'opération de leur taille a lieu en janvier ; elle consiste à évider le centre de l'arbre, pour pouvoir cueillir plus commodément les feuilles, à retrancher les branches pendantes, celles qui se jettent en dedans de l'arbre, celles qui sortent à double et font des enfourchemens, et, enfin, celles qui se nuisent pour être trop épaisses ; ils taillent à quatre yeux les branches qu'ils conservent.

Ces principes de taille nous semblent à peu près d'accord avec ceux que suivent nos meilleurs tailleurs pour leur taille d'hiver.

Il semble que cette taille est annuelle, mais alors elle doit faire peu de retranchemens ; en outre, comme, en taillant à quatre yeux, elle prive l'arbre d'une partie des yeux qui produiraient des feuilles, nous ne concevons pas comment elle peut s'appliquer aux mûriers qui doivent fournir aux éducations du printemps ; il nous semble que pour pouvoir remplir avec avantage cette destination, il serait nécessaire qu'on attendît que les bourgeons vigoureux que pousse l'arbre taillé court se fussent beaucoup allongés pour commencer l'éducation des vers à soie; car autrement la taille enlèverait trop de feuilles au lieu d'en doubler la quantité ainsi qu'ils l'annoncent: leurs éducations seraient donc très-tardives; mais avec de jeunes bourgeons on peut toujours assortir la nourriture à l'âge de ses vers en prenant le haut pour le premier âge et réservant le bas pour les derniers (1).

En nous résumant sur ce qui précède, il en résulterait que les Chinois adoptent généralement la taille d'hiver; qu'avec cette taille à quatre yeux, les mûriers doivent se reposer l'année où elle a été faite, ou qu'ils ne peuvent s'employer que pour une éducation tardive, et plus particulièrement pour les éducations d'automne, et c'est effectivement à cet emploi qu'on les destine plus spécialement d'après l'ouvrage de M. Stanislas Julien.

Ils donnent de l'engrais à leurs mûriers, et l'engrais qu'ils préfèrent est la litière qu'ils sortent de dessous leurs vers à soie. L'ouvrage de Macartney et celui de l'ambassadeur hollandais sont d'accord sur ce point : cet engrais se renouvelle très-fréquemment, quelquefois même plus d'une fois par an; mais aussi lorsqu'on laisse quelque distance entre les arbres, on y cultive des récoltes de diverses sortes.

---

(1) Nous venons de recevoir l'ouvrage de M. Stanislas Julien qui nous a manqué pour ce qui précède et qui nous permet, à partir de ce point, de confirmer ou de rectifier les notions que nous avons tirées ou conclues des ouvrages parus jusqu'à ce jour sur la production de la soie en Chine.

Ils font pondre leurs œufs de vers à soie sur des feuilles de papier sur le dos desquelles ils collent, pour les renforcer, des fils de soie ou de coton; ils les conservent et même ils les font éclore sur ces feuilles qu'ils tiennent au frais dans des pots de terre, roulées et debout, jusqu'à cette époque. Pendant l'hiver on fait prendre à ces feuilles chargées d'œufs des bains d'eau de rivière, d'eau chargée de sel ou d'eau de chaux, qui durent depuis un jour jusqu'à douze; l'eau doit être fraîche, mais ne doit pas geler; lorsqu'on les en sort, on les fait sécher; on les roule ensuite, on les enferme dans des vases de terre qu'on place dans un lieu frais et on les expose de temps en temps au soleil; les bains d'eau de rivière sont souvent suivis de bains plus courts d'eau de neige, d'autres se contentent de suspendre les feuilles chargées d'œufs en plein air et de les tenir exposées pendant plusieurs jours à la neige et à la pluie. Mais lorsqu'il y a beaucoup de neige, il faut les rentrer, sauf à les exposer de nouveau lorsque la neige est fondue : d'autres humectent leurs feuilles chargées d'œufs, les saupoudrent de cendres de mûriers et les font tremper plusieurs jours dans l'eau salée.

La plupart des auteurs qu'a extrait M. Julien, font durer les bains d'eau salée, ou d'eau de rivière, comme l'exposition à la neige et à la gelée pendant les douze derniers jours de janvier; mais lorsqu'on a commencé à employer une méthode, on recommande de s'y tenir et de ne pas en employer une autre.

Les graines ainsi soignées éclosent simultanément du 5 au 8 avril; on n'emploie pas ces procédés pour les graines, ou plutôt pour les variétés de vers destinés aux secondes éducations qui éclosent six à huit jours plus tôt. Mais il paraît que, dans toutes les provinces de

Chine, les graines de l'éducation ordinaire de printemps reçoivent des bains, des lavages, ou l'exposition à l'air, au froid, à la neige, à la pluie et à la rosée.

Nous remarquerons que ces soins multipliés qu'on donne à la graine pendant l'hiver, ne sont point du tout connus dans notre pays où l'on pense qu'on doit se borner à la tenir dans un lieu bien sec où le thermomètre ne descende pas au-dessous de la glace. Mais c'est là une des nombreuses erreurs sur ce sujet : des faits incontestables et surtout les pratiques chinoises prouvent que la graine peut impunément être exposée à des froids de 10 degrés au-dessous de zéro.

Ces procédés sont très-remarquables; ils devraient provoquer chez nous des expériences qui pourraient donner d'importans résultats; on n'a pu être conduit en Chine à de pareils usages qu'ensuite de leurs succès appuyés d'une longue expérience. On n'admet point, dans une pratique générale, des procédés qui semblent tout-à-fait excentriques, sans s'être assuré que ces usages ont eu des succès très-marqués.

Mais quel peut être l'effet de cette méthode? Il semblerait qu'en soumettant la graine à un même bain froid, on l'amène à n'avoir qu'un même développement. L'œuf, depuis sa naissance, a une vie intérieure dont les progrès sont plus ou moins rapides. Nous penserions que les procédés employés par les Chinois suspendent en quelque sorte cette vie intérieure qui ne reprend sa marche que lorsqu'on soumet tous les œufs à la chaleur nécessaire pour faire éclore les vers. Dans les bains qu'ils font subir à leurs œufs, les jeunes embryons prennent en quelque sorte un même point de départ pour leur développement ultérieur; ce qui fonde cette opinion, c'est que l'éclosion chez eux est plus simultanée que chez nous, et ils ne recueillent pour les élever que les vers éclos le second jour, précaution importante et que nous ferions très-bien d'imiter; en outre, puisque la graine destinée aux éducations multiples, qui ne reçoit pas ces préparations, éclot huit jours plus tôt, il est tout à fait à croire que l'exposition à une température froide ou *les* bains froids qu'ont subis les œufs retardent leur éclosion, retard dont ils ont besoin pour attendre un développement suffisant des feuilles.

Ces procédés empêcheraient surtout chez nous l'éclosion spontanée qui, souvent, nous force de commencer notre travail avant que la feuille ne soit venue, et nous procureraient les avantages qu'on nous fait espérer du placement de nos graines dans des glacières.

En dernier résultat, nous pensons que l'effet de cet hivernage serait plus particulièrement l'éclosion simultanée de la graine. Cet effet serait analogue à celui que l'hiver produit sur les champs de blé ou de seigle qui, quoique semés quelquefois à un mois de distance, mûrissent en même temps. Ils ont peut-être puisé cette leçon dans la nature qui leur a montré les œufs du bombix, dans les pays où il est indigène, éclos en même temps, après avoir passé la froide saison sur les branches d'arbres où les papillons les ont déposés.

Des expériences sur ce sujet offriraient beaucoup d'intérêt. Dans cette vue, nous avons, sur les premières indications du père Duhalde, avant l'ouvrage de M. Julien, exposé pendant deux jours à la neige, un petit lot de graines; nous n'avons pas osé faire durer plus long-temps cette exposition : l'emploi de cette graine nous offrira peut-être une première donnée sur le procédé chinois.

Les Chinois ne se préparent à faire éclore que lorsque les feuilles ont la grandeur des petites cuillères à thé; l'éclosion est presque spontanée : la graine éclot sur les papiers même où elle a été reçue. Le docteur Pittaro, en Italie, propose de recourir à cet usage. M. Frayssinet, dans les Cévennes, s'applaudit beaucoup de l'avoir adopté, et il se répand dans le pays. Par ce moyen, on se dispense de froisser pour le détacher du papier l'œuf délicat de l'insecte, et le petit ver sort plus facilement de sa coque lorsqu'elle a un point d'appui et qu'elle est fixée par le gluten avec lequel le papillon l'a déposée; et enfin, comme dans la nature les œufs tapissent lesbranches de l'arbre et y éclosent, on retrouve dans ce procédé chinois une circonstance naturelle dont on avait eu le tort de s'écarter.

On pourrait s'étonner de voir en Chine, pendant l'hiver, de la neige et de la glace comme dans le nôtre; mais le pays est fort remarquable par ses excès de chaleur et de froid. La ville de Pékin située presque sur le bord de la mer, sous 39 degrés 54 minutes de latitude, 9 degrés plus au midi que Paris, a une température moyenne de 10° Réaumur, un demi degré au-dessous de celle de Lyon, pendant que les formules ordinaires fondées sur la distance à l'équateur, la porteraient à 13 degrés et demi. La température moyenne de l'hiver y est de 2° 7/10 sous zéro, et celle de l'été est de 22° 1/2, température de Copenhague pendant l'hiver et du Caire pendant l'été. Il en faut conclure que leurs vers sont élevés sous une température très-haute; circonstance qui avec leurs repas fréquens abrégent, comme nous l'avons vu, le temps de leur-éducation.

A Pékin, la température moyenne du mois le plus

chaud est, d'après les observations de six ans du père Amiot, de 24°, température de Naples, et celle du mois le plus froid est de 3°,9 sous zéro.

La limite des orangers est en Chine à 30° comme chez nous à 43. Dans la Tartarie orientale, à Si-Wand, sous 41° 39' de latitude, le thermomètre s'élève à 30° en été, comme il descend à 30° sous zéro en hiver. — L'hiver est donc très-froid et l'été très-chaud en Chine. En outre, à Pékin, le thermomètre reste pendant trois mois au-dessous de zéro ; les saisons y sont donc tout d'une pièce ; la chaleur et le froid y sont donc aussi plus suivis qu'en France, où les gelées d'automne et de printemps nuisent beaucoup à la végétation et aux vers à soie en particulier.

Les pluies paraissent être très-abondantes en Chine ; à Canton, du moins, situé dans une province où l'on recueille beaucoup de soie, seul point où on les ait observées, la moyenne de 3 ans a été de 56 pouces par an ; quantité quadruple de la moyenne de Paris. Ces détails sur le climat et la température de la Chine confirmeraient tout ce que nous avons dit précédemment sur la probabilité du succès de l'élève des vers à soie, dans la plus grande partie de la France et peut-être beaucoup plus au nord ; ils prouveraient aussi que les climats pluvieux peuvent encore élever avec succès des vers à soie : toutefois, c'est dans les provinces septentrionales que se produit le plus de soie, parce que, dans le Midi, la saison des pluies tombe au printemps, et que ces pluies énormes sont un trop grand obstacle au succès.

Les Chinois emploient pour placer leurs vers, des claies mobiles de deux à trois pieds de largeur, dont les barreaux sont éloignés à la distance d'un doigt : ces intervalles, disent-ils, servent à faire pénétrer plus aisément la chaleur, et succéder au besoin la fraîcheur; on couvre les claies de paille hâchée et sèche, et sur cette paille, on met du papier. Ces usages se retrouvent dans notre pays à l'exception de la paille hâchée qui sert à absorber l'humidité qui traverse le papier.

Cette paille coupée à un pouce de longueur, se change à chaque délitage; on emploie à cet usage le roseau, le jonc ou, à son défaut, la paille de riz froissée ou la balle de riz moulue grossièrement. On cesse son emploi après la troisième mue, où les intervalles des claies donnent de l'air aux vers devenus assez gros et assez forts pour ne plus y couler.

Pour déliter les vers, on les couvre d'un filet à larges mailles; on jette sur ce filet des feuilles de mûrier sur lesquelles montent les vers; on transporte le filet et les vers sur une autre claie pour nettoyer la première : cette méthode s'est introduite depuis peu dans quelques éducations du Midi, elle est employée dans l'établissement modèle de M. Camille Beauvais, et ne peut manquer de se répandre, parce qu'elle offre un moyen de gagner beaucoup de temps dans le délitage des vers, et permet, par conséquent, de répéter plus souvent ce soin salutaire.

Ces filets sont d'un service plus facile lorsqu'ils sont montés sur deux baguettes, comme ceux de Mme Lavigne, dont nous avons parlé précédemment, parce qu'une seule personne suffit à les enlever et à les replacer.

Lorsque le temps manque pour déliter, ils sèment sur les vers un peu de paille hâchée et mettent de la feuille nouvelle sur la paille pour faire sortir le ver de sa litière.

L'emploi de cette paille hâchée nous semble avoir

l'effet immédiat d'empêcher ou de retarder au moins la fermentation des déjections des vers que provoquerait bien vîte la température élevée à laquelle ils sont soumis, fermentation qui produit en grande partie les miasmes délétères, principes des maladies des vers.

Ils délitent toutes les fois que leurs vers en ont besoin ou qu'ils semblent menacés de maladie dont la couleur jaune est le prélude ordinaire. Ils ont des claies de rechange qu'ils exposent à l'air et au soleil avant de les placer sous les vers. Ils sont convaincus que le succès dépend particulièrement de la propreté et du renouvellement fréquent de l'air ; aussi leurs magnaneries ont des tuyaux d'air au niveau du sol et des lucarnes dans le toit pour donner de l'air et raffraichir au besoin la température.

Nous remarquerons en passant que ces claies de rechange que nous avions précédemment proposées sont très-commodes, aident beaucoup à l'expédition du travail, à la propreté, à la salubrité ; elles se placent et se déplacent facilement, se transportent avec tous les débris, se sèchent et s'exposent à l'air pendant que les planches doivent rester en place, conservant tous les miasmes et toute l'humidité dont elles s'impreignent.

On chauffe les vers avec du feu qu'on fait dans les quatre angles de l'atelier avec de la paille enflammée qu'on promène entre les claies ; on transporte encore dans les diverses parties de l'atelier qui en ont besoin, des réchauds pleins de charbons embrâsés recouverts de cendres, ou de bouse de vache sèche, embrâsée, qui ne jette plus de fumée. C'est dans le moment des repas qu'on donne de la chaleur aux vers.

M. Julien décrit un fourneau ou étuve remarquable dont

la chaleur se prolonge pendant l'espace de un à deux mois, et qui est très-important à connaître, parce qu'il pourrait recevoir de l'emploi en beaucoup de circonstances dans notre pays. Il consiste en une fosse carrée de 4 pieds de profondeur et de largeur, qu'on entoure d'un mur de 2 pieds de hauteur. On couvre le fond de la fosse d'une couche de 3 à 4 pouces de bouse de vache sèche, réduite en poudre; on place sur cette couche un lit de branches sèches de bois dur, de 4 à 5 pouces de diamètre. On répand sur ce bois une seconde couche de poudre de bouse sèche qu'on fait entrer avec soin dans tous les intervalles des branches. On recouvre d'un lit de branches, puis d'un lit de poudre, et successivement jusqu'à ce que la fosse soit pleine : on finit par un dernier lit de poudre, et sept à huit jours avant la naissance des vers, on met le feu à la dernière couche avec des charbons allumés qu'on recouvre de cendres chaudes. La bouse et le bois s'embrâsent, dégagent pendant cinq à six jours une fumée épaisse qui remplit l'appartement, en échauffe les murs et fait périr tous les insectes et leurs œufs. Un jour avant d'y placer la graine, on ouvre pour dissiper la fumée et on referme soigneusemeut, en sorte que l'appartement conserve la chaleur nécessaire à l'éclosion. Dès ce moment, la masse du combustible de la fosse embrâsée, produit une chaleur sans fumée qui continue depuis un jusqu'à deux mois, sans diminuer. On recouvre la fosse d'un carrelage percé de trous, dont on bouche quelques-uns quand on veut diminuer la chaleur. On regarde l'odeur de la fumée de bouse de vache comme salutaire aux vers.

Ce moyen de se procurer un foyer de chaleur est très-remarquable. Il serait fort à désirer que dans nos magnaneries on pût employer un procédé analogue, la masse de combustible charbonné dégage, il est vrai, de l'acide carbonique ; il en est de même des réchauds enflammés ; mais il paraît que l'acide carbonique nuit peu aux vers, et les soins d'une active ventilation compensent cet inconvénient.

On tient les vers chaudement dans le premier âge ; on leur donne une moindre chaleur à l'époque des mues et particulièrement à la quatrième ; on les échauffe ensuite peu à peu jusqu'au moment où ils font leurs cocons. Nous connaissons peu l'emploi de ces nuances de chaleur aux différens âges ; ces usages, cependant, n'ont pú s'introduire en Chine sans que l'utilité en fût reconnue. C'est une étude qui nous manque et dont nous avons besoin.

Il semble aussi que la chaleur s'élève et s'abaisse suivant l'époque de la journée. Chaque jour, dit l'auteur chinois, *est une année pour les vers ; ils éprouvent dans le jour les quatre saisons : le matin est leur printemps ; le midi, leur été ; le soir, leur automne ; et la nuit, leur hiver.*

Nous pensons que nous devons prendre, dans ce texte, une leçon pour ne point chercher à procurer à nos vers une température rigoureusement uniforme. Le ver dans la nature essuie ces différences de température. Nous devons, autant que possible, lui continuer des influences analogues. Les plantes étrangères de nos serres chaudes se trouvent très-bien d'un pareil régime, et une température uniforme est reconnue pour leur être nuisible ; mais il faut toutefois se garder beaucoup des extrêmes et nuancer le passage d'une température à une autre ; car en Chine, comme en France et en Italie, on craint pour les vers l'excès du chaud et du froid et le passage subit de l'un à l'autre. C'est là l'un des principaux avantages de l'éducation artificielle et, avec le renouvellement de l'air, le plus sûr moyen de défendre les vers de la maladie.

Ces opinions se trouvent complètement appuyées par l'ouvrage de M. Julien.

Les vers, nous disent-ils encore, craignent la poussière, l'humidité, les mauvaises odeurs, les forts rayons de soleil, surtout du soleil couchant, les vents coulis, les grands vents.

Ils craignent les feuilles humides ou chaudes, celles qu'on fait sécher à un gros soleil, celles froissées par un grand vent; ils cueillent aussi les feuilles 2 ou 3 jours à l'avance et les conservent au frais.

Ces précautions nous sont connues, mais cependant on n'évite pas assez comme eux de cueillir les feuilles au gros soleil qui les échauffe de manière à les faire fermenter quand on les a rentrées.

Dans les premiers âges, ils donnent au ver des feuilles hâchées ainsi qu'à la sortie des mues; ils hâchent les feuilles avec des instrumens très-affilés, afin de ne pas les froisser et de leur enlever le moins de suc possible. En hâchant menu les feuilles, ils multiplient leurs bords et facilitent par conséquent la consommation; circonstance importante pour les jeunes vers et pour ceux qu'a affaiblis la maladie.

Les vers naissans ont besoin d'obscurité, d'un peu de lumière en sortant de leurs mues, et de beaucoup lorsqu'ils ont de l'appétit.

Le premier jour après leur éclosion, on donne aux vers à manger deux fois par heure; le second, on leur sert 3o repas; leur nombre diminue à mesure qu'ils grandissent.

Nous n'avons pas pour nos vers ces soins extrêmes; les Chinois, à ce qu'il semble, craignent encore moins la peine que nos éducateurs; ils sont debout pour leurs vers, la nuit comme le jour. Nos éducateurs prennent au moins 5 heures de repos.

Ils recommandent de faire achever l'éducation en 23 ou 25 jours au plus, et pensent qu'elle produit d'autant moins de soie qu'elle se prolonge davantage; l'auteur dit même qu'elle donne un cinquième de moins si elle dure 28 jours et moins de moitié si elle va au-delà de 3o.

Cette partie des procédés chinois vient d'être imitée avec un grand succès par M. Camille Beauvais. Nous en avons vu les heureux résultats sur lesquels nous nous dispenserons de revenir.

Cette méthode des repas fréquens dont le nombre diminue avec les âges, paraît la plus ordinaire comme aussi la plus rationnelle; toutefois, elle n'est pas générale. L'un des auteurs traduits par M. Julien recommande de faire manger les vers cinq fois par jour dans le 1er âge, six dans le 2e, huit dans le 3e et dix fois dans le 4e; mais aussi la durée de cette éducation paraît dépasser 3o jours.

Les vers qui occupent une claie au premier âge, doivent en occuper trente au dernier; cet espace est plus grand que celui que nous leur donnons, qui n'est que vingt fois plus grand au cinquième âge qu'au premier.

Dans les temps pluvieux ou couverts, on allume avant le repas des feux de flamme, plus encore pour changer l'air que pour accroître la chaleur.

Lorsque la chaleur est trop grande ou que l'air serait

trop sec dans l'atelier, les Chinois font passer l'air de ventilation sur des vases pleins d'eau, et ils projettent au besoin dans l'appartement quelques aspersions d'eau fraîche, qui ne doit pas tomber sur les insectes.

Ils arrosent aussi quelquefois légèrement d'eau la feuille cueillie qui a besoin, pour être profitable, d'être fraîche et non échauffée

Dans la plupart des provinces, ils font faire leurs cocons en plein air; ils bâtissent avec des nattes et des claies de petits pavillons avec des étagères qu'ils garnissent de rayons; sur ces rayons ils placent des petites branches sèches d'arbustes, ou des tiges branchues de légumes qui reçoivent les vers à soie en maturité. Des réchauds donnent de la chaleur dans le bas de la cabane, et dans le dessus, il faut l'accès de l'air un peu frais. Il faut une chaleur assez élevée pendant le travail des vers à soie; la soie, à ce qu'il paraît, en est plus forte et plus belle.

Lorsque les temps sont mauvais où, dans le Midi, à cause de la saison des pluies, ces coconières se placent sous des hangars ou dans l'atelier même, mais elles doivent être bien aérées et les vers ne doivent pas être entassés.

Cet emploi des réchauds, des feux intérieurs de cheminées au milieu de l'été de ce pays chaud, prouve que les Chinois élèvent leurs vers sous une température très-haute. Ils ne paraissent pas avoir de thermomètre pour la mesurer: la *mère des vers* qui dirige l'éducation, est avertie par son vêtement léger du besoin qu'a l'atelier d'être échauffé ou rafraîchi.

La méthode chinoise de faire faire les cocons hors des appartemens, a de l'analogie avec celle de Syrie, où un climat chaud, une température égale, permettent de faire l'éducation des vers en plus grande partie sous des abris en plein air ; elle s'emploie aussi dans les montagnes du Liban dont la soie est même plus belle que celle des plaines, et cependant le climat y est à peine aussi chaud que dans le midi de la France.

La soie s'y produit sur une plus grande échelle ; de simples particuliers font jusqu'à plusieurs milliers de soie filée. On n'aurait point de bâtimens assez étendus pour recevoir tous ces vers. Lorsqu'ils ont passé la seconde mue, époque où ils n'occupaient qu'un douzième de l'espace qui leur sera plus tard nécessaire, on les transporte dans des cabanes faites dans des champs de mûriers plantés à huit pieds l'un de l'autre, et qui ont été dépouillés pour les nourrir dans les deux premiers âges ; à l'aide des tiges de mûriers et de piquets intermédiaires, on établit quatre étages de claies à 18 pouces l'un de l'autre. La cabane se recouvre avec une couche d'épines supportée par des roseaux qui empêche l'entrée des oiseaux et des insectes, et qui, jointe aux arbres, brise les rayons du soleil et arrête plus ou moins la pluie et la rosée ; chaque cabane nourrit 5 à 6 onces de vers, et une famille peut en gouverner quatre.

Ces vers en plein air demandent peu de soin ; on ne les change pas une seule fois, on les laisse sur leur litière dont on n'ôte pas même les vers morts. Lorsque le moment est arrivé, ils montent en masse sur les mûriers et sur des fagots de sarmens dont on borde les claies. Le produit de ces éducations est en moyenne de 11 à 12 livres de soie filée par once ; ce qui suppose au moins 120 livres de cocons.

Les pluies contrarient quelquefois ces éducations, mais le plus souvent sans beaucoup leur nuire.

On a réussi en France, dans quelques essais, à élever en petit des vers à soie en plein air et sans aucun abri, mais les succès ont été rares ; il semble que c'est moins un grande chaleur qui est nécessaire qu'une certaine égalité de température qui n'appartient pas à nos climats.

Les Chinois ont trois moyens de faire périr les chrysalides de cocons qu'ils ne peuvent filer immédiatement ; le premier consiste à exposer au grand soleil les cocons pendant une journée entière ; les chrysalides périssent, mais le soleil nuit aux cocons, et le soleil de notre climat ne serait probablement pas assez chaud pour produire cet effet : le second moyen consiste à faire dans des vases de terre des lits successifs de 10 livres de cocons et deux onces de sel, séparés par des feuilles sèches ; on recouvre la dernière couche de feuilles larges, et on lute exactement le vase avec de la terre glaise ; au septième jour, les chrysalides sont mortes, si l'air n'a pas pénétré dans le vase.

Nous pouvons tirer de là, que si nous parvenions à priver tout à fait d'air les cocons, nous ferions périr les chrysalides d'une manière qui n'altérerait en rien la soie. Il faudrait pour cela trouver un moyen facile et économique de faire le vide ; on arriverait probablement encore au même but, en tenant pendant quelque temps les cocons dans un bain de gaz délétère, d'acide carbonique, par exemple ; il serait très-utile que l'un ou l'autre de ces moyens fût employé, plutôt que le four ou la vapeur qui nuisent plus ou moins à la soie.

Le troisième moyen de faire périr les cocons est la vapeur. On couvre la chaudière d'une natte de paille ; sur cette natte, on place deux corbeilles dans lesquelles on met une épaisseur de 3 ou 4 pouces de cocons. On retire la corbeille du dessous, lorsque la main ne peut supporter la chaleur des cocons dans la corbeille supérieure. On place dessus une troisième corbeille; on retire la corbeille inférieure, lorsque la nouvelle a pris une température que le dos de la main ne peut plus supporter; on continue de même pour tous les cocons qu'on étend ensuite sur des claies et qu'on remue à la main pour les faire sécher.

Les Chinois mangent les chrysalides de leurs cocons après les avoir filés; cependant ils ne mangent pas celles des vers des trois mues, ce qui annoncerait que l'espèce est distincte.

Ils recueillent en automne la seconde feuille de leurs mûriers, avant qu'elle jaunisse; ils la font sécher au soleil, la brisent et renferment les débris dans des vases de terre. Ils font germer des petits pois verts qu'ils cuisent à la vapeur et réduisent en farine. Ils cuisent encore à la vapeur du riz mondé qu'ils sèchent et font moudre.

Ces poudres sont des remèdes efficaces pour les vers dans leurs diverses maladies; elles s'emploient aussi comme nourriture; on en saupoudre, au sortir des mues, les feuilles vertes de leurs repas, qu'on a préalablement et légèrement mouillées avant de les leur servir; cette poussière s'y attache et s'y ramollit; et, consommée par les vers avec la feuille verte, elle les guérit lorsqu'ils sont malades et donne à la soie plus de consistance. La poudre de feuilles de mûriers s'emploie encore lorsque les vers sont pris de chaleur; cette maladie que les méridionaux ont appelée la *touffe*, se montre lorsqu'il arrive un temps de chaleur lourde dans l'atmosphère, à laquelle on donne le nom de *touffeur*; dans ce cas, lorsque l'air des ateliers n'est pas activement renouvelé, les vers sont dangereusement atteints. On a quelquefois réussi, en France, à en guérir une partie avec des aspersions d'eau froide, des expositions à l'air froid, moyen analogue en quelque chose à celui que les Chinois emploient.

Sans doute chacune des trois poudres a son emploi spécial dans des cas particuliers, mais nous n'avons pas jusqu'ici des données suffisantes pour les indiquer. Notre hygiène pratique des vers à soie est en général assez d'accord avec les méthodes chinoises : beaucoup de propreté, une active ventilation, des repas fréquens et de la chaleur; mais nous ignorons tout encore sur leurs moyens de guérir les maladies une fois déclarées.

Lorsque les crottes des vers à soie sont sèches et éparpillées, c'est signe de santé; lorsqu'elles sont humides et d'un blanc luisant, cela annonce la maladie : alors il faut les changer promptement.

La muscardine semble connue en Chine, mais elle ne ferait pas chez eux les ravages qu'elle fait chez nous. La grande propreté, les fréquens délitages et le renouvellement de l'air, sont les moyens les plus puissans qu'ils emploient pour la combattre.

Lorsque la peau des vers se ride, ils ont faim; lorsqu'ils sont d'un bleu luisant, on doit leur donner souvent et beaucoup de nourriture. On doit la modérer lorsqu'ils sont d'un blanc lustré; enfin le jaune luisant annonce la maladie.

Il faut donner de la lumière et de la chaleur aux vers auxquels on vient de donner à manger.

On fait en Chine des éducations pendant toute la saison. Dans la province de Yong-Chin, on élève des vers et recueille des cocons, en avril, mai, juin, juillet, août, octobre et novembre.

On distingue, par suite, plusieurs variétés de vers à soie. — Le ver à soie ordinaire, le ver à soie tardif, et le ver à soie à éducation multiple qui est plus hâtif que les autres; il paraît même qu'il est plusieurs variétés à éducation multiple, les unes à trois mues et les autres à quatre; il en est dont les œufs éclosent immédiatement après leur ponte; mais pour qu'ils fassent un travail utile, on doit retarder leur éclosion pendant un certain nombre de jours; et pour cela on met la graine dans un vase de terre fermé, qu'on plonge jusqu'à la hauteur des œufs dans une eau de source : l'effet principal de ce bain serait, nous le pensons, d'amener les vers à une éclosion simultanée, comme celui des bains d'hiver pour les vers du printemps.

On croise ensemble les espèces diverses de vers à soie qui donnent des sous-variétés qui réussissent très-bien : nous manquons de détails sur ce point; toutefois il nous semble que ce moyen d'amélioration mérite d'être remarqué. C'est le croisement qui a amélioré toutes nos races d'animaux domestiques, toutes nos plantes des champs et des jardins, toutes nos variétés de fruits; c'est à lui qu'on pourrait devoir aussi, pour les vers à soie, des variétés plus rustiques, d'une éducation plus facile, assortie plus ou moins à des climats spéciaux, produisant des soies de qualités diverses; c'est à ces croisemens que les Chinois doivent sans doute le grand nombre des variétés qu'ils distinguent : que de choses nous avons encore à apprendre sur ces variétés diverses, sur la manière de les conduire et d'en tirer parti. — Mais continuons le résumé de ce que nous apprennent les ouvrages chinois.

Le ver à soie tardif éclot un mois après l'autre; on

emploie à son éducation les feuilles des arbres taillés en hiver. Ces éducations sont souvent plus productives que celles du printemps, mais on leur reproche d'épuiser les arbres pour l'année suivante; à plus forte raison ne conviendraient-elles pas dans nos climats où la saison n'est déjà point assez longue pour regarnir le mûrier après l'éducation ordinaire du printemps.

Les vers à soie hâtifs éclosent six à sept jours avant les autres; leurs cocons pèsent un tiers de moins; leurs œufs servent à la ponte d'automne.

Il paraît que c'est principalement dans la province de Tche-kiang qu'on fait deux éducations, mais la soie de printemps est préférée à celle d'automne.

Les auteurs chinois semblent d'accord pour penser que toutes les éducations multiples fatiguent beaucoup les arbres, et, toutefois, on en fait beaucoup dans plusieurs provinces; c'est, à ce qu'il semble, parce qu'elles peuvent permettre que les mêmes individus emploient toute la bonne saison à ce travail, ce qui est un avantage pour eux et pour la masse de la production. D'ailleurs, avec la condition qu'un même mûrier ne fournit pas à deux éducations, nul doute que chacun d'eux ne donne une quantité de feuilles d'autant plus grande, que la saison est plus avancée, puisque tout le temps écoulé s'est employé à pousser de nouvelles feuilles, sans avoir pour cela perdu celles du printemps.

Mais nous pensons avec tous ceux qui, chez nous, ont traité cette question, que, dans notre climat, à plus forte raison qu'en Chine, nos mûriers en plein vent qui supportent déjà avec peine d'être une fois dépouillés, souffriraient encore beaucoup plus si on les dépouillait deux fois dans la saison. Cependant, il serait probable que les éducations d'automne, faites avec des mûriers qui n'auraient pas été cueillis au printemps, devraient réussir; nous traiterons plus tard, d'une manière spéciale, ce sujet important que tendent à éclairer les expériences intéressantes de M. Loiseleur des Longchamps.

Il semble que l'éclosion des vers se fait en Chine avec beaucoup de facilité. Lorsque l'époque est venue, du 5 au 8 avril, on sort les feuilles où est la graine des pots de terre où on la conserve; on la place dans quelque endroit chaud, dans l'espèce d'étuve dont nous avons parlé, ou sous ses habits pendant le jour, et dans le lit où l'on couche pendant la nuit; au bout de deux ou trois jours, on voit éclore les jeunes vers presque tous ensemble: ne pourrait-il pas arriver que le long espace de temps que nous mettons à faire éclore nos vers fût plutôt nuisible qu'utile à la simultanéité de leur éclosion.

La plus grande partie des détails que nous venons de donner sont dus à l'analyse d'un ouvrage chinois publié dans le 14e siècle par un homme qui devint ensuite ministre d'état. Cet ouvrage, plus de trois siècles après, du temps du père Duhalde, passait encore pour le meilleur sur la matière.

Nous avons modifié une partie de ce qui précède, qui avait été le sujet d'une première publication, au moyen de l'ouvrage de M. Julien. Cet ouvrage, en nous révélant de nouveaux et utiles détails, a encore le grand avantage de confirmer dans tous les points les plus essentiels les choses les moins connues, les méthodes en apparence les plus excentriques, que renfermaient les résumés des missionnaires.

Mais nous avons besoin de renseignemens plus étendus, plus nouveaux, et d'observations faites sur les lieux par des personnes qui connaissent nos procédés et nos usages pratiques dans cette industrie. Le père d'Incarville annonce, dans son écrit sur les vers à soie sauvages, un mémoire sur les mûriers et sur les vers à soie, qu'il serait bien à désirer qu'on pût retrouver, parce qu'il était écrit sur les lieux et à la vue des choses qu'on décrivait.

Le gouvernement a bien chargé l'un des naturalistes de la *Bonite*, M. Hébert, élève de M. Beauvais, d'explorer sur les côtes de Chine tous les détails de cette industrie; s'il doit passer dans le pays tout le temps du voyage de circumnavigation, il est à espérer qu'il pourra acquérir des connaissances précises, éclaircir une partie de nos doutes, nous faire arriver des œufs des diverses variétés de vers à soie sauvages et domestiques, et des individus et des graines des principales espèces de mûriers et des arbres qui nourrissent les vers sauvages : ce voyage pourra donc nous être d'une grande utilité.

Mais il est plus d'un moyen encore de nous instruire des divers procédés de l'industrie chinoise : on pourrait charger notre consul à Canton de recueillir lui-même des renseignemens dans le pays. Ce consul a avec les nationaux des rapports établis qui manquent au voyageur qu'on vient d'envoyer, et ces rapports sont durables ; il pourrait donc facilement nous en apprendre plus encore que lui; mais en outre il devrait être chargé, comme partie essentielle et spéciale de sa mission, d'observer tous les détails de cette industrie, et de résoudre ou faire résoudre toutes les difficultés ou les doutes que feraient naître ces observations.

Rien ne s'opposerait encore à ce qu'on fît venir des

îles de la Sonde, des îles Philippines, ou de l'une quelconque des îles de l'Archipel indien des Chinois habiles dans cet art. Les trois quarts de la population de ces pays sont composés de Chinois parmi lesquels un grand nombre, sans doute, peut nous donner les renseignemens dont nous avons besoin. Il serait donc très-utile que le gouvernement en appelât quelques-uns qui quitteraient plus facilement encore leur nouvelle patrie que la première, et ils nous arriveraient sans occasionner des frais considérables.

Tous les moyens doivent être employés pour améliorer et faire grandir l'industrie de la soie dans notre pays; mais l'un des plus efficaces serait sans doute de connaître dans tous ses détails les procédés d'un peuple qui l'exerce depuis plus de quarante siècles, qui est parvenu à produire la soie facilement et avec économie, et chez lequel elle est devenue si abondante, qu'une grande partie de sa population et ses armées entières en sont vêtues, et qu'un habit de soie y coûte trois fois moins qu'un habit de laine.

ONZIÈME LETTRE.

Il est plusieurs questions qui offrent un grand intérêt dans l'élève des vers à soie et que nous allons chercher à réduire à leurs plus simples termes et à préciser, autant que nous le pourrons, dans l'intérêt de la pratique. Ces questions sont en général assez difficiles, parce qu'elles sont complexes et qu'elles varient suivant les circonstances de pays et les soins des éducateurs; nous n'avons donc pas la prétention de les résoudre d'une manière absolue; mais nous chercherons seulement à recueillir le plus d'élémens simples que nous pourrons, pour aider chacun dans sa position.

§ Ier.

Il est très-important, dans tout le cours de l'éducation, pour ne pas être pris cruellement au dépourvu, de pouvoir toujours apprécier le plus exactement possible, à quelle époque de l'éducation qu'on se trouve, le nombre approximatif de vers qu'on nourrit, la quantité de feuilles consommées et celle surtout qui reste sur les arbres.

Le nombre des onces qu'on a mis éclore, le poids des œufs qui n'ont pas éclos, (1) la place connue qu'occupent

---

(I) Un moyen simple d'aprécier le poids des œufs non éclos, consiste à mettre dans l'eau tout ce qui reste, œufs et coques vides; les

les vers à leurs différens âges peuvent toujours avec un peu d'habitude en faire présumer le nombre. En combinant cette notion avec le nombre approché des vers qu'on a perdus, avec la quantité des feuilles consommées et celle qui est présumée rester, on pourra arriver à connaître si on en aura suffisamment pour mener à fin l'éducation. Nous allons rappeler ici les données les plus précises sur ces divers points.

A la fin du premier âge, les vers occupent 1/24 de l'espace qu'ils occuperont à la fin du cinquième et l'once de vers garnit 9 à 10 pieds carrés : à la fin du deuxième, ils en occupent 1/12 ou 20 pieds : à la fin du troisième 1/5 ou 48 pieds, et à la fin du quatrième le quart ou 60 pieds.

240 pieds de table, convenablement garnis, au cinquième âge, produisent un quintal de cocons ; c'est là la base qui sert pour l'appréciation. A la fin de chacun des âges, l'espace occupé, comparé avec les nombres qui précèdent, pourra faire présumer celui qui le sera au cinquième, et par conséquent, la quantité de vers qu'on aura à nourrir et de cocons à espérer.

Un peu d'habitude et un coup-d'œil exercé guident assez sûrement dans ces appréciations. Nous ne faisons point présumer de pertes, parce que cette supposition, quand il n'en arriverait pas, nous jetterait dans la disette de feuilles.

Nous ferons remarquer ici que dans nos appréciations, en prenant pour moyenne la consommation de vingt

---

œufs non éclos vont au fond, les coques surnagent ; on décante, et, en faisant sécher, on a le poids des œufs non éclos. Ce procédé a été suivi par M. Aubert dans la magnanerie du Roi à Neuilly.

quintaux de feuilles pour produire un quintal de cocons, nous n'avons point égard aux améliorations que promettent les découvertes nouvelles ni aux succès hors de ligne de MM. Beauvais, Dandolo, etc. Ces succès sont malheureusement encore des exceptions qui, bien qu'à la portée de tous, ne doivent pas encore modifier la moyenne de consommation et de produits sur laquelle doivent se fixer les hommes prudens. Le produit d'un quintal de cocons pour deux milliers de feuilles est déjà notablement supérieur à celui qui ne donne que 60 livres par once en consommant 15 à 16 quintaux de feuilles, et qui, par conséquent ne produit en moyenne que de 75 à 80 livres de cocons pour 20 quintaux de feuille ; le produit que nous admettons est donc déjà un produit amélioré, c'est celui des éducations soignées qui ne repoussent pas les lumières nouvelles et que l'œil du maître surveille et vivifie.

Dans le premier âge les vers consomment en poids 1/230 de la feuille qui leur est nécessaire ; dans le second 1/80 ; dans le troisième 1/24, et dans le quatrième 1/8. Il suffira donc de peser la feuille consommée pendant l'un de ces âges, ou mieux encore dans plusieurs, pour présumer celle dont on aura besoin pour ceux qui ne sont point passés et par conséquent le nombre de vers qui restent.

Nous avons encore un moyen de simplifier cette appréciation : d'après les calculs et les expériences de Dandolo, la consommation dans les premiers âges est de 3 quintaux de feuilles non mondées par once de graine, pendant que dans le cinquième elle est de 12. D'après M. Bonnafous, la feuille consommée, dans les premiers âges, est de 348 livres et celle du dernier de 14 quintaux :

enfin M. Loiseleur des Lonchamps, porte l'une à 3 quintaux et l'autre à 14. Les données qu'on trouve ailleurs rentrent dans ces appréciations.

On doit donc induire des résultats obtenus par les plus habiles expérimentateurs, qu'en moyenne la consommation des premiers âges est le quart en poids de la feuille consommée pendant le cinquième âge ou la cinquième partie du tout.

Mais il est, d'autre part, reçu parmi tous les éducateurs qu'à la fin du quatrième âge, il doit rester les 2/3 de la feuille. Pour expliquer cette espèce de contradiction, il suffit de remarquer que les uns évaluent le poids de la feuille non développée, pendant que les autres évaluent le poids qu'elle aurait pris si on lui eût laissé le temps de croître, comme à celle du dernier âge ; il en résulte donc que la feuille des quatre premiers âges perd moitié de son poids à être cueillie de bonne heure. Pour la comparer à la feuille qui reste et avoir la quantité relative en feuilles développées qu'elle donnerait, il faut donc la doubler ; les quatre premiers âges consomment donc l'équivalent de 6 quintaux de feuilles développées par once, comme le dernier en consomme 14, en tout 20 quintaux. Nous sommes donc amené d'une manière précise, en nous fondant sur les résultats les plus positifs des expérimentateurs, à la conséquence spéciale que 20 quintaux de feuilles développées sont nécessaires à la nourriture d'une once de vers à soie bien réussis qui produisent un quintal de cocons ; nous y voyons donc aussi la confirmation de ce que nous avons dit précédemment, qu'en commençant de bonne heure son éducation, on diminue de beaucoup la quantité de sa feuille ; et la diminution qui est d'une moitié pour la feuille des quatre premiers âges, est bien encore d'un quart au moins pour celle du cinquième âge, si on l'avance d'une semaine de trop.

Mais le poids dans les feuilles n'est pas tout : lorsque la feuille contient beaucoup de fruits, il en faut beaucoup plus pour nourrir autant que celle qui en contient moins ; ceux qui achètent la feuille au quintal, doivent donc avoir beaucoup d'égard à cette circonstance.

Quant au moyen d'arbitrer la quantité de feuilles des mûriers, l'expérience est nécessaire pour l'apprendre à chacun, et elle dépend tout-à-fait du volume des arbres et de l'espèce de feuilles qu'ils donnent.

M. Vincent-St.-Laurent attribue la production d'un quintal de feuilles à un arbre de deux mètres cubes en volume ; il est à croire qu'il a voulu dire un arbre de deux mètres ou une toise de diamètre ; ce qui est fort différent, puisque l'arbre de deux mètres de diamètre en offre plus de quatre en volume.

M. Loiseleur des Lonchamps, d'après l'opinion des producteurs, estime que les mûriers produisent 1, 2, 3 quintaux, suivant que leurs branches ou leur projection sur le sol couvrent 1, 2, 3 toises carrées de surface.

Cette estimation diffère peu de celle rectifiée de M. Vincent ; mais nous pensons que prise dans les pays méridionaux, elle s'applique au petit quintal de 80 livres ou 40 kil. ; en sorte que cette surface doit être augmentée d'un cinquième pour le quintal ordinaire de 50 kil., et, par conséquent, le diamètre de l'arbre produisant 50 kil. sera de 2,2 décimètres au lieu de 2 mètres ; encore faut-il que les arbres soient entretenus vigoureux au moyen d'un bon sol, du travail, des engrais et d'une taille convenable, et que l'éducation n'ait commencé que lorsque les

trois ou quatre premières feuilles ont pris un développement d'un pouce au moins de diamètre. On sait qu'une
semaine de plus à un bourgeon vigoureux suffit pour l'allonger de 4 à 5 pouces : il s'ensuit qu'on a de plus, au
bout de la semaine , toutes les feuilles nouvelles des derniers pouces et l'accroissement des premières , ce qui
peut aisément en doubler le poids.

D'ailleurs, chaque éducateur doit faire cette étude dans
sa position et avec ses arbres , et cette étude n'offre
pas beaucoup de difficultés; il faut pour cela avoir des
sacs d'un volume déterminé , avec lesquels on cueille ses
arbres dans le temps du grand développement des feuilles;
on apprend encore mieux à faire cette évaluation lorsqu'on fait cueillir sa feuille au quintal; il est donc à
propos , dans une éducation qui a quelqu'importance ,
d'avoir quelque part dans sa maison une grande balance
sur laquelle on puisse facilement et promptement peser
les sacs apportés.

En s'aidant donc de la quantité de vers mise à couver,
de l'étendue qu'ils recouvrent à la fin de chaque âge; en
récapitulant et en comparant la feuille consommée et
celle qui reste à consommer; en évaluant chacun de ses
arbres d'après la formule que nous venons de donner;
en se servant de son expérience des années précédentes ;
et enfin, en s'aidant encore, au besoin, du pesage de la
feuille de quelques arbres de grosseur moyenne, l'éducateur attentif pourra toujours, à l'avance, s'assurer s'il
a ou non assez de feuilles pour finir son éducation;
mais, prudemment, il devra s'arranger pour avoir toujours plutôt de la feuille de trop qu'en déficit, parce que
ce surplus vendu lui produira beaucoup d'argent, pendant
que la feuille en déficit par le prix exagéré qu'il sera

obligé de la payer, emportera une partie du produit net de toute son éducation.

§ II.

On s'est beaucoup occupé de trouver des succédanées au mûrier; ce serait probablement un espoir vain, que d'espérer remplacer le mûrier pour la nourriture de sa chenille; le rapport du mûrier avec le ver à soie est une convenance, une harmonie réciproque qui semble devoir rester exclusive. Le mûrier lui-même n'est attaqué par aucun autre insecte, et on peut croire que réciproquement sa chenille ne trouvera aucun autre arbre pour le remplacer entièrement; et puis il n'est à notre connaissance aucun arbre qui puisse aussi impunément que lui être dépouillé de ses feuilles au printemps; car les arbres des forêts et les arbres fruitiers périssent quelquefois ou tout au moins perdent une partie de leurs bourgeons lorsque les chenilles les ont privés de leurs feuilles; et, enfin, s'il y a des chenilles omnivores, presque toutes les autres ne réussissent que sur les végétaux qui leur ont été spécialement destinés; si donc on veut obtenir un moyen de remplacer tout à fait le mûrier, nous pensons qu'on n'y arrivera pas; mais si on se borne à demander quelque végétal qui puisse suppléer pendant quelques jours aux feuilles du mûrier prises par la gelée et permettre d'attendre qu'elles soient repoussées, le cas est différent, et il est probable qu'on pourra y arriver: déjà parmi les végétaux connus on en a essayé un grand nombre, et celui qui, jusqu'ici, avait le mieux réussi est la scorsonère; on a obtenu d'assez belle soie avec les cocons de vers nourris uniquement de cette

plante ; mais personne n'a songé à entreprendre avec elle
une éducation de quelque étendue ; un hectare planté en
scorsonères demanderait beaucoup de travail pour produire dix fois moins de feuilles et de cocons qu'un hectare en mûriers ; mais d'ailleurs et surtout il est tout à
fait improbable qu'un grand nombre de vers élevés de
cette manière pût réussir.

M. Bonnafous qu'on doit citer comme ayant puissamment contribué à améliorer et à étendre en France la culture du mûrier et la production de la soie, propose pour
cet objet le *maclura aurantiaca* ou mûrier des Osages ;
cet arbre d'une espèce voisine du mûrier à papier ou
broussonnettia, à suc laiteux comme lui et comme le
mûrier, est encore rare en France ; il est monoïque,
mais on possède les deux sexes : on l'obtient de semis,
et on le greffe sur le *broussonnettia* ; il s'élève dans son
pays originaire à une hauteur de 4o à 5o pieds. Il offre
le grand avantage de ne pas craindre les gelées de printemps ; la gelée qui, à Montpellier, avait détruit en avril
1834 les feuilles du mûrier, a respecté celles du *maclura*.
Le ver à soie a mangé assez bien ses feuilles jusqu'à la
fin de la quatrième mue ; plus tard, il l'a moins bien
consommée. Le petit nombre de cocons qui a réussi a
donné de bonne soie, mais de couleur verdâtre.

Comme le *maclura* produit beaucoup de feuilles, un
petit nombre d'arbres suffirait dans une éducation pour
parer à l'inconvénient des gelées printannières : toutefois,
en supposant que le *maclura* répondît à l'espoir qu'il donne,
il serait encore vrai de dire que les épines aiguës qui
garnissent sa tige seraient fort incommodes pour cueillir
ses feuilles : d'ailleurs il faut encore l'expérience de plusieurs années et répétées dans un assez grand nombre de

lieux pour être sûr qu'on aurait à la fin trouvé une espèce de feuilles qui puisse, en nourrissant les vers jusqu'au troisième âge, donner le temps aux mûriers gelés
de repousser.

Il paraît cependant qu'en Chine on aurait déjà trouvé
un arbre qui supplée au mûrier; c'est celui qui nourrit
une des variétés sauvages de vers à soie : lorsque la feuille
du mûrier manque on a recours aux feuilles de cet arbre
qui porte le nom de *Tché* et que nos botanistes dési-
gnent sous le nom de *Fagara* ou *Poivrier* de Chine.

§ III.

En abordant la question des éducations doubles, nous
rendons avec plaisir hommage aux expériences réité-
rées et à la persistance de volonté de M. Loiseleur des
Lonchamps. Depuis vingt-cinq ans il répète ses éducations multiples sans se décourager de n'avoir point fait
de prosélytes, et malgré que nos plus habiles éccivains
sur la matière les aient condamnées : il a pour lui ses
expériences réussies, mais surtout le succès des éducations multiples en Chine Les détails nouveaux que nous
a transmis M. Julien ajoutent encore beaucoup de poids
à tout ce qu'il nous a dit à ce sujet : nous désirons donc
vivement qu'il veuille bien encore continuer ses essais,
et il résultera, nous le pensons, d'utiles lumières du
travail consciencieux et soigné d'un homme habile et
éclairé.

Il est tout à fait hors de doute, comme nous l'avons
vu, que les Chinois réussissent à faire des éducations de
vers dans tout le cours de la saison chaude depuis le
printemps jusqu'en automne; mais ces éducations ne se

font pas avec les mêmes mûriers; d'ailleurs il ne faut point oublier que nous sommes loin d'avoir leur climat; la soie se produit en Chine depuis le 23me jusqu'au 40me degré de latitude, position qui est loin de s'accorder avec la nôtre, surtout pour la chaleur et la longueur des étés.

D'ailleurs, il parait certain que les secondes éducations et toutes celles qui ont lieu hors de l'époque ordinaire, se font avec des vers d'espèces différentes. Les éducations d'automne qui sont les plus nombreuses parmi les éducations multiples, se font avec la graine produite par une éducation d'une variété de vers hâtifs de printemps qui éclosent 5 à 6 jours avant l'espèce ordinaire. Il existe en Chine, pour la conduite de ces éducations multiples, pendant tout le cours de l'été, des méthodes spéciales qui sont le résultat de l'expérience et que nous avons besoin de connaître avant de nous y livrer, pour être dispensés des longs tâtonnemens d'une marche dépourvue d'expérience; et puis, il nous faut pour cela des œufs des espèces spéciales. M. Loiseleur n'a pu faire éclore que très-inégalement, dans le cours de l'été, la graine du printemps: on a, il est vrai, la ressource des glacières pour retarder l'éclosion de la graine ordinaire; mais ce procédé n'est point encore suffisamment éprouvé.

Les expériences de M. Loiseleur prouvent bien, ce qui d'ailleurs pouvait faire peu de doute, que le ver à soie peut réussir dans notre climat comme en Chine pendant tout le cours de la saison, depuis le printemps jusqu'à l'automne; mais la difficulté consiste particulièrement dans le mûrier et notre climat, qui ne peuvent offrir les mêmes circonstances qu'en Chine.

Et d'abord l'éducation ne peut avoir lieu dans le milieu de l'été; à peine reste-t-il à nos mûriers assez de saison chaude, après l'effeuillement dans l'éducation du printemps, pour repousser des feuilles et aoûter leurs nouveaux bourgeons; à plus forte raison, le dépouillement ne peut-il pas se faire au milieu de l'été; les secondes éducations se reculeraient donc jusqu'à la fin d'août ou aux premiers jours de septembre. Il paraît qu'en Chine elles se font particulièrement à cette époque. Les vers alors demandent plus de chaleur artificielle; mais les temps de touffeur et d'orage sont plus rares, les mûriers ont au moins le double des feuilles qu'ils offrent au printemps et l'effeuillement les fatigue peu parce qu'ils ne sont obligés de refaire ni feuilles ni bourgeons: dans le Midi, en dépouillant pour les bestiaux les mûriers à la fin de septembre, on croit peu leur nuire: en cueillant leurs feuilles pour les vers. si on retranche en même temps les branches inutiles, l'effeuillement peut même suppléer jusqu'à un certain point à la taille; enfin, il semblerait encore que cette éducation tardive pourrait convenir aux climats froids, à saison chaude trop courte.

Si les mûriers sont vigoureux, que l'éducation se commence avant la fin d'août, les bourgeons sur les jeunes arbres continuent de pousser encore; dans ce cas on élève les vers dans leurs premiers âges avec les feuilles du bout des branches qu'on achève de dépouiller pour les âges suivans, et les dernières feuilles un peu dures sans doute ne se donneraient, même dans les derniers âges, que hâchées.

Des mûriers multicaules ou des mûriers nains four·niraient encore plus sûrement de jeunes feuilles que les mûriers à grand vent. Le mûrier multicaule gagnerait peut-être plus qu'il ne perdrait à ce dépouillement qui lui enlèverait ses bouts de bourgeons qui sont la proie presque assurée de l'hiver.

Toutefois, nous ne pensons pas qu'il puisse être convenable de faire de doubles éducations avec de grands mûriers : les mûriers plein vent sont des arbres d'avenir bu'il faut ménager ; à peine convient-il de les dépouiller tous les ans : beaucoup d'éducateurs croient même qu'il serait utile de les laisser reposer l'année de la taille ; à plus forte raison ne doit-on pas les dépouiller deux fois dans une seule année ; et les Chinois eux-mêmes, avec leur longue saison, pensent qu'une double éducation, avec les mêmes arbres, leur serait fatale. Avec notre climat, la repousse des mûriers effeuillés au printemps est faible à la fin d'août, et, par conséquent, leur produit serait peu considérable ; à cette époque, les bourgeons herbacés s'enlèveraient en grand nombre ou se briseraient sous la main qui cueillerait les feuilles : on n'aurait donc après la deuxième récolte que des arbres mutilés auxquels il ne resterait presque point d'yeux pour la pousse du printemps suivant. Il est donc tout-à-fait impossible de faire deux éducations dans notre pays avec les mêmes arbres ; d'ailleurs, le produit de la seconde serait si peu considérable, qu'il faudrait peut-être trois ou quatre fois plus d'arbres pour la faire que l'éducation de printemps.

Les multicaules et les mûriers nains qui sont plus vigoureux, parce qu'ils sont tenus court et taillés annuellement, résisteraient peut-être à ce traitement ; et leur renouvellement, s'ils y succombaient, n'entraînerait pas de grands frais.

La rente du sol, d'ailleurs, comme nous le verrons plus tard, n'entre que pour peu de chose dans le produit des vers à soie, et le tort qu'on ferait aux plantations, serait, nous le pensons, beaucoup plus considérable que le profit sur la rente du sol dont on voudrait tirer deux récoltes : ainsi donc, si l'on veut faire une seconde éducation, il y a profit à la faire avec des mûriers non dépouillés au printemps, qui, pour la même grosseur, donneraient quatre fois au moins autant de feuilles que ceux dont on voudrait tirer une seconde récolte.

Il serait nécessaire, pour conserver la graine de la seconde éducation, de la placer de bonne heure, au printemps, dans une glacière. Les glacières, il est vrai, sont rares, surtout dans les campagnes; mais elles se multiplieraient si l'usage des éducations d'automne s'introduisait; d'ailleurs, il ne serait pas difficile d'envoyer, dès le mois de février, à des glacières à distance, sa graine renfermée dans des vases clos, pour la faire revenir au moment où on en aurait besoin. Les vers éclos dans les derniers jours d'août, avec des repas fréquens et une chaleur soutenue, seraient montés avant le 25 septembre, avant la fin des beaux jours.

Mais il serait encore plus profitable et surtout plus sûr d'avoir les espèces de vers à éducation d'automne; le succès serait bien plus probable et bien plus facile; et puis on pourrait, en adoptant, comme les Chinois, la taille d'hiver au lieu de la meurtrière taille d'été, réserver tous les arbres taillés pour l'éducation d'automne; on y trouverait de jeunes feuilles, et l'arbre n'en serait que peu ou point éprouvé. Les mûriers taillés, les années précédentes, fourniraient à l'éducation ordinaire, et suivant qu'on taillerait tous les deux, trois ou quatre ans, la moitié, le tiers ou le quart des arbres servirait à l'éducation d'automne. La soie produite par les mêmes mûriers serait au moins double en quantité, puisque les bourgeons de septembre sont au moins doubles en longeur de ceux du mois de mai, que la deuxième moitié équivaut à la partie qui existait au mois de mai et que la première porte des feuilles toutes développées, plus grandes et plus fortes. Les mûriers, par ce traitement, seraient sans doute plus ménagés que par la taille d'été; mais la soie serait sans doute aussi, comme en Chine, de moindre qualité que celle de printemps.

M. Loiseleur propose encore un moyen terme qui aurait plusieurs avantages, il consisterait à commencer la seconde éducation dix à douze jours après la première; par ce moyen, les grands travaux des deux éducations se succèderaient sans se contrarier, et un même nombre de personnes et une même magnanerie pourraient faire une quantité double de soie.

Ces avantages se balanceraient, nous le pensons, par l'inconvénient d'ôter aux arbres une douzaine de jours de la saison chaude nécessaire pour la repousse et l'aoûtement de leurs bourgeons; et puis cette seconde éducation tomberait plus ou moins dans les temps de touffes et d'orages dangereux pour les vers; et ses derniers jours, ses grands travaux concourraient avec ceux des fauchaisons et peut-être de la moisson; double inconvénient qui diminuerait en hâtant l'éducation par les repas nombreux et une haute température.

En nous résumant sur cette question, nous pensons qu'il serait imprudent, dans notre pays, de vouloir faire une double éducation avec les mêmes mûriers; qu'on pourrait élever, cependant, les vers en deux saisons, au printemps et à la fin de l'été; que ce moyen augmenterait beaucoup le produit, parce que la deuxième éducation pourrait se faire double en quantité avec les mêmes mûriers, eu égard à la plus grande abondance de leurs feuilles ; et qu'ensuite elle se ferait à moindres frais à une époque où les bras ne sont pas rares dans les pays où on ne bat pas l'été ; d'ailleurs, il paraît que le dépouillement des mûriers, au mois de septembre, doit les fatiguer très-peu ; et même, en faisant à l'arbre les retranchemens convenables, suppléer à la taille.

Cette éducation d'automne se ferait sans doute avec avantage en la combinant avec la taille d'hiver. Les mûriers taillés destinés à laisser tomber leurs feuilles sans emploi, fourniraient aux vers une feuille tendre, nouvelle et abondante ; mais il faut, pour arriver à ce résultat, que la glacière nous conserve les œufs et qu'en les sortant, ils puissent éclore facilement et à volonté ; ou plutôt encore il nous faudrait les variétés chinoises d'éducation d'automne.

Toutefois, cette opinion favorable qui s'appuie sur la vraisemblance, sur les expériences de M. Loiseleur, mais surtout sur les usages du pays qui doit nous servir de modèle, aurait encore besoin, dans notre climat, de la sanction d'essais nombreux et réussis, et surtout nous aurions besoin de connaître, dans leurs divers détails pratiques, les proccédés chinois d'une éducation tardive, mais le succès de cette méthode aurait une grande portée ; car il rendrait peut-être possible la production de la soie dans les pays où le climat s'y est jusqu'ici opposé et surtout encore pourrait doubler le produit en soie dans le nôtre.

§ IV.

Quoique nous soyions bien loin de posséder toutes les variétés chinoises des vers, nous en distinguons déjà plusieurs. En attendant que nous ayons, avec les variétés chinoises, un plus vaste champ pour le choix, nous devons travailler à bien apprécier les circonstances diverses de l'éducation des nôtres. Le choix à faire, parmi elles a de l'importance pour les éducateurs.

On les considère d'ordinaire sous le rapport de la facilité plus ou moins grande qu'on a à les élever, de la quantité de feuilles qu'ils consomment, du temps nécessaire à leur éducation, du nombre de cocons qui entrent dans le poids d'une livre, et enfin du poids de cocons nécessaires pour produire une livre de soie filée. Au milieu de faits qui, pour chacune des races, ne nous paraissent pas suffisamment établis. et sont quelquefois contradictoires, nous ne croyons point avoir assez de données pour nous prononcer; nous joindrons seulement, en nous fondant sur quelques essais et particulièrement sur une petite éducation, faite cette année même, notre témoignage à celui d'autres éducateurs et particulièrement de M. Frayssinet, pour dire que la race de vers à cocons blancs de Chine est plus hâtive, moins dépensière et n'est pas plus difficile à élever que la jaune. Ces avantages avec le plus haut prix de la soie blanche, nous semblent compenser le moindre poids de soie que donne le cocon.

Mais il est un moyen facile et direct de pouvoir apprécier les diverses variétés de cocons : il consiste à mesurer pour chaque espèce l'étendue du fil de soie qu'elle donne. Pour cela, il suffit de filer à la manière ordinaire un, deux, trois ou quatre cocons de l'espèce qu'on veut essayer, de compter les tours qu'ils produisent sur la roue où la soie s'enveloppe; on connaît l'étendue du fil nécessaire à un tour, et par conséquent, la longueur totale du brin obtenu.

La race des gros cocons jaunes à quatre mues, dans une expérience faite à Cuiseaux il y a quelques années, a donné en moyenne un fil de 1,000 mètres. La race ordinaire de cocons jaunes à quatre mues, un fil de 800 mètres, et celle de cocons blancs de Novi, provenant de M. Bonnafous, un fil de 600. En 1836, un lot de cocons jaunes ordinaires qui avait éprouvé quelques avaries, n'a donné que 600 mètres, aussi il a peu produit à la filature.

Ces essais devraient se répéter pendant plusieurs années et en divers cantons sur les différentes races pour pouvoir apprécier chacune d'elles ; on comparerait les cocons blancs de Novi avec ceux dits de Chine, de Bourg-Argental, Roquemaure, Annonay, etc., que nous croyons de même origine. On essaierait aussi les vers de trois mues, et au bout de quelques années d'expériences faciles, on arriverait à connaître la longueur moyenne du brin pour les diverses variétés connues.

Les filateurs auraient aussi grand intérêt à employer ce moyen d'épreuve. Le nombre de cocons qui entre dans une livre ne suffit pas pour apprécier la quantité de soie, parce que certains cocons ont plus de gluten que d'autres et que les cocons légers dont la chrysalide pèse autant que celle des cocons lourds, donnent par cette raison moins de soie que leur poids ne semble l'indiquer.

Ce procédé servirait encore à apprécier et comparer la finesse relative du brin en pesant et comparant le poids total du brin de chaque expérience dont on connaît la longueur. Il y a donc un assez grand parti à tirer de ce moyen, et les résultats qu'il donne intéressent à la fois le producteur, le filateur et le fabricant.

C'est ici le lieu de recueillir de nouvelles données desquelles on peut conclure la valeur relative des races de vers à cocons blancs de Novi et de Sina ou de Chine. Dans la magnanerie de Neuilly, une éducation a été faite, cette année, par les soins et sous les yeux de la famille royale, où l'on a comparé les produits d'un lot de graines de Novi avec ceux d'un lot de graines de Sina; la race de Novi a produit par once 94 livres de cocons, pendant qne le lot de Sina plus petit, il est vrai, en aurait produit 120.

En outre, les Sinas sont éclos et ont monté tous ensemble, pendant que la montée et l'éclosion de ceux de Novi ont duré plusieurs jours; enfin, la livre de cocons de Novi renfermait 350 cocons et celle de Sina 280.

Si donc toute l'éducation eût été en Sinas, on aurait eu un produit d'un quart en sus, en ne supposant qu'une même quantité de cocons réussis. Mais si elle eût été en cocons jaunes, dont la livre contient 240 cocons, le même nombre de cocons aurait encore produit un 6me de plus qu'avec la race Sina ou un tiers en sus de celle de Novi, et on aurait eu par once 156 livres.

Mais ce ne sont pas là les seuls résultats que nous présente cette éducation; les repas fréquens ont réduit le temps à 30 jours en moyenne, au lieu de 33 à 36 qu'elle eût duré avec la température de 16, 17 et 18 degrés, comme chez Dandolo. Ce résultat des repas fréquens est le même que celui que nous avons observé chez MM. Beaurepère et Laperlot.

On peut remarquer encore que la consommation de deux milliers de feuilles non mondées a produit 167 livres de cocons: c'est 12 quintaux de feuilles non mondées pour un quintal de cocons; mais il est hors de doute que si on eût élevé des cocons de Sina au lieu de ceux de Novi, ou mieux encore des cocons jaunes, l'é-

conomie eût été encore plus considérable; et cette économie est due toute entière aux repas fréquens, et appuie tout ce que nous avons dit précédemment à ce
sujet.

On ne peut qu'applaudir à l'intérêt spécial que té-
moigne notre Famille Souveraine à une industrie importante qui tend à s'implanter sur tout le sol de la France.
Depuis plusieurs années une magnancrie est établie à
Neuilly, son séjour de prédilection; tous les procédés
nouveaux, toutes les méthodes d'amélioration y sont en
usage, et déjà les procédés Darcet ont puissamment contribué aux succès de cette année. Les produits sont en-
voyés à Lyon d'où ils reviennent fabriqués en brillantes
étoffes dont la famille se vêtit et qu'elle distribue autour d'elle: il en doit résulter, pour le pays, d'utiles
leçons, des exemples que beaucoup voudront imiter et
un désir bien vif, dans un grand nombre, d'obtenir de
ces tissus de faveur, et, par suite, de les imiter et de
les produire soi-même.

C'est aux Impératrices chinoises qu'on doit l'établissement de cette industrie; elles se firent apporter les
insectes des lieux où ils étaient indigènes; c'est dans
leurs palais, sous leurs yeux et leur influence qu'ont
été fixées les méthodes d'éducation, inventés les moyens
de filature et de fabrication; c'est par leurs exemples et
leurs leçons que la soie est bientôt devenue l'un des
plus grands produits du pays; l'une d'elles qui vivait il
y a plus de quarante siècles, qui, la première, étudia
et fit naître cette industrie, est encore honorée comme
une divinité par le peuple reconnaissant.

En France, comme nous venons de le dire, nous ne
manquons pas de grands exemples. Un de nos rois ac-

cueillit cette industrie lorsqu'elle fut rapportée en Europe par les Croisés; un autre, plus tard, propagea la production de la soie et établit sa fabrication en Touraine; Henri IV, par ses éducations des Tuileries, est parvenu à la répandre dans une partie du Midi de la France; Charles X a créé pour elle, et aux frais de la liste civile, l'établissement modèle des Bergeries; son successeur, Louis-Philippe, en la rappelant dans la demeure royale, contribuera à achever l'œuvre commencée par ses devanciers, et la France presque entière aidée de cette nouvelle et puissante influence, arrivera, nous l'espérons, à s'établir, pour un long avenir, la métropole européenne de la production et de la fabrication de la soie.

DOUZIÈME LETTRE.

DE LA GREFFE DU MURIER : DES DIVERSES VARIÉTÉS DE CET ARBRE ET DES MOYENS D'EN CRÉER DE NOUVELLES.

Le produit en feuilles des mûriers dépend, en plus grande partie, de la variété qu'on cultive ; ces variétés sont nombreuses, ont des qualités diverses et les semis les multiplient encore chaque jour ; la greffe est employée à propager celles que l'expérience a pu faire juger préférables pour la quantité et la qualité des produits : cependant, parmi les éducateurs, s'agite encore la question de savoir si les mûriers sauvageons ne seraient pas préférables aux mûriers greffés. Nous nous proposons aujourd'hui de traiter cette question, et nous serons conduit naturellement à apprécier quelques variétés remarquables de mûriers et à nous occuper des moyens que la nature nous fournit pour les produire.

Si la question de la greffe paraît encore douteuse, il semblerait que ce serait faute de s'entendre parce qu'il est des faits qui semblent l'éclaircir suffisamment.

L'opinion est assez généralement établie et des expériences précises de Dandolo ont prouvé que la feuille des mûriers non greffés est une nourriture préférée par les vers à soie, qu'il en faut un peu moins pour les nourrir mieux, que les cocons sont un peu plus lourds et la soie même plus belle. Ces avantages sont nombreux, mais chacun d'eux n'ayant que très-peu d'intensité, leur somme forme une petite différence qui disparaît bien vite devant les avantages incontestables de la feuille greffée.

M. Frayssinet, pasteur de Sauves, estime les avantages des mûriers non greffés sur les mûriers greffés, encore plus haut que Dandolo; mais comme, en résumé, il veut des feuilles de choix, grandes, larges et nombreuses, qu'il demande des espèces qui donnent peu de fruits, que la greffe n'est ou ne doit être autre chose que la transmission et la propagation des variétés qui ont ces différens caractères, ses objections ne portent que contre le mauvais choix des variétés propagées, et, en résumé, seraient plutôt favorables que contraires à la greffe.

Les semis donnent des sujets tout différens entr'eux; beaucoup sont peu vigoureux, garnis de bourgeons piquans, perpendiculaires aux branches principales et de feuilles étroites découpées ou minces; d'autres ont plus ou moins ces défauts; mais un petit nombre se distingue des autres par des pousses droites bien nourries, dont les bourgeons latéraux suivent la direction et la forme des bourgeons principaux et dont les feuilles sont nombreuses, larges, luisantes et épaisses, et pèsent deux à trois fois celles des premiers. Parmi ces derniers et après un grand nombre de semis, on a choisi l'individu qui donnait la plus grande abondance de feuilles: on a essayé si elles plaisaient aux vers et si elles leur étaient profitables, et lorsque tous ces avantages ont eu été constatés, cet individu est devenu le type qu'on a propagé. Chaque pays a ainsi choisi ses plus belles espèces qu'il a transmises par la greffe. Chaque canton d'Italie, les diverses provinces d'Espagne, en France, le Vivarais, les Cévennes, le Languedoc, le Dauphiné, ont chacun, de leur côté, sans s'être entendus, choisi ainsi leurs meilleurs mûriers pour les propager. Dandolo a adopté une variété à laquelle il a donné son nom. Moretti, à Pavie, en a trouvé dans ses semis une très-belle variété qui a pris son nom. Ainsi donc, les variétés greffées sont incontestablement les meilleures parmi les plus belles. Ce serait donc un non-sens de vouloir les rejeter.

Dans les arbres fruitiers, la greffe propage les bons fruits qu'ont donnés les semis; ici, elle propage la feuille belle et abondante; que si la variété choisie est usée dans sa vigueur et ses qualités, comme cela arrive à beaucoup de variétés de fruits, qu'on sème encore, qu'on choisisse mieux et qu'on ne parle plus de renoncer à une voie d'amélioration, consacrée par le raisonnement, par le temps et par l'expérience de tous les pays producteurs de soie. C'est évidemment une marche vers le mieux, un perfectionnement obtenu : vouloir y renoncer, c'est se refuser à se servir de l'expérience et des progrès de ceux qui nous ont précédés. D'ailleurs, les adversaires de la greffe recommandent de choisir dans les semis les individus à feuilles plus belles, plus larges, plus abondantes, et d'écarter ceux à feuilles trop minces, découpées ou rares; les greffeurs ne font autre chose, seulement ils conservent et propagent les avantages qu'ils ont obtenus pendant que les premiers les abandonnent pour en chercher d'autres; quant à nous, nous proposons le double moyen des semis et de la greffe, comme s'aidant réciproquement et tous deux éminemment utiles : greffons donc pour conserver et propager les meilleures variétés, et semons toujours pour en gagner de meilleures encore.

Parmi les mûriers greffés, il est des variétés qui donnent beaucoup de fruits; les planteurs qui n'élèvent pas les propagent, parce que, vendant la feuille au poids, leurs feuilles chargées de fruits pèsent beaucoup; mais c'est aux éducateurs à ne point acheter ces feuilles ou à les acheter moins cher; la faute n'est pas à la greffe mais à la variété qu'elle propage, et ces variétés sont tout à fait à rejeter; mais on peut en demander d'autres aux semis qui donnent, pour les mûriers comme pour les arbres fruitiers, des variétés fécondes ou peu fécondes en fruits.

On est arrivé souvent, sans mauvaise intention, à propager des variétés fructifères; ces variétés, comme dans les arbres fruitiers, produisent souvent des feuilles larges et étoffées. On a été séduit dans la jeunesse de ces arbres par les belles feuilles, on les a propagés; mais les arbres arrivés à maturité ont donné beaucoup de fruits, et on les a conservés parce qu'ils étaient venus; et l'intérêt de ceux qui vendent leurs feuilles sans élever, les a propagés parce que leur produit offre plus de poids.

Et puis le mûrier greffé est plus vigoureux, à bois plus gros, arrive une fois plus vite que le sauvageon à une grosseur moyenne et l'arbre greffé donne bien un poids de feuilles double au moins de l'arbre non greffé de même volume, et par conséquent il faut une surface double au moins de sol pour nourrir avec la feuille sauvage.

Il résulte des expériences de M. Loiseleur des Longchamps qu'un même nombre de feuilles prises sur des branches de même grosseur et de même âge de mûriers sauvageons, de mûriers greffés et de multicaules, pesaient, pour les sauvageons, en moyenne, 30 onces; les greffés, 100 onces; les multicaules, 193 : le produit des arbres greffés qui portent des feuilles si supérieures en poids est donc beaucoup plus grand que celui des sauvageons, alors même que le nombre des feuilles de ces derniers serait plus grand.

En outre, on remarque dans les Cévennes que, pendant qu'un homme cueille dans un jour un quintal 1/2 à deux quintaux de feuilles sauvages, il en cueille cinq à six de mûriers greffés : aussi, pendant qu'on paie à la tâche 25 cent. par quintal de 80 livres pour cueillir la feuille greffée, on donne, en moyenne, 1 fr. pour la feuille de sauvageons. Il en coûte donc 5 fr. pour cueillir en feuilles greffées la nourriture d'un quintal de cocons, et 20 pour la cueillir en feuilles sauvages. La livre de cocons produite par les mûriers sauvages coûte donc au moins 15 cent. de plus pour le seul surplus de frais de la récolte de la feuille.

Ce n'est pas seulement l'épargne de main-d'œuvre, d'argent et de terrain, que procure la feuille greffée qu'on doit considérer; dans le cinquième âge où le ver à soie consomme, en une semaine, le double de ce qu'il a consommé dans les trois qui précèdent, les bras manquent presque toujours; on néglige des soins essentiels de propreté, de ventilation pour envoyer tout le monde à la feuille : lorsqu'on a des mûriers greffés, surtout des mûriers nains, ce travail devient court, facile et expéditif; dans les temps pluvieux il suffit de quelques momens pour faire la provision des feuilles; on n'est pas obligé de les cueillir mouillées ou à la rosée : on a donc réellement de plus grandes chances de succès.

Mais un seul fait pratique déciderait, au besoin, la question si elle était indécise. En Dauphiné, l'éducateur auquel on fournit la feuille donne au propriétaire la moitié du produit des cocons, si les mûriers sont des sauvageons, et 2/3 si les mûriers sont greffés. L'éducateur, l'homme-pratique estime donc la feuille greffée 1/6 de plus que la feuille sauvage.

D'ailleurs, les organsins de Piémont, de Lombardie, une grande partie de ceux des Cévennes sont faits avec la feuille greffée : la soie qu'elle donne est donc encore de bien bonne qualité.

On a encore voulu reprocher aux mûriers greffés leurs feuilles larges et épaisses; mais alors en les hâchant on les attendrit et les met à la portée des vers; d'ailleurs, ces feuilles fermes et consistantes peuvent donner et donnent, en effet, de la soie de très-belle qualité; ainsi le mûrier noir, en Espagne et en Chine, donne une soie plus forte et qui se vend plus cher que l'autre.

Mais si cette question n'était pas déjà complètement résolue chez nous par l'expérience et le raisonnement, nous trouverions en Chine sa complète solution; de temps immémorial, leurs semis, anciens et nombreux, ont produit des variétés qui s'assortissent à tous leurs besoins, à leurs variétés différentes de vers, aux diverses époques où ils les élèvent et aux qualités de soie qu'ils veulent produire; et ces variétés, ils les propagent par les boutures, les marcottes et la greffe; ils sèment toutefois encore beaucoup, mais des variétés qui se transmettent franches par les semis.

Ils emploient d'ordinaire, pour les branches près de terre des arbres qu'ils veulent marcotter, un procédé fort remarquable : pour cela ils font au printemps, au pied

de l'arbre, de petits fossés de cinq pouces de profondeur ;
ils y couchent de toute leur longueur les branches à
marcotter, les retiennent au fond du creux à l'aide de
petits crochets ; ils laissent le petit fossé ouvert, la
branche pousse des bourgeons verticaux dont ils ne conservent que ceux à cinq pouces de distance. Lorsque les
bourgeons dépassent de quelques pouces le niveau du sol
dans le moment de la chaleur du jour, ils remplissent
le fossé de bonne terre qu'ils comblent à deux ou trois
pouces au-dessus du sol ; on arrose, et en automne chaque bourgeon forme une tige d'arbre qui a ses racines à
son insertion sur la branche. Lorsque le moment de
planter est arrivé, ils séparent tous ces jeunes sujets qui
reprennent facilement : ils font quelquefois cette opération sur la tige entière des jeunes arbres qui donnent
alors une quantité considérable de nouveaux sujets à
planter au printemps suivant.

Quant aux boutures, ils les font avec des branches
qu'ils cueillent au mois de janvier et coupent à un pied
de longueur ; ils les conservent dans des creux en terre,
les en sortent au moment où les yeux des arbres des
espèces qu'ils veulent bouturer commencent à pousser ;
ils rafraîchissent chaque bout et brûlent l'endroit de la
coupure avec un fer chaud ; ils plantent dans une petite
fosse la bouture en l'inclinant ; lorsqu'elle a poussé, ils
ne laissent qu'un bourgeon, buttent chaque tige de trois
à quatre pouces de terre et défendent leurs boutures
des rayons brûlans de leur soleil d'été par un semis d'un
rang de graines de chanvre, à l'est, au midi et à l'ouest
de la place qu'elles occupent ; ils font encore des boutures en plantant le bourgeon dans une rave qu'ils en-
terrent dans une petite fosse.

Leurs greffes sont une greffe en entaille qu'ils font près de terre et butent pour la faire reprendre, une greffe par juxta-position oblique dite oreille de cheval et la greffe en écusson; leurs pratiques en ce point ne nous ont semblé offrir rien de préférable aux nôtres. Ils préfèrent en général les plants venus de marcottes ou de boutures à ceux semés, parce qu'ils trouvent que les deux premiers moyens diminuent la fructification; mais, en dernière analyse, ils propagent de manière ou d'autre toutes leurs meilleurs variétés de mûriers, et emploient toujours, autant qu'ils le peuvent, pour leurs vers, de la feuille de choix.

Loin de renoncer donc à l'emploi de la feuille greffée, il faut continuer, au contraire, ses recherches dans la carrière qui l'a produite, pour trouver encore des variétés plus productives en feuilles, plus délicates, plus chargées de parties soyeuses, pour modifier la feuille suivant le besoin du climat et du sol, suivant les périodes de l'éducation. Il faut continuer de rechercher dans les semis pour y trouver des variétés plus hâtives, des variétés tardives, celles qui conviennent mieux pour produire des cocons jaunes, celles meilleures pour les cocons blancs, pour les organsins et les diverses variétés de soie que demande le commerce; en ayant toujours soin de semer la graine des bonnes espèces greffées, on trouvera sans doute mieux encore qu'on n'a fait jusqu'à ce jour, où le hasard seul, plutôt que des recherches spéciales, a produit nos richesses.

Bien plus, tout porte à croire que les semis de mûriers, choisis parmi les générations successives, finiraient par donner des individus tous à belles feuilles, qui prendraient un même type perfectionné qui se transmettrait indéfiniment par les semis successifs. C'est ainsi que l'on est arrivé à propager, par les semis, certaines variétés d'Abricots dans les environs de Tours, des variétés de Pêches dans beaucoup de pays et un grand nombre de variétés de Prunes : la Reine-Claude, en Tourraine; la Quetch, en Alsace; les Prunes d'Agen, etc. Ce résultat serait très-important à atteindre dans la culture du mûrier; il dispenserait, à l'avenir, de la greffe, faciliterait, par conséquent, beaucoup la propagation des bonnes espèces et la culture surtout des mûriers nains.

On rechercherait particulièrement les variétés qui donnent peu de fruits. Le mûrier est un arbre dioïque; dans un grand nombre de semis, on doit trouver et on trouve des individus qui ne donnent point ou peu de fleurs femelles. La propagation de ces espèces serait très-importante, parce que les fruits non seulement sont inutiles à la nourriture du ver, mais portent des principes de fermentation qui altèrent les litières et produisent des miasmes dans les ateliers.

On aura donc soin de renoncer à toute variété qui offrira des fruits nombreux, et on pourra même greffer, en bonne variété, les arbres féconds en fruits alors qu'ils auront déjà pris un certain développement; il paraît que ces individus sont pourvus d'un bois très-dur, et, par cette raison, ils fourniraient des sujets qui résisteraient bien à la gelée et seraient d'une grande durée. Les Cévennols distinguent, dans leur pays, les mûriers mâles qui donnent peu de fruits et les mûriers femelles qui en donnent beaucoup. Les Chinois propagent aussi spécialement les variétés peu fécondes; les semis nous y conduiraient sûrement et lorsqu'on serait arrivé à quelque variété qui en donnerait peu ou point, on la transmettrait par la

greffe, et ces variétés seraient plus fécondes en feuilles,
parce que toute la force de la végétation se dépenserait
en bois et en feuilles, au lieu de se dépenser à produire
et à faire mûrir des fruits.

On obtiendrait d'ailleurs aisément des espèces hâtives
et tardives; chaque jour on remarque parmi les individus de semis des variétés qui retardent ou avancent
beaucoup plus que leurs voisines; les Cévennols ont
trouvé ainsi la variété dite *rabalaïre*, plus tardive de huit
jours que les autres.

Nous ne devons pas douter que la succession des semis
long-temps continués ne nous amène à produire des
variétés presque toutes bonnes à conserver, et douées la
plupart des qualités que nous leur demandons : déjà
même une partie de la tâche est remplie, car tous ceux
qui sèment le mûrier savent qu'en semant de la graine
de sauvageons, les individus qu'on obtient sont presque
tous épineux à feuilles petites, étroites ou découpées;
pendant que si on sème une variété améliorée, de celles
par exemple transmises par la greffe, on obtient sur
beaucoup de sujets des feuilles belles, larges, abondantes, comme celles du type : le succès obtenu par un
type amélioré de cinq à six générations d'individus à
belles feuilles comme le nôtre, irait toujours en s'améliorant; quelques générations encore et les sujets améliorés
croissant successivement de nombre, les bons mûriers
formeraient la majorité du semis: déjà même, nous disent les pépiniéristes, le mûrier *Moretti* ne donne presque
que des individus améliorés. Lorsque cette marche serait
assurée, les greffes, marcottes et boutures, deviendraient
moins nécessaires; les semis seuls, plus expéditifs que
ces opérations, continueraient et perpétueraient les variétés choisies avec leurs qualités.

Si les raisons sur lesquelles nous nous appuyons né
semblent pas suffisantes, nous rappellerons qu'en Chine,
on est arrivé à ce point: les semis, d'abord, et les marcottes et boutures, plus que la greffe multiplient, autant
qu'ils en ont besoin, leurs variétés améliorées. Leur
culture des mûriers nains a été très-favorable à ce
moyen d'amélioration; semant chaque année pour planter à nouveau ou remplacer des plants usés, ils voient
sans cesse dans leurs plantations rapprochées de nouveaux individus se développer avec des qualités spéciales; et, par un choix incessant qui dure depuis quarante siècles an moins, ils sont parvenus à fixer en
quelque sorte leurs meilleures variétés; ils seraient même
déjà arrivés à dépasser le but: ainsi les deux variétés
de mûriers multicaule et intermédiaire, qui leur sont
dues, donnent des feuilles plus grandes, plus larges qu'il
n'est utile d'en avoir.

Ces variétés et celles qui en sont issues nous prouveraient encore au besoin toute la puissance de l'amélioration obtenue, et tout ce que nous avons précédemment avancé; les graines de ces variétés semées dans
notre pays ont donné, parmi un grand nombre d'individus qui reproduisent plus ou moins le type, d'autres qui
s'en éloignent dans plusieurs de leurs caractères; mais
tous sont à larges feuilles; et aucun n'a reproduit l'ancien type du mûrier sauvageon. Le but à atteindre dans
ces semis serait d'arriver à produire une variété toujours
à larges feuilles, mais bouturable comme le multicaule,
et qui, née dans notre climat, y serait plus appropriée et
ne craindrait pas plus que nos autres variétés les gelées
d'automne et d'hiver, si fatales au type.

Déjà nous avons vu chez M. Soulange Bodin, il y a

plusieurs années, des semis de graines de multicaules, provenant de **MM.** Audibert, de Tarascon, et qui avaient varié le type d'une manière fort remarquable.

MM. Audibert, dans leur établissement, ont trouvé plus de 6o variétés qui méritent d'être conservées et propagées , et dont plusieurs reprennent de bouture. Nous citerons aussi **M.** Seneclauze, de Bourg-Argental, qui espère devoir à ses semis de multicaules plusieurs variétés de premier ordre; nous avons reçu de lui, l'année dernière, quelques-unes de ces variétés. Celles qui ont repris, car la gelée d'hiver et la sécheresse en ont tué plusieurs, nous ont montré des différences très-marquées. Nous en avons bouturé les branches, la saison a aussi contrarié les boutures; mais parmi celles qui ont repris, il y en a qui appartiennent à des variétés analogues au mûrier blanc, et ressemblent peu au type. Le but que nous nous proposons, d'avoir une variété qui se reproduise franche par les semis, serait donc déjà bien près d'être atteint avec le multicaule de Chine.

Il est à remarquer que les sujets de ces semis, alors même qu'ils perdent la feuille gauffrée du type, en offrent une rude au toucher et velue, et qui n'a pas le luisant de quelques autres variétés.

Ces faits qu'ont produits les semis de multicaules nous prouvent donc qu'on arrive par les semis à des variétés qui se reproduisent presque les mêmes et toujours du moins en variétés améliorées. Nous devrons aussi conclure des sujets assez nombreux de mûriers blancs reproduits, que le mûrier blanc serait le type producteur du multicaule.

Mais la variété du multicaule n'est pas la seule qui puisse nous aider dans notre marche d'amélioration du mûrier. Le mûrier noir peut et doit nous être très-utile.

Cette variété nous semble originaire de Chine comme le multicaule, car elle était connue et très-cultivée dans les temps anciens. Les Romains employaient ses fruits verts ou mûrs, son bois, son écorce, ses feuilles vertes, sèches ou cuites, sa sève, ses racines, toutes ses parties enfin, à un grand nombre d'usages. Cet arbre n'était point indigène au pays ; on le retrouve encore en grand nombre en Chine, où on le cultive pour son fruit et surtout pour ses feuilles et l'espèce de soie qu'elles font produire : il est donc à croire que les anciens l'en avaient tiré, alors que les Chinois en avaient déjà fait une espèce très-perfectionnée.

Cette variété possède à un plus haut point que le multicaule peut-être la faculté de se reproduire pure par ses semis. La plupart de ceux du commerce sont dus à des semis ; ceux qu'élevait dans le temps M. Hervy, dans la pépinière du Luxembourg, provenaient tous de semis, et les individus produits, à quelques variétés près de couleur pour les fruits et quelques découpures dans les feuilles, différaient peu du type. Il est à croire que cette variété a son origine aussi dans le mûrier blanc, car les semis de mûriers blancs donnent des variétés de fruits petits et de fruits gros, de fruits blancs, roses et même noirs : les semis du mûrier noir nous offrent aussi des nuances variées.

Dans notre culture et celle des anciens, le fruit du mûrier noir a toujours été le but principal ; ceux qu'on a propagés étaient toujours ceux qui donnaient les fruits les plus gros et les plus abondans ; aussi, la variété est arrivée à être très-féconde, et les fruits, dans la vallée du Rhin particulièrement où ils sont assez recherchés,

ont la grosseur d'une noix. Par une fàcheuse compensation, mais qui se remarque souvent encore pour d'autres
fruits, les individus ont perdu de leur taille et peut-être
de leur durée. On en voit encore un petit nombre d'anciens d'une taille et d'un âge que les nouveaux ne promettent pas d'atteindre.

Mais sous le rapport de la nourriture des vers à soie,
les fruits gros et nombreux sont une déviation : il faut
de la feuille à leur place ; le choix dans de nouveaux
semis nous y ramènerait sans aucun doute ; mais dans
le royaume de Grenade où la soie se produit avec le
mûrier noir, il a sans doute été maintenu et propagé
avec la faculté de produire beaucoup de feuilles ; c'est
donc de là que nous devrons les tirer, ainsi que sa graine,
pour le modifier suivant nos besoins, et avoir, avec le
multicaule, un second type producteur de mûriers à
feuilles belles, abondantes, sans mélange de sauvageons.
Toutefois, nous sèmerons encore nos graines de mûriers
noirs, parce que les grenadins seront long-temps rares.

Nous avons de grandes raisons pour propager et employer cette variété ; les bourgeons en sont gros et non
épineux, ses feuille sont larges, épaisses, luisantes et
très-substantielles ; il paraît qu'il en faut un moindre
poids pour nourrir aussi bien, ce qui compenserait sa
venue plus lente, sa végétation moins active. Il faudra
peu d'arbres pour nourrir beaucoup de vers, et puis les
vers que nourrit cette feuille sont d'une constitution
plus forte, plus robuste. La soie de Grenade est d'une
qualité spéciale qui ne peut être suppléée pour certaines
étoffes, et se vend plus cher dans le commerce. En Chine,
la soie de l'arbre à grosses feuilles et gros fruits noirs,
est aussi plus recherchée, et on en fait des tissus qui

ont plus de prix que les autres. Cette variété, comme le multicaule, mérite donc beaucoup d'être soignée, étudiée et variée.

Dans l'état où sont les choses, ces études et ces soins ne demanderont ni beaucoup de temps ni beaucoup de dépenses; les recherches pour fruits demandent le plus souvent une longue attente, celles pour feuilles annoncent tout de suite les résultats qu'on peut espérer, et cette étude peut marcher avec le produit. Les sujets provenant des semis de mûriers noirs, de multicaules, du Moretti et de nos belles espèces de mûriers greffés peuvent former immédiatement des massifs de mûriers nains à exploiter; et les variétés produites seront essayées et jugées aussi bien dans le massif producteur qu'en un sol destiné spécialement et exclusivement à des expériences.

Toutefois, dans ces recherches intéressantes, profitons du travail et de l'expérience des autres, que le gouvernement fasse en sorte de faire venir de Chine les variétés les plus cultivées et leurs graines. Le travail est presque tout fait dans ce pays, il est le fruit pour eux des siècles écoulés que nous gagnerons en employant et propageant immédiatement leurs résultats.

C'est ici le lieu de s'expliquer sur le mûrier multicaule dont nous venons de parler, et que l'intérêt des pépiniéristes qui l'ont multiplié si facilement par les boutures, a élevé trop haut.

Les deux variétés qui nous ont été apportées en même temps par M. Perrottet de Manille où elles étaient arrivées de Chine, fournissent des feuilles gauffrées d'une grande dimension. La feuille, quoique grande, est mince et délicate; l'arbre reprend de bouture comme le peuplier; il repousse vivement quand il est coupé; son produit en

nains est très-considérable. M. Loiseleur des Longchamps
cite une pépinière d'un peu plus d'un quart d'hectare qui,
à la seconde année de bouture, aurait au moins produit
douze milliers de feuilles. M. Peysson nous communique
un fait analogue dans lequel 136 boutures, occupant trois
toises carrées de terrain, ont donné un quintal, produit
encore plus fort que celui qui précède; mais ces produits
sont des maximum et non des moyennes; d'ailleurs, on
n'a point encore une assez longue expérience sur la convenance du mûrier multicaule comme nourriture exclusive des vers à soie: MM. Beaurepère et Lapertot ont même
remarqué qu'en donnant sa feuille concuremment avec
celle du mûrier blanc, les vers ne mangeaient les multicaules qu'après les autres: il est aussi à craindre qu'il
ne s'élève jamais à la taille d'un arbre; des plantations
que nous en avons faites en 1828, sont encore des arbustes, et enfin le bout des branches gèle chaque année; l'hiver de 1835-1836 a attaqué tous ses bourgeons,
même le bourgeon terminal dont il a détruit la moitié
de la pousse; il a même frappé de mort de jeunes boutures : celui de 1836-1837 a encore été plus fatal; un
temps de neige survenu au premier printemps, où le
thermomètre est à peine descendu au-dessous de zéro,
a frappé de mort une grande partie de nos plantations
multicaules, celles mêmes que nous avions faites à la fin
de l'hiver.

Cette extrême sensibilité à la gelée nous semble pro-
venir non pas de ce que l'individu lui-même, dans son
organisation complète, serait plus sensible au froid,
mais seulement de ce que, poussant tard, il continue sa
poussée jusqu'aux gelées; en sorte qu'au moment où elles
surviennent, la sève est encore en mouvement dans tout

l'individu; une partie de la longueur de ses bourgeons est encore verte, molle et loin d'être aoûtée, et par conséquent ce sujet est rudement atteint. Dans les autres mûriers, le bourgeon prend de la consistance peu de temps après être poussé; ici il continue d'être mou, et il lui faudrait, à ce qu'il semble, une saison chaude beaucoup plus longue pour s'aoûter. En Chine, malgré des hivers au moins aussi rigoureux, quoique moins longs, ils se conservent parce qu'ils ont le temps de s'aoûter avec un été plus long et plus chaud, et un hiver plus tardif.

Ce serait donc une variété pour les pays chauds, et qui perd une grande partie de ses avantages dans le nôtre; toutefois, dans les individus provenant de ses semis, on remarque que ceux qui se rapprochent du mûrier blanc ou qui perdent les feuilles gauffrées du type, aoûtent leurs bois à peu près comme nos mûriers de pays, et perdent, par conséquent, ce grand défaut des multi-caules d'être trop sensibles à la gelée.

En outre, ses feuilles, dans un temps de pluie, sèchent difficilement à cause de leur boursoufflure, et les vents forts les fanent, surtout lorsqu'elles ont pris tout leur développement. Enfin, il lui faut un bon terrain et un terrain frais.

Nous pensons aussi que leur feuille ne doit pas être employée dans le commencement de l'éducation, et doit plutôt être réservée pour la finir. Cette feuille, longue, large, met long-temps à croître et à se développer. En la cueillant de bonne heure, on perd tout l'avantage du mûrier multicaule sur les autres espèces, parce que, dans les quinze premiers jours de la pousse, elle n'est guère plus développée que celle des espèces ordinaires:

Mais cette récolte tardive offrirait le grave inconvénient de retarder la repousse du multicaule, et, par conséquent, de le rendre encore plus sensible à l'hiver.

Cette pousse tardive, et presque incessante pendant tout l'automne, est encore plus remarquable dans les années de sécheresse qui la retardent; toutefois, elle offrirait l'avantage de rendre ce mûrier propre aux éducations d'automne. Le bout des bourgeons donnerait les feuilles tendres dont on a besoin pour les premiers âges, pendant que les grandes feuilles croîtraient encore pour les derniers âges. Cet effeuillement, à cette époque, offrirait l'avantage de retrancher ce que l'hiver frapperait, et de faire aoûter le reste du bourgeon en arrêtant sa sève.

Lorsqu'on veut multiplier le multicaule, il est très à propos de couper avant l'hiver, et de garder dans du sable frais et à l'abri de la gelée les bourgeons dont on veut faire des boutures au printemps : c'est presque le seul moyen de les conserver.

M. Bonnafous propose de se servir du mûrier multicaule comme sujet, pour greffer le mûrier blanc. Ce moyen de multiplication peut être plus rapide que celui qu'on emploie à l'ordinaire, qui est de greffer la pourrette de semis; mais il est tout-à-fait à croire qu'il ne donnerait que de petits arbres, en rapport avec la taille du sujet. Cependant, ces arbres seraient encore assez forts pour pouvoir les employer pour les massifs de mûriers nains greffés; mais ils offriraient le grave inconvénient de périr dans les saisons froides.

Il semblerait plus convenable de le greffer lui-même sur le mûrier blanc; le multicaule placé sur un sujet vigoureux recevrait de lui la vigueur qui lui manque, et, par conséquent, produirait une plus grande abondance de feuilles.

En nous résumant sur cette variété sans vouloir prononcer sur sa convenance en d'autres pays, nous ne pensons pas qu'elle doive faire dans le nôtre une partie notable des plantations; une variété dont on perd deux ans de suite la récolte et une partie des individus, et qui est plus ou moins attaquée chaque année, par l'hiver, ne doit être qu'un accessoire pour l'éducation des vers à soie. On ne doit pas, pour l'amour de la nouveauté, compromettre une partie de son produit.

TREIZIÈME LETTRE.

Avant de semer, élever et planter le mûrier, nous devons d'abord nous occuper du sol, de l'exposition et du climat qui lui conviennent.

Le mûrier réussit plus ou moins dans la plupart des sols, mais il ne prend de grands développemens que dans ceux qui lui sont favorables : l'excellent sol ne lui est pas nécessaire ; un sable léger, frais et profond, de qualité ordinaire, lui convient même souvent mieux qu'un sol compact de meilleure qualité, surtout si le sous-sol en est imperméable ; le sol dans ce cas est humide et par suite les gelées de printemps peuvent y être plus fréquentes et plus dangereuses ; mais dans ce sol même, si les gelées de printemps sont rares le succès sera encore probable : alors pour planter, il est inutile de faire des creux dans le sous-sol impénétrable à l'eau, parce que ces creux font des réservoirs d'eau qui donnent la mort aux mûriers qu'on y plante : il faut ne remuer que la couche supérieure du sol, la couche perméable, y commencer la plantation qu'on achève en couvrant les racines avec une butte de terre. Le mûrier garde alors ses racines dans la couche perméable, condition absolue de succès pour cet arbre qui ne peut réussir dans le sol qui ne s'égoutte pas : cependant lord Macartney a vu en Chine des mûriers dans des rizières ; mais la variété de riz cultivée était sans doute le riz sec qui ne demande qu'une inondation momentanée, circonstance qui nuit peu aux mûriers dans un sol perméable.

Le mûrier, arbre des climats tropicaux, réussit néanmoins dans les plus froids ; mais, dépouillé chaque année dans le mois de juin et n'ayant plus une saison assez longue pour se refaire, il y perd de sa vigueur ; cette vigueur essentielle à son produit en feuilles doit alors lui venir de la qualité du sol quand le climat ne la lui donne pas ; il a donc besoin d'un meilleur sol dans un climat froid que dans un climat chaud, et encore n'y arriverait-il jamais aux dimensions qu'on lui voit dans la France méridionale ; dans la qualité moyenne de sol qui lui est nécessaire, il faut donc encore le stimuler par les engrais.

Dans le Midi où l'on. sait tout ce que vaut cet arbre, les plantations se font toujours après défoncement et avec engrais ; et cet engrais se renouvelle tous les 2, 3, 4, 5 ou 6 ans au plus tard ; c'est là le moyen de lui faire donner un produit double en feuilles. Ainsi donc nous devrons admettre comme principes de plantation, un sol homogène, profond, de qualité moyenne, défoncé dans la partie perméable aux racines et pourvu d'une dose raisonnable d'engrais.

Nous croyons devoir insister sur la nécessité des engrais parce que le sol dans la végétation du mûrier est obligé en quelque sorte de faire tous les frais de nutrition. Les feuilles des végétaux et particulièrement des arbres aspirent bien, il est vrai, dans l'atmosphère les 19/20 au moins de la nourriture de l'individu. Mais avant de pouvoir servir à la nutrition, elles sont d'abord produites par le sol au moyen des racines ; ici on les détruit avant leur développement, et il faut que l'arbre au

moyen du sol et de ses racines les reproduise une seconde fois. Toute la végétation de l'année jusqu'à l'entier
développement de la seconde feuille depuis avril jusqu'en août se fait donc au dépens du sol. Il doit donc
être fortement épuisé, et pour que la végétation puisse
s'y soutenir et y prospérer, il lui faut donc bien un engrais réparateur.

Le propre de l'engrais est particulièrement de faire
produire du bois et par conséquent de donner de l'é-
tendue à l'appareil foliacé ; il peut nuire à la fructification, mais il est grand producteur de feuilles pour les
mûriers. Aussi en Chine on fume souvent les mûriers,
jusqu'à deux fois par an, avec de la litière de vers à soie
ou du fumier consommé ; mais aussi on fait produire
aux intervalles qui les séparent des récoltes tous les ans ;
il faut que la nécessité de l'engrais y soit bien sentie,
car il y est bien rare puisqu'on y nourrit peu de bestiaux : presque tout le sol est destiné à la nourriture des
hommes qui en font presque tout le travail.

Les gelées de printemps, sans nuire sensiblement au
mûrier, accroissent l'épuisement du sol qui doit alors
pousser ses feuilles à trois reprises dans l'année ; elles
amènent en outre la disette de feuilles, parce qu'on ne
peut attendre pour les faire consommer qu'elles aient
pris à la seconde fois un développement suffisant ; et
enfin elles sont très-nuisibles aux vers qui doivent vivre
de privation jusqu'à la repousse des secondes feuilles, et
n'ont pour attendre cette époque, pour leur consommation, que des feuilles plus ou moins altérées par les
gelées. Il est donc très-essentiel de placer les arbres dans
les parties de pays et les nuances de sol les plus à l'abri
du froid.

Il y a dans une même contrée beaucoup de différence sous ce rapport, entre les divers cantons; et dans les cantons même où l'on place la vigne comme plus à l'abri des gelées, il est des points où elle gèle trois fois plus souvent que dans d'autres. Toutefois, il serait peut-être peu profitable de placer ses mûriers dans les expositions les plus chaudes qui conviennent à la vigne, à moins que le sol n'y ait de la profondeur; lorsque le rocher compact est trop près de la surface, le sol d'ordinaire n'y a point assez de vigueur pour cet arbre. Il y produirait peu parce qu'il lui faut beaucoup de bois et de branches pour produire ses feuilles, pendant que la vigne aidée des circonstances d'une bonne culture, y donne souvent beaucoup de fruits avec peu de bois. Les Cévennols, cependant, font dans ces terrains des plantations très-profitables; mais ils y portent des terres qu'ils soutiennent avec des terrasses, y plantent des oliviers ou des mûriers qui réussissent parfaitement. Souvent à l'ombre de ces mûriers, on cultive des vignes, ou encore on récolte, à l'aide du travail et des engrais, des moissons abondantes de seigle : aussi, ces terrains artificiels, en raison de leurs produits divers, ont chez eux une grande valeur.

Le mûrier, nous l'avons dit, craint peu les gelées d'hiver, pendant que la vigne est atteinte gravement par celles qui passent 12 degrés; au printemps il pousse un peu plus tard qu'elle, et par conséquent les gelées qui atteignent le bouton grossissant de la vigne sous son épaisse fourrure, respectent le plus souvent le bouton nu du mûrier encore clos sous sa mince écaille; plus tard, la gelée qui détruit le bourgeon tendre et herbacé de la vigne, n'atteint souvent que quelques feuilles en ménageant le bourgeon plus ferme et moins *gelable* du mûrier ; dans ce cas, les feuilles noircies tombent, le bourgeon les reproduit, et dans huit jours le mal de la gelée s'efface, quand la vigne n'a de ressources pour se reproduire que des sous-yeux qui poussent tard et ne donnent de fruits que sur certaines variétés de plants. Aussi les récoltes de vin sont-elles une fois plus casuelles que celles de la soie ; rarement descend-on pour ce dernier produit au-dessous de la demie récolte, pendant que la vigne perd assez souvent les 3/4 ou même la presque totalité de la sienne.

Les mûriers peuvent donc encore réussir dans les climats où la vigne gèle, dans ceux qui ne sont point assez chauds pour elle, pourvu que les gelées de mai y soient rares.

M. Loiseleur des Lonchamps, dans une longue suite d'éducations d'essais, dans les environs de Paris, a souvent essuyé des avaries considérables par des gelées tardives ou des pluies obstinées ; mais il a, nous le pensons, une position particulière évidemment défavorable ; car, pendant ces mêmes années et à une distance peu éloignée, M. Camille Beauvais a obtenu de grands succès : ainsi donc du non-succès d'une éducation dans laquelle les mûriers sont mal placés, il ne faut pas en conclure un non-succès pareil dans le même pays ni dans un pays voisin : chacun doit donc et peut essayer ses propres chances ; mais il faut, dans ce cas, choisir, autant qu'on le peut, un sol et une position favorables : il faut si peu d'étendue de sol pour nourrir les vers à soie, qu'on doit toujours, autant que possible, se donner cette chance de succès de plus.

Quant à l'exposition, lorsque le pays est en plaine,

toujours encore faut-il choisir les inflexions de sol les
plus favorables et les parties du terrain le plus sain,
comme. étant le plus à l'abri des gelées. Et puis il est
rare qu'un pays ne présente pas des coteaux ; il faut alors
les préférer parce que la gelée y est généralement moins
fréquente qu'en plaine Si on craint peu les gelées de
printemps, l'exposition du Levant donne une feuille plus
hâtive et plus promptement débarrassée de la rosée du
matin. Si le climat est sujet aux gelées de printemps on
doit éviter cette exposition parce que, recevant les rayons
du soleil levant sans nuages, les feuilles et les bourgeons
gelés sont promptement désorganisés : dans ce cas, l'exposition du Nord offre l'avantage d'être plus tardive et
par conséquent d'échapper aux premières gelées : en
outre, lorsque la feuille y est saisie par la gelée de printemps, elle se dégèle par l'influence progressive de la
température atmosphérique, avant que le soleil lui porte
ses rayons, et par cette raison elle échappe souvent à
la destruction.

L'exposition du Midi donne une feuille plus hâtive,
plus promptement sèche pendant les temps pluvieux ;
enfin, l'exposition du Couchant est encore moins sujette
que les autres à voir détruire les feuilles par la gelée,
parce qu'elle reçoit le soleil plus tard ; en outre, le so-
seil du soir qui est plus ardent y sèche plus promptement la feuille mouillée qu'aux autres expositions.

Si on a peu d'expositions favorables dans un pays sujet
aux gelées de printemps, il faut alors placer dans les
meilleures les mûriers qu'on destine aux premiers âges,
et dans les moins bonnes planter des espèces tardives,
le Rabalaïre des Cévennes, par exemple, qui pousse 8
à 10 jours plus tard ; et, dans ce cas, on a soin de re-

tarder de quelques jours l'éclosion du ver pour ne pas consommer la feuille tardive avant son développement.

Il est beaucoup de lieux dont le sol et le climat ne conviennent pas à la vigne, où le soleil ne darde point des rayons assez puissans pour elle; eh bien! si les gelées tardives y sont rares, si l'automne s'y prolonge sans gelées précoces, le ver à soie peut très-bien y réussir.

Dans la culture de la vigne c'est le raisin qu'on se propose d'obtenir, et le raisin est un fruit à maturité tardive, dans lequel il faut qu'un soleil ardent et une saison chaude et longue développent un sucre abondant et un arome spécial. Dans le mûrier ce n'est pas le fruit qu'on demande, il nuit au contraire, c'est seulement la feuille, et la feuille avant son complet développement : aussi, assure-t-on que les soies de Prusse sont d'excellente qualité; les meilleures soies de France viennent des parties hautes des Cévennes et du Vivarais où la vigne ne peut mûrir; celles de Bourg-Argental, les premières après les soies blanches de Chine, se produisent dans un climat trop froid pour elle.

Ainsi donc il nous semble que dans des parties étendues de Bretagne et de Normandie, le climat serait particulièrement favorable à l'industrie sétifère; le climat y est très-tempéré; en se rapprochant des bords de la mer, les figuiers, les lauriers en pleine terre témoignent des hivers doux, des printemps sans gelées tardives et des automnes sans gelées précoces.

Cependant, dans les pays où les pluies de mai sont fréquentes et abondantes, l'éducation des vers éprouve un véritable obstacle; les feuilles pendant une saison très-humide élaborent moins de sucs capables de se convertir en soie, et la soie produite est de moindre qualité.

En outre, la feuille mouillée est malsaine aux vers; mais il suffit qu'il y ait des alternatives de beau temps, pour empêcher le mal de se produire, et les pluies de mai sont en général peu longues et peu tenaces : dans les climats de cette espèce, des mûriers nains, en bon sol, sont toujours très-productifs en feuilles faciles et promptes à cueillir; des bras nombreux pour ramasser des masses de feuilles pendant les éclaircies et quelques précautions pour sécher la feuille mouillée, viennent à bout de parer aux plus grands inconvéniens de ces saisons contraires; et si ces intempéries ne sont pas de tous les ans, on aurait tort de se décourager et de renoncer à une industrie productive comme celles des vers à soie.

Les Chinois ont encore des mûriers dans le Midi de leur pays quoique le climat y ait sa saison des pluies au moment de l'éducation des vers à soie. Mais aussi ils prennent, contre les pluies, les précautions que nous avons précédemment indiquées, de couper les branches chargées de feuilles et de les suspendre sur des cordes à l'abri et à des courans d'air.

QUATORZIÈME LETTRE.

SEMIS ET PÉPINIÈRES.

Nous arrivons aujourd'hui à traiter du semis des mûriers et des soins à donner à leurs pépinières.

La graine du mûrier se recueille sur les mûriers greffés; on la ramasse sous l'arbre en le secouant après sa maturité; on la fait sécher au soleil, et lorsqu'elle est sèche on la froisse entre les mains : d'autres mettent le fruit dans l'eau, et, après 24 heures de séjour, l'écrasent et le froissent. L'eau débarrasse la graine de ses parties mucilagineuses; on décante et on a au fond la graine choisie et pure.

La graine ainsi obtenue se sème en août dans les pays où le climat est assez chaud pour que chaque petit mûrier prenne de la force contre l'hiver. Dans notre climat, et depuis Lyon qui est à peu près la limite des climats méridionaux de France, elle doit se semer au printemps.

Son succès demande un sol meuble, frais et légèrement abrité.

On sème la graine mêlée avec du terreau ou de la terre très-fine : on la sème en ligne ou à la volée; en ligne, elle est plus facile à cultiver; à la volée, elle garnit mieux le terrain; on recouvre légèrement la graine avec du terreau ou de la terre très-meuble. — On paille le semis, lorsque le sol craint le tassement des pluies et des arrosemens; le terrain demande à être entretenu frais jusqu'à ce que la levée soit faite; mais il faut avoir soin, si on a commencé les arrosemens, de les continuer jusqu'à ce que le plant ait pris un certain développement, parce qu'autrement des coups de soleil peuvent le détruire.

Lorsque la graine a levé trop épais, on arrache les plus faibles plantes qu'on repique ailleurs, si l'on veut, et qui reprennent bien malgré la saison avancée: on aide à leur reprise en leur ôtant leurs feuilles. Au bout de la première année, on enlève les plus beaux brins pour les repiquer ailleurs ou en pépinière, et on laisse les autres croître à la même place pendant la seconde année.

Il y a des positions et des natures de sol peu favorables à la levée de cette graine; quand on l'a vue manquer plusieurs fois, il est inutile de s'obstiner à la semer; il faut alors se décider à prendre ailleurs les sujets dont on a besoin; mais il faut avoir le soin de s'assurer que les semis ont été faits avec des graines de mûriers greffés, surtout si l'on doit planter des massifs de mûriers nains sans les greffer.

La graine de mûrier lève peu et mal si elle est vieille; c'est la cause qui fait le plus souvent manquer les semis.

— On n'accusera donc son sol et son climat que lorsqu'on se sera assuré que la graine était de bonne qualité. A l'époque où on la reçoit, cent graines, dans un petit pot tenu frais dans un appartement chaud, peuvent faire juger, par leur levée, de la bonne ou mauvaise qualité de la graine.

En Chine on cueille la graine lors de sa maturité qui a lieu dans le mois de mai: on y retrouve un usage qui existe aussi dans quelques parties de France; on retranche du fruit le sommet et le bas pour ne semer que la graine des parties intermédiaires dont les produits donnent des arbres moins féconds en fruits et pourvus de feuilles plus belles. On sème la graine dans de petits carrés aux bords desquels on sème, pour l'abriter du côté du midi et de l'ouest, de la graine de chanvre; d'autres mélangent la graine de mûrier avec de la graine de millet qui, dans leur végétation s'allie très-bien avec celle du mûrier; quelquefois ils sèment leur graine mélangée et torréfient la graine de crottes de vers à soie ou de graine de millet torréfiée; ils ont soin que leurs semis soient abrités par des murs au Midi où ils les couvrent de nattes pendant le jour; on sème encore dans de petits carrés qu'on se ménage dans les champs de millet, et, enfin, on emploie des cordes de paille qu'on fait tremper dans une bouillie de farine ou dans de l'eau où on a fait cuire le riz; on met de la graine dans ces cordes qu'on enterre à peu de profondeur : ce dernier usage se retrouve en France; mais la corde de chanvre remplace la corde de paille. L'époque du semis est le moment où l'on récolte la graine, mais aussi favorablement le printemps; dans toutes les méthodes, les semis sont abrités et tenus frais par les arrosemens, deux circonstances plus nécessaires encore chez eux que chez nous, en raison de leur latitude. Lorsqu'on sème au printemps on fait tremper la graine pendant vingt-quatre heures dans de l'eau de cendre et on sème sur la terre arrosée. Ils prennent donc beaucoup de soin pour le succès de leurs semis qu'ils fument encore dans l'hiver de la première année après avoir brûlé sur le sol, comme nous l'avons vu, la paille du millet qui a servi à abriter le semis.

Les pépinières se forment avec les jeunes sauvageons; elles sont destinées à élever les mûriers en arbres à tige. Le sol doit en être choisi profond et doit avoir été défoncé à plus d'un pied avant la plantation : il n'est pas nécessaire qu'il soit de très-bonne qualité; mais il faut qu'il soit sain et que le sous-sol soit perméable et puisse laisser échapper les eaux superflues. Cependant un terrain de mauvaise qualité retarde trop les jeunes arbres et les produit faibles et sans vigueur, grand défaut dans les arbres qu'on veut planter; dans ce cas il faut améliorer son sol avec des terres neuves, du fumier, ou des engrais végétaux, tels que bruyère, fougère, paille, ou débris végétaux quelconques.

Il est à propos de retrancher le pivot lors de la plantation du sujet : le pivot convient pour un sol profond et lorsque l'arbre doit rester en place; mais il nuit à la transplantation, à la reprise et même à l'avenir de l'arbre dans un sol peu profond : on récépe le sujet à deux pouces au-dessus de terre, on lui fait pousser ainsi, dans l'année, une plus forte tige que celle qu'on lui eût conservée.

Suivant la grosseur à laquelle on doit sortir le mûrier de la pépinière, les rangs doivent être à deux ou trois pieds, et les jeunes sujets à dix-huit pouces ou deux pieds dans le rang; ils peuvent être plus serrés si on veut y élever des mûriers nains greffés qui s'enlèvent à la fin de la seconde année.

Dans le cours de la saison on fait en sorte, par des retranchemens et des pincemens faits à propos, que les jeunes sujets s'élèvent sur une seule tige; on se garde toutefois d'enlever en entier les branches latérales qui poussent le long de la tige; ces branches sont pourvues de feuilles utiles à la croissance, et qui nourrissent et font grossir la tige : la tige élaguée rigoureusement de toutes ses pousses latérales, s'allonge faible et mince, pousse à son sommet de gros bourgeons chargés de feuilles épaisses, dont le poids courbe, dans la saison, le jeune jeune sujet.

Le printemps suivant on peut déjà greffer près de terre en écusson ou en flûte la tige de quelques sujets : il est des pays où l'on préfère greffer le mûrier en tête et où on le laisse former sa tige avant de la greffer. Les tiges des sauvageons sont plus rustiques, plus dures, craignent moins la gelée, la grêle, les coups de soleil et sont moins sujettes au chancre que les tiges greffées. Cette question est la même que pour les arbres fruitiers; cependant l'usage contraire domine dans les lieux où l'on emploie le plus la greffe. La tige greffée grossit plus vite, s'élève plus droite et plus égale que celle du sauvageon; en Italie et dans les Cévennes la plupart des mûriers sont élevés de cette manière.

La greffe qu'on emploie pour le mûrier est la greffe en écusson ou la greffe en sifflet; la greffe en écusson se fait au printemps à œil poussant, ou à œil dormant au mois d'août; celle en sifflet se fait depuis le commencement de mai jusqu'au mois d'août; cependant celle du printemps est de beaucoup préférable.

M. Camille Beauvais ne fait les siennes que dans les premiers jours de juin avec les rameaux cueillis au commencement d'avril avant le développement des boutons : les bourgeons sont placés à l'abri de la pluie et du soleil dans des lits de sable jusqu'au moment de leur emploi. Le jour où l'on doit greffer on dégage les anneaux le matin et on les conserve, sous un linge mouillé, dans un pot qu'on porte avec soi : cette méthode qui est celle

de Gange et des Cévennes a beaucoup mieux réussi à
M. Camille Beauvais que toutes celles des plus habiles
greffeurs de Paris.

Les greffes en sifflet, faites en bonne sève, poussent
presqu'immédiatement; on les soutient dans la saison
par un petit tuteur s'il en est besoin et on empêche les
bifurcations de la tige; quant aux pousses latérales qui
font grossir la tige sans la courber, on rapproche les plus
grosses sans toucher aux plus faibles.

Dans l'année suivante on pince le jet qui doit faire la
tige de l'arbre, lorsqu'il est arrivé à la hauteur où l'on
veut faire croître les branches; cette hauteur est de 5,
6 ou 7 pieds; les arbres à planter sur les bords des chemins, le long des buissons ou en avenue doivent avoir
la naissance de leurs branches à 7 pieds parce qu'ils se
défendent mieux des bestiaux; ceux destinés à être
plantés dans des clos se tiennent plus bas parce qu'il est
plus aisé d'y monter pour les effeuiller.

Dans le cours de l'année on laisse encore une partie des
bourgeons qui poussent le long de la tige s'ils ne prennent pas trop de développement, parce qu'ils la font
grossir sans la tordre et donnent beaucoup de vigueur à
l'individu. On rabat cependant à quelques pouces ceux
qui prennent sur la tige trop d'empatement, et laisse-
raient une trop forte plaie à l'époque de leur retranchement. On ne peut trop recommander cette méthode
qui est le contraire de la conduite de la plupart des jardiniers qui élaguent sans pitié tout ce qui pousse le long
de la tige de leurs arbres qui restent, par cette raison,
faibles, étiolés et grossissent peu. Les ouvrages chinois
nous font aussi la même recommandation devenue chez
eux, comme chez nous, le résultat de l'expérience.

Au printemps de la seconde année on ôte tous ces bourgeons latéraux, et on ne conserve que les trois ou quatre plus élevés qui sont destinés à faire le corps de l'arbre ; on les rabat à deux ou trois yeux, et à la fin de la saison on a un arbre tout formé : si le terrain est bon, l'arbre est propre à être planté en place ; mais s'il n'est que médiocre, ou que la culture ait été peu soignée, la tige a besoin de grossir encore un an au moins pour être plantée comme plein vent.

Les arbres qu'on veut employer comme mûriers nains, au bout de leur seconde année de greffe ont toute la grosseur convenable pour leur emploi.

QUINZIÈME LETTRE.

PLANTATION DES MURIERS.

Dans notre dernière lettre nous nous sommes occupé des soins de la pépinière et de l'éducation des jeunes mûriers ; aujourd'hui nous traiterons des travaux nécessaires pour bien planter.

Les plantations se font en arbres nains ou en arbres à plein vent.

Le mûrier nain a de grands avantages sur le mûrier à tige, surtout quand on est pressé d'arriver comme dans le siècle où nous sommes ; il peut déjà se cueillir au bout de la troisième année, mais mieux à la quatrième où il est en plein rapport ; il est plus vigoureux que le mûrier en arbre de tige, ce qui rend ses feuilles plus hâtives ; il n'exige pas un sol aussi profond et demande moins d'engrais ; il est beaucoup moins délicat à la taille ; on peut plus impunément le récéper en toute saison, le tailler même tous les ans ; tenu court et pourvu de bois sans cesse renouvelé, il ne pousse presque point de fruits, dont la production épuise l'arbre et nuit aux vers qu'on élève ; enfin, il est très-facile à cueillir, dispense d'échelles et de monter sur les arbres.

On reproche à sa feuille plus vigoureuse d'être moins substantielle ; cependant la qualité de la soie de M. Camille Beauvais et de ceux qui, comme lui, nourrissent avec la feuille de mûrier nain taillé tous les ans, est belle et se vend avec avantage : et l'opinion paraît généralement établie en Chine que la soie des mûriers nains est préférable à celle des pleins vents.

Le mûrier nain cueilli tous les ans et taillé toujours au milieu de la saison, n'a peut-être pas une aussi longue durée que le mûrier plein vent; mais il est d'un remplacement facile et peu coûteux. Une même surface de sol couverte de mûriers plein vent doit donner un produit plus considérable, parce que la dimension en hauteur étant plus grande, le grand arbre offre plus de masse, plus de branches et, par conséquent, plus de feuilles, quoique la surface du terrain couvert soit la même : toutefois, dans un terrain bien préparé, le produit du mûrier nain est encore très-grand; M. Camille Beauvais recueille quarante à cinquante livres sur des mûriers nains greffés de sept ans plantés dans des rangs distans entr'eux de douze pieds, et placés à huit, dix et douze pieds l'un de l'autre dans le rang. Ce produit équivaut à 30, à 36 milliers pesant de feuilles par hectare, et il est par conséquent capable de produire 15 à 18 quintaux de cocons.

Les massifs de sauvageons plantés à trois pieds l'un de l'autre peuvent encore donner un produit plus considérable : 1/12 d'hectare planté à cette distance a donné, dans le même lieu, 58 quintaux de feuilles, ce qui serait le double du résultat précédent.

Il est prudent néanmoins de ne pas compter sur un pareil produit. Deux massifs assez bien venus que j'ai plantés et un assez grand nombre d'autres que je connais, sont loin de donner un pareil produit. Leur infériorité peut être, il est vrai, attribuée en partie à ce qu'on leur a beaucoup trop ménagé la taille et surtout les engrais, pendant qu'ils paraissent avoir été prodigués à ceux de M. Camille Beauvais : son sol n'est point de bonne qualité, et, presque partout, on pourrait obtenir ses produits en amendant comme lui. Les engrais sont chers, il est vrai, mais il n'est aucun produit qui les paie aussi largement que la feuille de mûriers.

La culture des mûriers nains s'est beaucoup étendue depuis peu d'années en France ; une partie des plantations les plus récentes s'est faite en mûriers de cette espèce, et ce serait à ces plantations qu'on devrait, en plus grande partie, l'accroissement du produit en soie depuis quinze ans ; et cependant la soie est bien aussi belle qu'elle l'était avant, et la fabrique même maintenant préfère les soies de France à presque toutes les autres.

En Chine, cette culture est très-répandue ; le mûrier nain y est taillé tous les ans et cultivé comme la vigne, et c'est dans la province la plus riche en belle soie qu'on trouve le plus de mûriers nains.

On ne doit pas laisser élever les branches du mûrier nain à plus de 8 à 9 pieds ; cette hauteur permet de les cueillir depuis terre en les courbant. M. Camille Beauvais rabat tous les ans, après la cueillette de la feuille, ses mûriers nains sur 3, 4 ou 5 branches à 2 pieds, 2 pieds 1/2 de terre, et leur vigueur est telle qu'à la fin de l'année ils ont repoussé des jets de 4, 5 et 6 pieds.

Les plantations de mûriers nains peuvent se faire en trois espèces et de trois manières différentes, en mûriers non greffés, en mûriers greffés et en mûriers multicaules.

Et d'abord en mûriers non greffés : si on a semé soi-même, il faut, dans l'année qui précède la plantation, marquer pour les en exclure et les destiner à la greffe, les individus à feuille petite et découpée ; si on n'a pas semé soi-même, il faut s'assurer que les mûriers qu'on a achetés sont le produit de graines de mûriers greffés ; mais alors même que l'on s'est procuré de la pourrette provenant de mûriers à belles feuilles, il faut encore avoir le soin au printemps, lorsque la plantation pousse, de marquer ceux à petites feuilles, pour les greffer au printemps suivant. La pourrette de mûriers Moreti serait sans doute bien préférable à toutes les autres si, comme on l'annonce, tous les individus qu'elle donne sont à larges feuilles.

La plantation se fait à 5, 6 et 8 pieds de distance, suivant la qualité du terrain, la quantité d'engrais qu'on leur destine et la forme et la taille qu'on veut leur donner. Les mûriers peuvent être plus rapprochés lorsqu'ils sont taillés souvent, si le terrain est fécond ou bien engraissé : un trop grand rapprochement peut nuire au produit en feuilles ; on peut adopter, comme moyenne, la distance de 6 pieds (2 mètres) ; en plantant en quinconce, les rangs sont alors à 5 pieds 3 pouces (1), ce qui place 2,850 mûriers par hectare, dont le produit à 6 livres par individu s'élève de 16 à 18 milliers.

Le terrain a dû être défoncé à 12 ou 15 pouces de profondeur au moins ; une profondeur plus grande serait

---

(1) Dans la plantation en quinconce où chaque sujet d'un rang se trouve vis-à-vis le milieu du rang voisin, tous les sujets sont à 6 pieds de distance diagonale les uns des autres, lorsque la plantation se fait en donnant aux arbres 6 pieds de distance dans le rang, et bornant à 5 pieds 3 pouces la distance des rangs entr'eux.

loin de nuire, et on ferait bien de la donner lorsque la nature du sol, le temps et l'argent le permettraient.

Avec des soins convenables de plantation et d'entretien, les mûriers non greffés entretenus vigoureux par une taille fréquente et quelques engrais, donneront une feuille abondante et facile à cueillir, et cette feuille est excellente particulièrement pour élever les vers jusqu'à la fin du 3me âge; il est donc toujours à propos d'en avoir une certaine quantité.

On plante des haies de mûriers nains comme on plante des massifs; pour cela on place dans un terrain défoncé deux rangs en quinconce de mûriers sauvageons; ces haies sont très-productives, parce qu'elles ont de l'air de deux côtés; mais elles ont besoin, comme toutes les plantations de mûriers nains que les bestiaux ne les approchent jamais. On ne peut donc pas se clore avec une haie de mûriers, à moins d'ajouter à la clôture un bon fossé. Lorsque pour défendre ses mûriers on les place derrière une haie d'aubépines, cette dernière les écrase; leur pousse est faible et peu vigoureuse, et en outre lorslorsqu'on les taille, opération indispensable à un bon produit, l'ombre du buisson nuit essentiellement à leur repousse.

En plantant le mûrier nain en pourrette, nous pensons qu'il est convenable de réduire le pivot à six pouces de longueur. Le mûrier de semis pousse un long pivot; si on le lui laisse en le plantant, il a besoin d'un sol très-profond et remué dans toute sa profondeur; en outre, l'arbre muni d'un pivot tend à se mettre en rapport avec la forme des racines; il s'élance verticalement donnant peu de branches, et si on veut modifier sa forme en lui donnant de l'évasement pour lui faire produire beaucoup de feuilles et le rendre d'une cueillette facile, la nature se trouve contrariée et l'arbre perd de sa vigueur : c'est donc tout-à-fait le cas pour les mûriers , comme pour les arbres fruitiers , de retrancher le pivot à la place duquel s'établit un empattement de racines qui travaillent dans la couche défoncée.

Le produit des plantations des mûriers nains greffés est encore supérieur à celui des sauvageons; la distance moyenne des sujets entr'eux peut être établie à 10 pieds, soit 3 mètres 33 dans le rang; en les plaçant en quinconce, les rangs seront à 8 pieds 8 pouces de distance, soit 2 mètres 89, et il en entre 1,020 dans un hectare.

Cette plantation faite dans une terre de qualité moyenne défoncée et fumée, lorsqu'elle sera en produit, au bout de 6 à 8 ans de plantation, nous paraît devoir donner au moins 15 à 20 livres de feuilles par individu, produit qui est à peine le tiers de celui des nains de M. Camille Beauvais, et qui néanmoins s'élève de 15 à 20 milliers par hectare.

Enfin, le troisième genre de plantation des mûriers nains est en mûriers multicaules, dont il nous semble à propos de réduire la distance à 7 pieds 1/2 ou 2 mètres 50 c^{es} : on les planterait de même en quinconce, ce qui porte leurs rangs à 6 pieds 1/2 ou 2 mètres 16, et leur nombre à 1,840 par hectare. — L'expérience n'a pas suffisamment établi encore la quotité de leur produit; mais il doit, à ce qu'il semble, être au moins de dix livrés ou un peu plus de moitié en sus de celui des mûriers sauvageons, eu égard à ce que leur feuille pèse individuellement 6 à 7 fois autant; le produit serait donc de plus de 18 milliers lorsqu'il ne serait pas atteint par la gelée.

L'année où l'on fait la plantation, on doit tailler les sauvageons et les multicaules à 2 yeux au-dessus de terre, et les mûriers greffés à 2 ou 3 yeux au-dessus de la greffe ; ces courts récépages assurent la reprise du plant et lui donnent de la vigueur. Cet usage est grandement recommandé par les auteurs chinois qui disent que la serpette donne la vie aux mûriers qu'on plante.

Nous avons dit que les mûriers pleins vents restaient, dans les parties centrales et dans le nord de la France, plus petits que dans le midi ; l'influence du climat cesse d'être la même sur les mûriers nains ; comme ils sont beaucoup réduits et contenus au-dessous de leurs dimensions naturelles, leur vigueur et par conséquent leur produit dans ces différens climats reste tout-à-fait comparable ; et peut-être les sécheresses moins actives et moins fréquentes dans le Nord que dans le Midi, donnent-elles quelque avantage pour le produit en feuilles aux arbres nains dans le Nord, parce que les racines des arbres nains s'enfoncent beaucoup moins dans le sol que celle des pleins vents, et, par cette raison, sont plutôt atteintes par la sécheresse.

Evaluons maintenant la dépense de ces plantations ; estimant à 150 fr. le défoncement de l'hectare à 12 ou 15 pouces ou deux petits fers de bêche de profondeur, nous aurons, pour la plantation des 2,800 mûriers sauvageons, à dépenser 60 fr. pour prix d'achat de pourrette de deux ans, et 140 fr. pour frais d'engrais et de plantation à 5 cent. par individu ; en tout 350 fr. Mais pendant trois ans le sol en culture aura produit moitié au moins du produit ancien. Nous porterons donc en dépense moitié de la rente du sol pendant trois ans : estimant cette rente à 80 f. par an, les trois demi années donneront 120 fr., à quoi ajoutant 52 fr. pour trois années d'intérêt des avances, on aura en tout 522 fr. de dépenses. Mais à la quatrième année, le produit en feuilles est double au moins de la rente entière du sol augmentée de l'intérêt de cette somme, et, chaque année qui suit, le produit va croissant.

Pour les mûriers nains greffés, il faut aux 150 fr. de défoncement ajouter le prix d'achat des 1,020 individus à planter à 40 ou 50 fr. le cent, 460 fr.; pour frais d'engrais et de plantation, 102 fr. ou 10 cent. par individu; pour perte sur la rente du sol pendant 3 ans, 120 fr.; pour intérêts de trois ans des avances, 105 fr.; on aura en tout 937 fr. d'avances jusqu'à la quatrième année, dont le produit en feuilles sera beaucoup supérieur aux intérêts des avances ajoutés à la rente entière du sol.

Les dépenses pour les multicaules, aux prix actuels, sont assez considérables; il faut 200 fr. au moins pour avoir un millier de belles boutures bien reprises; mais c'est un monopole dont une centaine de jeunes sujets placés en bon terrain pourrait aisément délivrer; pour le présent il faut cependant bien accepter le prix du commerce; le prix d'acquisition sera donc de 370 fr. par hectare qui, ajoutés aux frais de défoncement, d'engrais, de plantation, à la rente perdue et aux intérêts des avances, élèvent la dépense à 702 fr.

A la quatrième année, on recueille un produit qui couvre déjà l'intérêt, la rente du sol et une partie des avances, et le produit s'élève successivement comme nous l'avons vu.

On peut, je le pense, avec quelque avantage mélanger dans une plantation de mûriers nains les diverses variétés de mûriers; on planterait alternativement des mûriers greffés, des mûriers multicaules, en leur donnant entr'eux une distance moindre, et le produit serait, nous le pensons, considérable.

Les produits que nous venons d'indiquer, sont, il est vrai, au-dessus de ceux des mûriers en massifs mal conduits ; mais ces produits varient beaucoup suivant les circonstances de la plantation, la qualité du sol, la fréquence de la taille, les soins qu'on leur donne, et l'abondance des engrais : partout où l'on entretiendra la vigueur de ses sujets par la taille et les engrais, ils s'élèveront au moins aux résultats que nous donnons; plus tard, en traitant de la taille du mûrier, nous parlerons de la conduite de ces plantations.

La plantation des mûriers en plein vent a plus d'avenir et donne plus de produits que celle des mûriers nains. Le mûrier en plein vent est un arbre de plusieurs générations, et lorsque le sol et le climat lui conviennent, qu'on lui donne tous les soins convenables, une plantation bien faite en mûriers pleins vents produit au moins le double d'une même surface plantée en mûriers nains. Le mûrier plein vent élève sa pyramide à 25, à 30 pieds de hauteur, pendant que le mûrier nain est contenu à une hauteur de 6 à 10 pieds, ce qui donne à ce premier un volume triple au moins et par conséquent un produit nécessairement plus considérable.

La plantation en arbres pleins vents doit donc se faire avec plus de soin; il faut défoncer le sol dans toute sa profondeur, à moins qu'elle ne dépasse deux pieds, ouvrir un creux de 4 à 5 pieds de diamètre, et donner en plantant un bon engrais en fumier, terre de pré, terreau, débris animaux ou végétaux. En Dauphiné, on réussit très-bien en se contentant de mettre au fond du creux des gazons, de la bruyère, des fagots de fougère ; enfin tout moyen qui augmente l'humus du sol convient au mûrier ; nous ne décrirons pas les autres soins de plantations qui sont les mêmes que pour tous les autres arbres, nous dirons seulement qu'en plantant, on doit tailler court les branches de la tête, que ce soin assure la reprise et fait pousser le mûrier plus vigoureusement.

On plante souvent des mûriers autour des buissons, le long des chemins ; les racines des buissons énervent ces plantations, les bestiaux les maltraitent, et ce n'est qu'au bout d'un très-long temps qu'elles prennent de la vigueur, et souvent elles n'en prennent pas du tout ; lorsqu'il n'y a point de buissons, la plantation en bordure réussit mieux ; mais il faut la tenir défendue contre les bestiaux et les dégâts de toute espèce auxquels l'expose sa position ouverte et isolée.

On plante encore le mûrier dans des lignes de hutins avec des vignes. Les mûriers eux-mêmes reçoivent aussi quelquefois des plants de vigne qui grimpent sur leurs branches, et à l'aide desquels ils produisent une double récolte. En Savoie, particulièrement dans la vallée d'Aix, il y a comme en Italie et dans la vallée de l'Isère, un grand nombre de ces mûriers-vignes dont le double produit est effectivement assez considérable ; mais il faut un bon terrain, de l'engrais en abondance et un climat chaud ; la cueillette des feuilles qui se fait au moment où la vigne est prête à fleurir lui nuit très-sensiblement, et les raisins mûrissent mal au milieu des feuilles et des branches du mûrier qui lui sert d'appui. On le plante encore dans les vignes basses ; dans les Cévennes, on voit de nombreuses plantations de cette espèce qui sont très-productives.

Mais lorsqu'on abandonne tout le terrain aux mûriers, les plantations sont plus faciles à soigner, à entretenir, à défendre des bestiaux et de toute espèce de dégradation ; elles sont plus vigoureuses, arrivent plus promptement au produit et donnent de plus grands et meilleurs arbres, parce que le sol est entièrement à elles. Les doubles récoltes conviennent très-bien à ceux qui ne peuvent ou ne veulent faire que de petites éducations, ou qui désirent faire des expériences et des comparaisons de produits ; mais celui qui veut traiter la chose en grand, doit chercher à simplifier les soins et les produits, et planter le mûrier seul dans de grands fonds bien clos. — Le produit du mûrier est assez grand pour qu'on lui fasse quelque sacrifice spécial ; un hectare bien planté peut produire en soie autant que toutes les autres cultures du domaine, et souvent cependant on ne veut donner au mûrier que les places perdues, ce qui n'est ni juste ni raisonnable ; aussi, il en résulte qu'un grand nombre de plantations faites en avenue, au bord des champs, le long des chemins, restent faibles, sans produit et trompent les espérances qu'on en avait conçues.

Dans un terrain de moyenne qualité, on peut planter les mûriers en quinconces à 21 pieds métriques, soit 7 mètres de distance ; les arbres sont à 21 pieds dans les lignes, et les lignes sont entr'elles à 6 mètres, soit 18 pieds métriques les unes des autres ; dans cet arrangement les mûriers sont tous entr'eux à 21 pieds de distance directe ou diagonale, et il en entre 235 dans l'hectare.

Dans cette plantation en quinconce que nous conseillons, les mûriers seront à la même distance dans tous les sens, puisqu'ils sont placés aux sommets de triangles équilatéraux ; un hectare en contient 17 de plus que dans une plantation ordinaire en quinconce à 7 mètres de distance, où toutes les lignes seraient espacées à 21 pieds dans tous les sens. Dans cette dernière plantation les mûriers éloignés de 21 pieds dans les lignes, sont entr'eux à 29 pieds 10 pouces, soit 9 mètres 80 de distance diagonale, et occupent 49 mètres de terrain, pendant que dans la première ils n'en occupent que 42 1/2.

Par le premier moyen, tout le terrain se trouve également occupé par les racines de mûriers, pendant que dans le second les racines se trouvent plus éloignées dans la distance diagonale.

Il est un moyen assez facile d'exécuter cette plantation : il consiste à planter sur l'un des côtés du fonds des arbres à la distance qu'on veut leur donner, prendre un cordeau du double de cette distance et marqué dans son milieu, tendre ce cordeau vis-à-vis chaque distance, en tenant les deux bouts aux deux arbres voisins. Au milieu du cordeau est la place de chaque arbre de la seconde ligne ; on pourrait en faire autant pour la troisième, et successivement pour les autres.

La place des arbres de la plantation peut encore se marquer d'une manière plus simple : les côtés du cordeau forment avec chaque distance de la première ligne des triangles équilatéraux ; en prolongeant par des jalons les lignes que forment ces triangles, leurs intersections donnent tous les autres points de la plantation, dont tous les arbres auront dans tous les sens une même distance.

Dans l'exécution, le cordeau peut servir à fixer rigoureusement la place de chaque arbre, comme il a servi à placer les piquets qui ont disparu en faisant les creux.

Pendant les premières années on peut cultiver l'intervalle de terrain qui se trouve entre les arbres ; mais il faut enlever sans pitié toute plante qui n'est pas à 5 pieds de distance au moins de la tige de l'arbre. On cultive le mûrier en même temps que le reste du champ, et le produit du sol pendant 4 ou 5 ans n'est pas diminué du dixième : pendant ces 5 ans, on forme l'arbre de manière à ce qu'il s'élève en conservant de la force, et en restant suffisamment garni ; à la sixième année, un mûrier bien soigné peut commencer à être cueilli et donner même plus de 20 livres de feuilles.

Mais il y a mieux à faire qu'à se borner à planter sur son sol des mûriers pleins vents, il faut marier ce système à celui des mûriers nains, et on arrive par là à augmenter beaucoup son produit et à jouir plus promptement.

Pour cela, il faut dans le milieu des lignes parallèles des mûriers en plein vent, planter dans chacune des deux directions un rang de mûriers nains, alternativement greffés et multicaules, à 2 mètres 1/2, 7 pieds 1/2 métriques de distance entr'eux ; il en entre 630 dans une direction et autant dans l'autre ; en tout 1,260 mûriers nains.

Ces plantations se feront dans un terrain défoncé et fumé ; en les cultivant chaque année, les laissant croître pendant les trois premières années, et les cueillant à la quatrième, elles donneront 6 à 7 livres par arbre nain, ce qui produira 7 à 8 milliers de feuilles, ou pour faire une éducation de plus de 3 à 4 quintaux de cocons ; à la cinquième année, l'éducation s'accroîtra d'un quart ; et à la sixième, en y ajoutant la récolte des pleins vents à 10 livres chacun, l'éducation serait au moins de 5 à 6 quintaux ; elle grandirait chaque année jusqu'à l'âge de 15 ans, où la production étant au moins de 40 à 50 livres par plein vent, et de 10 livres par mûriers nains, on aurait eu en tout 24 milliers de feuilles produites par hectare : on conçoit que ce n'est pas là la limite probable de la plantation et qu'elle a encore 15 ans à croître.

Remarquons en passant que les distances que nous proposons pour toutes nos diverses plantations n'ont rien d'absolu, elles peuvent varier avec les circonstances de sol, de défoncement et d'engrais. Celles-ci nous ont semblé des moyennes pour un sol de qualité ordinaire.

Nous restons dans nos suppositions de produits au-dessous de la vraisemblance. Dans les pays où l'on cultive et soigne les mûriers, on arbitre à un quintal le produit des mûriers de 15 à 20 ans; nous avons vu des mûriers de 7 ans donner, en Vivarais, en moyenne 35 livres; M. de Gasparin en possède qui, à 7 ans, en ont donné 60. M. Amans Carrier a recueilli un quintal en moyenne sur des mûriers de 11 ans; nos arbres en plein vent de 15 ans ne sont évalués qu'au produit des nains de 7 ans de M. Camille Beauvais, et nos nains qui ont plus d'espace à eux que les siens, n'en sont évalués que le quart; on peut donc compter au moins sur les produits que nous avons annoncés, si les plantations ont été bien faites et sont bien entretenues.

Dans les 15 premières années, le produit des nains diminuerait peu celui des pleins vents : si le terrain était assez fécond pour que les branches de pleins vents parvinssent à se joindre, ce ne serait qu'après que les mûriers nains auraient beaucoup produit; mais lorsqu'ils viendraient à être couverts par leurs grands voisins, leur produit serait peu important; on aurait donc peu à perdre à les supprimer.

Les arbres pleins vents donneraient un produit de plusieurs quintaux, puisque la projection de leurs branches occuperait 42 mètres 1/2 ou plus de 10 toises de surface, et par conséquent le produit de l'hectare serait plus considérable qu'alors même que les mûriers nains existaient.

Mais voyons ce que coûterait cette plantation.

Les arbres en plein vent, le travail de la plantation et l'engrais qui leur est donné peuvent être évalués à 2 francs par arbre, ce qui fait pour les 235 arbres de l'hectare 470 francs; l'achat des mûriers nains greffés et leurs frais de plantation coûteront 60 centimes chacun, ce qui, pour les 630 de l'hectare, coûtera 378 francs; les multicaules à 20 fr. le cent et 5 cent. de frais de plantation, coûteront 163 francs; en tout 1,011 fr.; à quoi, ajoutant trois ans d'intérêt qui s'élèvent à 152 francs, et la perte pendant trois ans de la moitié de la rente du sol 120 fr., on aura fait avant d'entrer en produit une dépense de 1,287 francs.

Nous avons vu que dès la quatrième année on commence à récolter, et cette récolte de 50 quintaux, évaluée à 3 francs le quintal, prix inférieur à celui de tous les pays d'éducation, sera de 150 francs, d'où retranchant 60 francs ou les 3/4 de la rente du sol et 64 francs d'intérêts d'avances, on aura déjà 56 francs de produit net.

Dans les années subséquentes le produit ira croissant sans nouvelle mise de fonds, jusqu'à ce qu'il fournisse à une éducation annuelle de 12 quintaux de cocons au moins.

Nous avons dit précédemment que la vigne se mariait très-bien au mûrier; nous avons, il y a douze ans, planté dans un fonds de montagne des lignes de mûriers et vignes hautains, à 18 mètres de distance, qui ont très-bien réussi. Nous avons voulu compléter cette année cette plantation sur une partie du sol qu'elle occupe; et pour cela, à trois mètres de chaque rang de hautains sur un défoncement de 15 pouces, nous avons planté un rang de vignes en espalier; à 2 mètres de ces vignes, un rang de mûriers nains alternativement greffés, multicaules, Moretti et sauvageons, distans entr'eux de 2 mètres 1/2 dans le rang; à 2 mètres de ces deux rangs de mûriers, de chaque côté un nouveau rang de vignes, et entre ces deux rangs de vignes un nouveau rang de mûriers qui occupe le milieu de l'intervalle des hautains; en tout 7 rangs dont 4 de vignes et 3 de mûriers nains. Ces rangs de mûriers nains seront à 4 mètres entr'eux et à 5 mètres au plus près du rang des mûriers pleins vents, en sorte qu'ils auront entr'eux un assez grand espace que la vigne débarrasse des excrétions du mûrier, et réciproquement le mûrier consomme celles de la vigne; nous pensons donc qu'avec des engrais le produit sera plus avantageux que celui de mûriers et de vignes sans mélange : il est à croire même que la durée sur le même sol des deux espèces sera plus longue et qu'après la fin des individus, on pourra y en avoir encore une nouvelle génération sur la même place. Toutefois nous avons fait notre plantation autant en vue d'expériences qu'en vue du produit; nous ne la conseillerions donc pas en grand, parce que, comme nous l'avons dit précédemment, celui qui a besoin d'une grande masse de feuilles arrive à son but plus simplement ét avec moins de complication, en s'attachant exclusivement aux grandes plantations de mûriers (1).

(I) La plupart des mûriers multicaules de cette plantation en pays vignoble et d'une autre dans la plaine, déjà fatigués, dans les pépi-

Pour entretenir la fécondité des arbres nains ou pleins vents, il est tout-à-fait nécessaire de donner tous les 3, 4, 5 ou 6 ans de l'engrais : quand on ne donnerait à ses mûriers que l'engrais produit par le ver à soie, il suffirait, à ce qu'il semble; l'engrais produit par un quintal de cocons est, d'après Dandolo, de 7 quintaux; notre hectare qui produit 12 quintaux de cocons, produira donc plus de 8 milliers d'engrais qui mis en tas jusqu'à l'automne, en donneraient encore plus de 6. Cette masse donnée à cette époque aux arbres, fournirait au tiers de la plantation ou à chacun des 500 arbres nains ou pleins vents, 12 livres d'excellent engrais; donnant 10 livres aux arbres nains, et 20 aux grands vents, la plantation se trouvera fumée tous les trois ans avec le fumier même qu'elle a produit, et ce fumier est des plus convenables pour cet emploi, parce qu'il se compose du produit même du mûrier, des débris de feuilles et des déjections des vers qui en sont nourris; les sucs en sont déjà tous appropriés aux besoins des arbres et assimilés à leur nature.

Si on fait consommer sa litière par des bêtes à cornes qui la mangent avidement, en prenant le fumier qu'elles produiront, augmenté de celui fourni par la litière des bestiaux, on aura encore une plus grande masse d'engrais.

La valeur de la litière n'est bien connue que dans les pays de grande éducation; la fiente des vers à soie s'y vend 5 à 6 francs le quintal. Presque tous les animaux

---

nières du Midi d'où ils ont été tirés, par les gelées d'hiver, ont achevé de périr et n'ont pas poussé; il a péri en même temps un certain nombre de multicaules plantés les années précédentes.

la consomment; les cochons à qui on la donne, engraissent promptement, mais elle ne doit leur être donnée que dans leur jeune âge, parce qu'elle produit un lard de mauvaise qualité; mélangée avec du son ou de la farine, les poules et les dindons en sont bien nourris; la litière, telle qu'on la sort de dessous les vers, mélangée avec de l'avoine, est mangée avidement par les chevaux; les vaches en vivent aussi très-bien et produisent beaucoup de lait, quand on les nourrit avec tous les débris qu'on sort de dessous les vers à soie.

Nous avons dit précédemment qu'il convenait de ne commencer à cueillir le mûrier plein vent qu'à la sixième année de sa plantation; mais nous avons vu dans les Cévennes que les planteurs soigneux laissent, quand ils le peuvent, écouler encore cette sixième année. Lorsqu'on a commencé à récolter, ils est à propos de donner à l'arbre de temps à autre une année de repos en le taillant au printemps. M. Frayssinet recommande, et nous pensons que c'est avec raison, de laisser aux jeunes arbres quelques feuilles éparses auxquelles on donne le nom de papillons, ou mieux encore dans leur pourtour, quelques branches sans les cueillir; par ce procédé le mûrier reprend ses feuilles 15 jours plus tôt. Les sous-yeux de l'arbre repoussent immédiatement, et la sève ne reste pas suspendue pendant 8 à 10 jours au moins, comme quand on enlève toutes les feuilles.

On cultive dans l'île de Chio le mûrier grand arbre avec une tige de deux à trois pieds seulement, les branches inférieures se courbent et rampent à terre, cinq ou six suffisent pour nourrir une once de vers. On le plante ainsi autour des champs dans des places perdues, et quelquefois par massifs de 25 ou 30 qui suffisent alors aux éducations les plus ordinaires qui sont de cinq à six onces. L'île cependant produisait beaucoup de soie avant sa dévastation, et c'est le pays dont la graine est la plus recherchée.

En Syrie, on plante en massifs à 6, 7, 8 pieds de distance, les mûriers auxquels on laisse 4 à 5 pieds de tige, on les étête sur le tronc tous les deux ans, en sorte qu'ils reposent l'année de la taille; il faut 50 de ces arbres pour nourrir une once de vers. Chaque arbre produit donc 40 livres de feuilles, et l'hectare peut en nourrir 15 à 20 onces.

En Chine, on plante les mûriers nains, comme les mûriers pleins vents, dans une boue qu'on fait avec de bonne terre et du fumier consommé; on achève de remplir la fosse avec de la terre qu'on tasse le lendemain de la plantation; ce tassement est recommandé expressément pour empêcher la chaleur et la sécheresse de pénétrer le sol, et pour que les vents, en ébranlant le jeune arbre, ne cassent pas les petites racines qu'il pousse au printemps; ils taillent aussi très-court les arbres qu'ils plantent petits ou grands, et récèpent tout-à-fait, lorsqu'au printemps l'arbre paraît hésiter à la reprise. Cette plantation dans la boue devrait provoquer nos expériences; elle est contraire à nos procédés ordinaires, mais peut-être ajoute-t-elle beaucoup aux chances de reprise : quant au tassement soigné de la terre, il est d'accord avec les habitudes de nos jardiniers que tous nos auteurs repoussent comme nuisible à la reprise des arbres; lesquels ont raison des uns ou des autres? il nous semble que la vérité pourrait bien se trouver entre ces deux extrêmes, notre climat moins chaud exige que la terre soit moins serrée autour des arbres qu'en Chine;

cependant nous pensons qu'il est utile à leur reprise que la terre soit un peu serrée sur les racines pour contenir l'évaporation de l'humidité qui leur est nécessaire. L'un des auteurs chinois recommande aussi de ne pas remuer la terre qui entoure immédiatement l'arbre qu'on a planté ; l'expérience nous a prouvé que des sarclages inopportuns dérangent ou brisent même les nouvelles racines destinées à assurer la reprise ; il doit donc suffire de débarrasser le pied des arbres des mauvaises herbes, et si l'on donne une façon il faut qu'elle soit superficielle et suivie presq'uaussitôt d'un arrosement.

SEIZIÈME LETTRE.

DE LA TAILLE DU MURIER.

La taille est une opération tout-à-fait indispensable au mûrier que l'on dépouille de ses feuilles; la plupart des éducateurs théoriques ou pratiques semblent à-peu-près d'accord sur ce point, et il est peu de pays où l'on s'en dispense.

Les mûriers perdent, comme nous l'avons dit, à la récolte une grande partie des bourgeons nouveaux et au moins tous les bouts de ces bourgeons; de nouveaux repoussent des sous-yeux, mais ce sont des bourgeons petits, nombreux, faisant des angles très-ouverts avec ceux qui restent; l'arbre se hérisse de ce petit bois qui donne à peine quelques feuilles rares et faibles; chaque année il se fait de nouveaux enfourchemens par suite des nouveaux bourgeons qui se brisent, en sorte que l'arbre devient, dans les sauvageons surtout, très-difficile à cueillir; les feuilles sont petites, peu nombreuses, et les branches faibles, mal placées; leur retranchement ou leur taille est donc tout-à-fait convenable, d'autant mieux que, par la taille, elles se remplacent par un bois jeune, vigoureux, qui donne beaucoup de feuilles et des feuilles larges, très-faciles à cueillir: la taille est donc une opération indispensable pour tirer du mûrier une récolte facile et abondante.

§ I.

Mais à quelle époque se fera cette taille ? c'est un point sur lequel la pratique et la théorie semblent peu d'accord.

La plupart des praticiens taillent l'année même de la récolte ; mais d'un autre côté la plupart des agronomes, et parmi eux ceux qui ont pratiqué, veulent que la taille se fasse dans le repos de la sève depuis l'automne jusqu'au printemps.

Nous croyons la raison du côté de ces derniers, surtout s'il s'agit de la France centrale. Les praticiens veulent toujours recueillir le plus possible ; ils jouissent souvent du fonds et de l'arbre qui ne leur appartiennent pas, et ils abusent de leurs mûriers comme de leurs champs, pour les faire produire le plus possible au risque d'épuisement.

Cette taille d'été, tolérable dans les pays chauds où la récolte des feuilles est finie de bonne heure et où la poussée des nouveaux bourgeons se continue sans gelée jusqu'en novembre, est destructive des mûriers dans des régions moins chaudes qui ont un mois de moins pour repousser les nouveaux feuillages et les nouvelles branches, et donner au bois cet état de maturité qui le durcit de manière à le faire résister aux gelées d'hiver.

Dans le mûrier qu'on a dépouillé sans le tailler, il reste une portion des bourgeons de l'année et des sous-yeux qui reproduisent assez promptement des feuilles ; et cependant dans la France centrale, lorsque les gelées sont hâtives les repousses de l'arbre dépouillé sont atteintes.

Dans l'arbre qu'on dépouille et qu'on taille ensuite,

une grande partie des bourgeons producteurs de feuilles
sont détruits, il faut donc que l'arbre, au moyen de ses
racines, reproduise à la fois un nouveau système de
branches et en même temps les feuilles qui l'accompagnent : c'est lui donner une tâche trop forte à remplir
pour une courte saison qui lui reste, la gelée l'atteint
donc encore plus souvent et plus durement que l'arbre
qu'on dépouille sans le tailler.

Cette courte saison nous semble la principale, peut-
être même l'unique cause qui empêche le mûrier d'acquérir, dans le centre de la France, les dimensions qu'il
acquiert dans le Midi : sans doute nous ne sommes pas
maîtres d'allonger la saison, mais en pratiquant la taille
pendant l'hiver ou le printemps, nous donnons à nos
arbres une année de pousse libre, sans perte de feuilles,
et ce repos les rétablit, en grande partie, du tort que
leur a fait la brièveté de la saison dans l'année où on
les dépouille.

Ce système de taille d'été ruineux pour le mûrier
serait tout-à-fait destructif de la plupart des autres arbres ; ainsi, des frênes, des ormes, des peupliers que
nous avons taillés au mois de juin pour en consommer
les feuilles comme fourrage, ont langui ou péri à la suite
de ce traitement ; il n'est donc pas étonnant qu'il fatigue
le mûrier, surtout dans nos pays moins favorisés par le
soleil que ceux où il est indigène.

Sauvage, pour éviter en partie cette taille tardive,
taille ses mûriers tous les huit jours pendant l'éducation,
méthode de beaucoup préférable à la méthode ordinaire
où la taille n'a lieu qu'après l'éducation finie et souvent entre les deux sèves.

En Provence, dans les dernières années, un débat a

ce sujet est survenu entre des hommes habiles à la fois en théorie et en pratique.

M. de Sinety, connu par son savoir et son expérience en agriculture, a d'abord attaqué cette taille d'été ; au bout de quelques années, il y est revenu et a voulu justifier son changement d'opinion. Le rédacteur des *Annales provençales*, M. Plauche, l'a battu avec ses anciennes armes et avec de nouvelles raisons que son adversaire ne paraît pas avoir réfutées.

Mais s'il reste des doutes dans les pays où la taille d'été a pris naissance, il nous semble qu'ils devraient être à peu près levés pour le centre de la France, et la taille, à ce que nous pensons, y sera plus utilement et plus convenablement faite, du moins pour les pleins-vents, au moment du repos de la sève en hiver ou au printemps.

A l'appui de cette opinion, nous citerons la longue expérience de M. Fontanieu de Canaüle, qui taille toujours au mois de mars et tous les trois ans, et recueille avec ses mûriers au moins autant de feuilles qu'avec la taille d'été. Ce système acquiert de jour en jour un plus grand nombre de partisans dans le Gard, pays qui doit servir de modèle en beaucoup de points.

Mais, comme dernier et plus fort argument, en faveur de la taille d'hiver, nous invoquerons l'usage qui paraît général en Chine pour les mûriers pleins-vents, de les tailler au mois de janvier, dans le moment du repos absolu de la sève. Les plus puissantes raisons se réunissent donc pour faire tailler le mûrier plein-vent avant la pousse de la feuille.

Toutefois, lorsqu'on a encore peu d'arbres pour élever beaucoup de vers à soie, on gagnerait de la feuille sans nuire, peut-être, sensiblement à ses arbres, en les taillant pour nourrir les vers des quatre premiers âges; la main-d'œuvre de la cueillette serait par là beaucoup diminuée; la taille serait finie avant la fin de mai, et il resterait un espace de temps presque suffisant pour aoûter les nouvelles branches, et cette taille ne retarderait pas l'arbre, parce qu'on laisserait toutes les feuilles et toutes les pousses des bourgeons réservés dont la vigueur s'accroîtrait par les autres retranchemens faits à l'arbre.

Mais il faut 1/3 de la feuille, ou 1/3 des mûriers pour nourrir les vers pendant les quatre premiers âges; cette taille, avant la fin de mai, pourrait donc s'appliquer en trois ans à tous les mûriers de l'éducation et ils se trouveraient sans doute ainsi beaucoup plus ménagés que par la taille ordinaire qui se fait au plus tôt à la fin de juin.

Toutefois, après avoir coupé les branches couvertes de feuilles, la feuille ne doit pas être long-temps sans être enlevée, elle se fane beaucoup plus tôt sur les branches que cueillie sans elles.

La feuille qui reste sur les branches continue ses fonctions, elle transpire encore comme si elle était placée sur l'arbre; mais elle a bientôt épuisé des sucs qui ne se renouvellent pas, en sorte que la branche et la feuille, épuisées de leurs sucs, se rident et se fanent plutôt que si on les eût isolées l'une de l'autre et qu'on eût par là anéanti toutes leurs fonctions. On pourrait, si le temps manquait pour dépouiller les branches, en faire tremper le bout dans l'eau qui entretiendrait la fraîcheur des feuilles. Le même moyen rendrait la fraîcheur aux feuilles déjà fanées des branches cueillies depuis quelque temps.

La taille qui se ferait dans la France centrale en cueillant la feuille, mettrait les arbres dans une position
analogue à celle qu'ils ont dans le Midi, lorsqu'on les
taille après la récolte : ce ne serait pourtant point une
raison suffisante pour adopter la taille d'été, parce que
nous avons vu que les méridionaux demandent eux-
mêmes qu'on la rejette.

§ II.

Mais la taille que nous avons trouvée indispensable
au mûrier se fera-t-elle toutes les années ou tous les
deux, trois, quatre ou cinq ans.

La taille de tous les ans est évidemment une taille
d'été et ne laisse aucun repos au mûrier ; ellle est bien la
taille ordinaire du mûrier nain, mais elle ne nous semble
admissible pour les grands arbres que dans des pays à
saisons chaudes très-allongées.

Dans les environs de Pescia et dans tout le Val du
Nievole en Toscane, première contrée de l'Italie où les
vers à soie ont été élevés, on taille le mûrier tous les
ans, à mesure de la consommation de la feuille, et à
l'exception des premiers âges pour lesquels on détache
la feuille des bourgeons, on donne aux vers à soie, dans
tout le reste de leur vie, le bourgeon muni de ses feuilles.
Cette méthode reproduit, en quelque sorte, pour les vers,
les conditions naturelles, aussi elle réussit très-bien.

Il semble qu'avec cette méthode, les vers doivent être
beaucoup moins sujets aux maladies, parce qu'ils sont
plus aérés, moins entassés et que la litière elle-même
ne se tasse point et ne sert pas de lit immédiat aux
vers à soie.

Le Val de Nievole est la partie de Toscane qui produit relativement le plus de soie. En 1801, on y récoltait chaque année 400 mille livres de cocons qui, à cette époque, se vendaient à peine moitié du prix actuel, et donnaient cependant encore des bénéfices.

La taille de ces mûriers n'est autre chose qu'un rebottage; on coupe toutes les branches, en ne laissant que le tronc et des têtes de saule; elle met ainsi à découvert le champ où est le mûrier et permet aux récoltes qu'on cultive à ses pieds de profiter de l'air et du soleil.

Cette conduite des mûriers dans un climat chaud ne semble pas énerver les arbres; ils repoussent dans l'année des branches de 3 à 4 pieds de longueur, et un gros mûrier ainsi traité produit encore tous les ans 5 à 6 quintaux de feuilles; mais il faut bien remarquer que cette taille a beaucoup d'avantages sur la taille d'été ordinaire qui ne se fait que quelque temps après qu'on a fini l'éducation; elle donne aux arbres près d'un mois de plus de la saison la plus chaude et la plus favorable pour la repousse de leurs bourgeons.

Cette méthode fut, à ce qu'il semble, introduite au milieu du XIIe siècle, époque où les mûriers et les vers furent apportés de Grèce en Italie. Elle serait, nous le pensons, la méthode de beaucoup de pays d'éducation primitive, et il semble qu'on l'y retrouve encore.

En Perse et dans la Buckarie, on taille ainsi chaque année le mûrier à mesure de la consommation de la feuille. Lorsque le ver a acquis un peu de force, on ne lui donne que des bourgeons feuillés; à mesure que les vers dépouillent les bourgeons, on leur en sert de nouveaux sans ôter les anciens. On continue le même procédé, et lorsque le ver est arrivé à son dernier âge, de petits branchages sans feuilles sont disposés, sur le lit des anciens bourgeons dépouillés, pour faire monter les vers.

Cette méthode paraît appartenir, d'après les récits de Pallas, à de grandes étendues de pays. On la retrouve encore dans tout son ensemble en Syrie, pays où les éducations se font en grand et où un particulier recueille en produit d'un seul champ de mûriers, plusieurs milliers de soie filée.

En se dispensant de cueillir la feuille sur les arbres, de changer les vers de place et de les déliter, cette méthode simplifie beaucoup le travail et épargne une grande partie de la main-d'œuvre; mais comme celle de Pescia, dont nous venons de parler et de laquelle elle diffère peu, elle demande, à ce qu'il nous semble, un pays chaud et une saison longue pour être appliquée sans inconvénient aux grands arbres; mais rien ne s'opposerait à ce qu'on l'adoptât dans son ensemble dans tous les pays où les éducations se font avec le mûrier nain, parce que la taille de tous les ans, la taille d'été peut, comme nous allons le voir, leur être, sans inconvénient, partout appliquée.

M. Camille Beauvais en rabattant tous les ans après la récolte de la feuille ses mûriers nains greffés sur trois, quatre ou cinq branches à deux pieds, deux pieds et demi de hauteur, recueille l'année suivante de 40 à 50 livres par individu sur les branches qui ont repoussé dans la saison de quatre à cinq pieds de longueur, et cependant sa taille ne se fait qu'après la récolte; il aurait donc près d'un mois à gagner en taillant au moment de cueillir la feuille. Quelques coups de sécateur taillent un arbre nain en six fois moins de temps qu'on n'en met à cueillir sa feuille.

Dans les saisons pluvieuses on trouverait toujours pour couper les branches un moment de la journée où la feuille serait sèche, et quand on serait obligé de la cueillir mouillée, elle sècherait beaucoup plus facilement sur les branches qui la portent qu'entassée dans une chambre.

Rien n'empêcherait que, comme dans le Val de Nievole ou en Perse, on ne servît aux vers les branches chargées de feuilles, ou lorsqu'on voudrait donner la feuille sans branches, on la cueillerait sur les branches rentrées à la maison, par tous les temps, à toute heure de loisir et même la nuit quand le temps presserait.

Cette conduite du mûrier nain, d'après le rapport des missionnaires, de lord Macartney et une foule d'autres autorités, est très-répandue en Chine. Dans la province la plus riche en soie, on voit un grand nombre de mûriers nains qu'on cultive et taille à peu près comme la vigne en les contenant dans de petites dimensions.

La taille de tous les ans nous semble donc convenir généralement pour les mûriers nains dans nos climats comme dans le midi, et on pare à tout inconvénient si on la fait au moment où on récolte la feuille. D'ailleurs, comme elle n'est qu'un récépage, tout le monde peut la faire sans inconvénient. Dans cette taille qu'on hâterait en la faisant au sécateur on aurait soin de conserver sur les portions de bourgeons réservées les jeunes pousses déjà développées; l'arbre ne serait alors en rien retardé et souffrirait peu.

§ III.

La taille bisannuelle est la plus employée en Provence pour les grands mûriers; elle est conseillée par beaucoup de bons auteurs; comme en la faisant en hiver, elle laisse reposer chaque année la moitié des arbres, elle donne l'année de la récolte un produit très-abondant et de bonne qualité, parce qu'il est porté par un bois vigoureux de deux ans: et le produit moyen annuel serait plutôt augmenté que diminué; M. Plauche cite des mûriers conduits dans ce système, dont alternativement une moitié cueillie et l'autre moitié taillée et non cueillie produisent un cinquième de plus que lorsqu'on les recueillait et taillait tous en été; mais cette taille, et ce repos pourraient encore avoir lieu tous les trois ou quatre ans; car la taille bisannuelle est loin d'être générale; elle est trisannuelle dans le Dauphiné, dans une partie des Cévennes, en Piémont, dans le Bergamasque, et la taille de tous les quatre ans est la plus usitée dans la partie de Lombardie où Dandolo a fait ses éducations.

Le mûrier se prête encore à n'être pas du tout taillé. Il est des parties d'Italie qui donnent beaucoup de soie et où on ne taille pas du tout. Et puis chaque pays presque a sa méthode de taille. Le mûrier est donc de tous les arbres que nous cultivons le plus docile aux volontés et aux besoins de l'homme, puisqu'il réussit encore avec la taille faite dans toutes les saisons et qu'il résiste à toutes les fantaisies de tous ceux qui le cultivent.

Nous n'en conclurons pas que l'époque où l'on renouvelle la taille serait tout-à-fait arbitraire, nous pensons qu'elle doit se régler d'après les circonstances de saison, de climat et de sol; qu'elle doit s'assortir à la forme, à l'âge, à la vigueur ou à la faiblesse des arbres; elle doit avoir lieu toutes les fois que les bourgeons du mûrier ont été frappés gravement de quelque intempérie de grêle, de nielle ou de gelée. La taille aussi doit être plus fréquente dans les climats froids que dans les climats chauds, parce que dans les premiers, surtout si on y adopte la taille d'été, les gelées d'automne plus hâtives et celles d'hiver plus intenses atteignent plus fréquemment le jeune bois qui a, par conséquent, besoin d'être plus souvent renouvelé. La taille doit être plus fréquente sur le sauvageon que sur le mûrier greffé, sur le mûrier à petites feuilles et à petits bourgeons que sur celui à grosses feuilles et gros bourgeons, parce que sur les premiers les brindilles s'établissent chaque année plus nombreuses, plus épineuses, nuisent plus à la récolte et ne donnent bientôt que des feuilles découpées.

Il est moins essentiel d'en rapprocher l'époque dans les bons sols que dans les mauvais, parce que dans les bons sols, la vigueur se soutient mieux et a moins besoin d'être renouvelée par la taille.

Il résulte de tout ce qui précède et de l'examen attentif des diverses pratiques, que le but spécial de la taille est d'entretenir la vigueur des arbres et de faciliter la récolte. Nous poserons donc comme règle générale applicable à tous les climats et à toutes les plantations, que la taille doit être renouvelée toutes les fois que la vigueur de l'arbre diminue, par quelle cause que ce soit, qu'il se hérisse de petits bourgeons qui ne donnent que de petites feuilles, et empêchent que la feuille ne puisse être cueillie à grands coups de main.

§ IV.

Après ces principes posés, nous arrivons à la pratique de la taille et aux règles que doit suivre le tailleur; et d'abord, il faut qu'il soit bien convaincu que la taille du mûrier est dans son but et ses principes presque diamé-

tralement opposée à celle des arbres fruitiers. Le jardinier veut beaucoup de fruits; le tailleur de mûriers aucun, s'il est possible; le premier doit amortir la vigueur
pour avoir du fruit, le second se la procurer à tout prix
pour avoir des feuilles; le tailleur de mûriers doit conduire son instrument de manière à faciliter la récolte de
l'arbre, à renouveler son bois, à détruire par des rap-
prochemens les bourrelets, les nodosités qui le surchar-
gent et nuisent à sa vigueur; il remplace un bois tordu,
hérissé, difficile à cueillir, par des branches nouvelles,
vigoureuses, chargées de feuilles larges et d'une récolte
facile; il favorise les enfourchemens qui donnent de l'é-
paisseur à l'arbre et servent à placer le cueilleur pour
atteindre sans danger à toutes ses parties.

Il doit donner de l'air et du soleil à l'intérieur et à
l'extérieur de son arbre, le tenir suffisamment garni sans
confusion, éviter les grosses plaies qui fatiguent toujours, ménager les branches un peu inclinées qui donnent
beaucoup de bois et de feuilles, et supprimer celles
horizontales, toujours faibles et qui se chargent de fruits.

Il doit sacrifier ce qui est faible, tordu ou noueux, et
conserver ce qui est fort et vigoureux; mais il faut encore
que sa marche soit prudente et mesurée, car s'il pous-
sait toujours et trop à bois en l'allongeant outre mesure,
il nuirait à la durée de ses arbres.

Il doit encore ne pas permettre que son arbre s'em-
porte sur les bourgeons verticaux qui s'attribueraient
toute la sève; il faut que la vigueur se répartisse aussi
également que possible sur l'arbre tout entier, que ses
branches aient une légère inclinaison; les branches un
peu inclinées poussent des bourgeons dont les yeux
sont voisins et qui, par conséquent, poussent beaucoup

de feuilles. Les branches verticales s'allongent en bois dont les yeux éloignés tendent à produire plus de bois que de feuilles.

Dans les grands arbres, le tailleur doit ménager aux branches une force suffisante pour porter les cueilleurs de feuilles et faciliter la récolte.

Nous venons d'exposer les principes qui doivent diriger les tailles du mûrier; ils s'appliquent à tous les sols, à tous les climats et à tous les arbres jeunes ou vieux. En les ayant toujours présens à l'esprit et surtout en dirigeant sa main d'après eux, les arbres donneront une récolte abondante et facile, et par conséquent le but de la taille sera rempli.

Toutefois, avec les directions que nous venons de donner, placé devant un mûrier pour opérer, on sera encore embarrassé; il faut donc dans cet art, comme dans tous les autres, de la pratique autant que du savoir; il faut avoir pratiqué et vu pratiquer pour arriver à appliquer convenablement les principes de la théorie qu'on possède.

§ V.

Mais dans la conduite des mûriers, nous croyons devoir distinguer la taille des jeunes arbres pour leur donner la forme, et celle des arbres formés.

La forme qu'on préfère est le gobelet qui facilite la cueillette et l'accès de l'air et du soleil dans le centre de l'arbre. Cette forme a sans doute ses inconvéniens, mais elle offre l'avantage de présenter pour un volume donné d'arbre une plus grande surface qu'aucune autre à l'air et au soleil dont les influences déterminent la quantité et la qualité des feuilles; et elle donne en outre aux branches cette position inclinée, la plus favorable aussi pour maintenir l'arbre et faire produire des feuilles; enfin, elle est la plus commode pour cueillir les feuilles, dispense le plus souvent d'échelles qui sont l'occasion de beaucoup d'accidens.

Cette forme est aussi généralement usitée en Chine par les mêmes raisons qui l'ont fait adopter en France et que nous venons de déduire.

L'année de la plantation, on taille à deux ou trois yeux sur les deux, trois ou quatre branches qui doivent servir à élever l'arbre; l'année suivante, on taille un peu plus long; on ôte les bourgeons qui poussent à l'intérieur et à l'extérieur; l'année d'après, on laisse aux bourgeons plus de longueur qu'à la deuxième année, et on continue la quatrième année dans le même système, de manière à ce que l'arbre s'élève et s'évase de plus en plus : on facilite cet évasement en taillant sur des yeux placés en dehors de l'arbre; dans les tailles successives on se ménage autant de bifurcations qu'il est nécessaire pour occuper l'espace qui grandit par l'évasement : au bout de quatse ou cinq ans, l'arbre est formé; et le plus souvent, on le cueille déjà à la sixième année.

Rien n'empêche si on veut assurer davantage la forme de son arbre que, dans la sixième année, on ne continue le même système de taille, mais pour ne point perdre de feuilles on diffère la taille jusqu'à l'époque de l'éducation et on respecte les pousses des bourgeons réservés.

Lorsque l'arbre est formé, la taille qu'on lui donne est accompagnée d'un émondage. Elle consiste à ôter toutes les branches chiffonnes, celles qui nuisent à la forme générale, celles qui sont trop faibles, trop épaisses, les branches mutilées, tordues, les gourmands, les chicots; on raccourcit les plus faibles, on enlève les trop fortes; c'est, comme l'on voit, les mêmes règles de pratique que nous avons précédemment énoncées; ce sont celles aussi qui, comme nous l'avons vu précédemment, dirigent la taille chinoise.

La taille se renouvelle tous les 2, 3 ou 4 ans, suivant le sol, le climat, le besoin des arbres ou même l'usage du pays; mais on doit, dans tous les cas, pour la faire, éviter autant que possible la pluie et le mauvais temps.

Si lorsqu'on renouvelle la taille on la faisait toujours sur le bois de l'année précédente, l'arbre s'élèverait indéfiniment, s'épuiserait, parce que la sève aurait trop à monter, et les branches dans le haut ne pourraient plus porter les cueilleurs. Il faut donc, suivant que l'époque du renouvellement de la taille est plus ou moins reculée, rabattre beaucoup sur le vieux bois ; mais cette méthode appliquée à un arbre fait, l'élèverait encore, au bout d'un certain nombre d'années au-delà de la hauteur convenable, et elle donne naissance à des branches tordues, couvertes de nœuds dus aux tailles successives et à des têtes de saule qui ne peuvent produire des bourgeons vigoureux ; il est donc convenable de ravaler de temps en temps ces branches pour renouveler la vigueur de l'arbre; mais cette opération doit absolument avoir lieu au printemps, et, si le ravalement a été fort, il serait à propos que l'année d'après on ne dépouillât pas les arbres ; on peut cependant diminuer la perte en retranchant les bourgeons repoussés trop épais au moment de l'éducation.

Lorsqu'on a affaire à des mûriers non taillés, des mûriers affaiblis par l'âge, par les mauvais traitemens,

chargés de mauvais bois , ou de bois mal placé, l'opération devient alors tout-à-fait un récépage ; on retranche
alors toutes les branches faibles, noueuses ou chan-
creuses, et on rapproche le reste plus ou moins, suivant
l'âge et la vigueur du mûrier.

Dans la pratique de cette opération sur des mûriers
qui ne sont point trop affaiblis, Sauvage conseille de
retrancher à peu près en moyenne, un tiers des branches, les plus mauvaises, et de rapprocher sur le vieux
bois, en leur laissant deux tiers de leur longueur, celles
qu'on conserve : sur les arbres faibles le retranchement
et le ravalement sont à peu près de moitié. On applique
cette méthode du ravalement aux arbres qui ont perdu
de grosses branches ; et dans tous les cas, on laisse pousser sans le cueillir, deux ans au moins, l'arbre ravalé.

On retrouve cet usage du ravalement en Chine, où
il est employé comme en Europe, pour rajeunir les
vieux arbres et leur rendre la vigueur.

Les bons tailleurs sont en plus grande partie d'accord
sur la plupart des principes que nous avons posés, mais
ils cessent de l'être dans les détails de leur application ;
quoique leur marche soit souvent très-différente, s'ils
ne s'écartent point des principes essentiels, ils arrivent
encore aux trois buts que doit se proposer la taille : l'a-
bondance des feuilles, la facilité de la cueillette et la
durée de l'arbre.

Nous sommes donc loin, dans tout ce qui précède, d'a-
voir résolu, sans laisser de doutes , toutes les questions
que fait naître la taille ; mais remarquons bien que ces in-
certitudes n'existent que parce que le mûrier résiste à tous
les mauvais traitemens qu'il nous plaît de lui imposer, et
qui tueraient promptement toutes les autres espèces d'ar-

bres. On paie cher, il est vrai, ces mauvais traitemens :
l'arbre non taillé ou mal taillé languit et produit peu ;
il était donc essentiel de chercher le mieux àce sujet et
de préciser les points qui peuvent l'être. Nous nous
sommes étendu et nous avons insisté sur ces divers détails, parce qu'ils sont importans dans l'art d'élever les
vers à soie, ét que dans tous les pays où on s'en occupe
avec fruit, en Europe comme en Asie, on admet comme
chose positive qu'*un mûrier bien taillé produit au moins
le double de celui qui ne l'est pas ou qui l'est mal.*

En nous résumant sur ce qui précède, nous sommes
arrivé à établir l'absolue nécessité de la taille pour obtenir de l'arbre un produit régulier, facile et abondant :
et nous admettons le principe chinois donné par lord
Macartney, qu'on doit tailler pour avoir de la feuille plus
tendre, plus abondante et de meilleure soie.

Nous avons vu que la taille peut se borner à des récépages annuels pour les mûriers nains, que dans les
plein-vents elle doit donner à l'arbre une forme commode pour la récolte, accessible à l'air et au soleil,
qu'elle doit proscrire les branches à fruits en faveur des
branches à bois, et entretenir l'arbre dans un état de
vigueur permanent ; qu'elle doit être, au besoin, se-
condée par des ravalemens qui rajeunissent l'arbre ; que
si, dans les climats chauds, la taille peut se faire sans
beaucoup d'inconvéniens après la récolte, dans la France
centrale, la saison plus courte demande que la taille se
fasse avant la pousse ou tout au moins à mesure de la
consommation de la feuille.

DIX-SEPTIÈME LETTRE.

DU PRODUIT NET DU SOL EN MURIERS.

Nous allons traiter aujourd'hui une question importante préparée par tout ce que nous avons vu précédemment, à laquelle toutes les autres viennent aboutir; — la question du produit net qu'offre une éducation de vers à soie dirigée avec des soins convenables.

Cette question est désormais éclairée dans la plupart de ses détails : des hommes habiles de divers pays ont précisé la quotité des dépenses de diverse nature qu'elle entraîne. Ces dépenses sont à peu près les mêmes partout; et par conséquent toutes les fois que le climat et le sol conviendront aux mûriers, on doit espérer un produit net semblable à ceux des pays où la production est anciennement établie; il n'y a que des habitudes à prendre, et ces habitudes on les demande à ses ouvriers en les mettant en contact avec des personnes exercées qu'il est toujours facile de se procurer dans les pays d'éducation ancienne. Ces pays sont des pépinières de femmes habiles et soigneuses qui se déplacent volontiers pour cette époque, sans montrer trop d'exigence : toutefois ce moyen n'est pas sans inconvénient; il est très-difficile de leur faire adopter quelques méthodes ou procédés nouveaux, et lorsqu'on en a le projet, il devient absolument nécessaire de l'exprimer à l'avance comme condition absolue de leur paiement.

Maintenant entrons en matière; nous arbitrerons les dépenses par quintal de cocons, moyen plus précis que celui des onces de graines dont le produit est si variable.

Dandolo qui a étudié avec le plus de soin et pendant le plus long-temps cette question, donne pour résultat de toutes ses expériences que, pour tous les soins à donner, pour la cueillette de la feuille et toute la main-d'œuvre, pour l'achat de la graine, du bois, de l'huile et autres fournitures, on dépense en Lombardie 36 fr. par quintal de cocons.

Dans les Cévennes on donne 40 fr. pour 50 kilogrammes de cocons, à un homme chargé de toute la main-d'œuvre et de toutes fournitures, à l'exception de la graine, du local et des mûriers.

A Orange, les propriétaires se chargent de tout, et il résulte des comptes tenus par M. de Gasparin que toute la dépense pour main-d'œuvre et fourniture s'élève à 37 fr. 50 cent. par quintal de cocons.

Chez M. Camille Beauvais, la dépense pour le même objet s'est élevée à 49 fr. 50 cent.

Dans ces divers pays, la main-d'œuvre est chère, plus chère que dans la moyenne du reste de la France; nous adopterons toutefois le plus haut chiffre de dépense, 50 fr. par quintal de cocons; et nous serons fondé à croire que dans les pays d'éducation nouvelle, après l'habitude prise par les ouvriers, la dépense sera plutôt au-dessous qu'au-dessus.

Mais il faut à ces avances, pour arriver au produit net, ajouter les frais de plantation, de loyers de terrain et de local employés : or, d'après les développemens que nous avons donnés précédemment, nous pouvons admettre que la plantation d'un hectare en mûriers grands-vents, bien plantés, bien soignés, en sol moyennement favorable, doit produire en moyenne, au bout de 15 à 20 ans, 20 milliers au moins de feuilles qui s'augmentent encore chaque année, et avec lesquelles on élèverait dix quintaux de cocons.

Nous sommes dans ce produit au-dessous de tous ceux reçus dans les pays d'éducation, où l'on admet un quintal de feuilles comme le produit d'un mûrier de cet âge, beaucoup au-dessous de celui de M. Camille Beauvais, de onze quintaux de cocons pour moins d'un hectare de sept ans d'une plantation en mûriers nains, et encore plus au-dessous de M. Amans Carrier qui, à Rhodez, obtient 8 à 9 quintaux de cocons avec la plantation de onze ans d'un 1/2 hectare de mûriers ; notre moyenne que nous faisons fléchir dans tous ses élémens sera donc beaucoup plus faible qu'élevée, et par conséquent nous pourrons la considérer comme représentant les chances de pertes qu'amènent le cours des saisons ou des accidens imprévus, et comme pouvant servir de base rationnelle à nos comptes de produit.

Cela posé, d'après nos données précédentes, la plantation aura coûté en moyenne en avances de toute espèce et perte de rente 800 fr. dont l'intérêt est de 40 fr. Si on ajoute 40 fr. pour la réserve annuelle nécessaire pour son renouvellement et la dépense d'engrais et de travail qu'elle exige, on aura en comptant la rente de l'hectare à 80 fr., pour la dépense annuelle en sol et plantation, 160 fr. pour produire dix quintaux de cocons, ci.   160 f.

Loyer du local ou intérêts de construction, 80 fr., ci. 80

240

Report. 240

Planches ou cadres de toiles, grands cadres
d'assemblage, 80 fr. en moyenne par quintal de
cocons, 800 fr. pour les dix quintaux; intérêts au
6 p. % à cause des dégradations et de l'usure
de la toile, 45 fr., ci 45

En tout. . . . 285

Ajoutant à cette somme les 50 fr. par quintal de cocons de dépenses en main-d'œuvre, etc., que nous venons
d'arbitrer, nous aurons 500 fr. pour les dix quintaux
produits, ou en tout, 785 fr. pour tous intérêts, frais,
dépenses, loyers et avances : le 172 kil. de cocons revient
donc à produire à 78 centimes.

Mais le prix moyen des cocons depuis vingt ans a été
de 2 fr. la livre, ou réduisant à 1 fr. 50 cent. pour aller
au-devant d'un fort abaissement de prix, nous aurons 1,500
fr. pour le prix des dix quintaux, d'où ôtant 785 fr. des
dépenses et intérêts, nous aurons 715 fr., soit 700 fr.
pour le produit net d'une éducation de dix quintaux de
cocons avec la feuille d'un hectare de sol.

Mais il est plusieurs dépenses que nous venons d'é-
valuer qui peuvent se modifier à l'avantage de l'éducateur;
et d'abord lorsque l'éducation se fait dans la maison, les
80 fr. de loyer ou d'intérêts de construction d'un local
spécial peuvent se supprimer : remarquons ensuite que
les dépenses dont la somme s'élève à 285 fr., sont en
grande partie des intérêts d'avance qui n'entraînent que
de petits déboursés quand la dépense est une fois faite;
que dans les 50 fr. de main-d'œuvre et de fournitures il
y a moitié à peu près de dépense pour cueillir la feuille,
ou 1 fr., 1 fr. 25 cent. de dépense par quintal; or cette
dépense ne peut s'élever à ce taux, qu'autant que les

mûriers ne sont pas greffés; mais elle diminuerait de beaucoup plus de moitié, comme nous l'avons vu, si les arbres sont jeunes et greffés, ou si l'on a beaucoup de mûriers nains : en outre, on a compté le prix des journées à toute sa valeur; mais lorsqu'une éducation se fait dans une exploitation rurale toute montée par les mains de la famille et des domestiques, le prix en sort beaucoup moindre et doit être le même que celui qu'on attache aux autres travaux ruraux d'exploitation; enfin il n'est presque aucune branche de culture agricole dont le produit net résistât à un pareil compte de frais, de main-d'œuvre et d'intérêts; il semble donc que, par tous ces motifs, on pourrait baisser beaucoup le prix de revient.

Un produit net qui donne au producteur, avec cette manière de poser compte, moitié à peu près de son produit brut, est donc bien avantageux, surtout si on le compare à la plupart des autres produits, dans lesquels le produit net est souvent à peine le quart du produit brut; et ces autres produits demandent un an au moins et souvent plusieurs années pour être réalisés; et ici, en deux mois de temps, on a commencé, achevé son travail et on l'a réalisé contre des écus.

Toutefois, il était nécessaire de supposer toute l'éducation faite à prix d'argent et de compter tous frais et intérêts d'avance; nous avons voulu faire ainsi le compte du propriétaire non exploitant qui voudrait entreprendre une éducation de vers à soie.

Ajoutons encore que dans toutes les suppositions que nous venons de faire, nous n'avons point fait entrer en ligne de compte les avantages que doivent produire l'emploi des procédés nouveaux et le perfectionnement des méthodes; et cependant ces méthodes vont s'améliorant de jour en jour d'une manière remarquable, elles nous offrent, comme nous l'avons vu, la perspective très-vraisemblable de voir s'élever d'un tiers encore le produit net, et elles vont être désormais connues et à la portée de tout le monde.

Comme la question que nous traitons aujourd'hui est, en résumé, la plus importante dans une industrie quelle qu'elle soit, nous l'envisagerons sous ses divers points de vue, nous allons d'abord essayer de faire à chacun de ceux qui s'en occupent, la part qui lui revient dans ce produit.

En Dauphiné, les magnaniers donnent 2/3 du produit brut à ceux qui leur fournissent le local et des arbres greffés, et moitié seulement lorsque les mûriers sont sauvageons. Dans le premier cas, le planteur reçoit une somme d'un tiers plus forte que celle que nous avons trouvée précédemment, nous avons donc porté les frais très-haut en les estimant à moitié du produit brut, puisque ce que se réserve ici le planteur surpasse d'un tiers la part du magnanier pour ses frais, sa main-d'œuvre et son bénéfice ; et cependant il paraît suffisamment rétribué, puisque ce prix s'est établi, alors que les cocons étaient beaucoup au-dessous du prix actuel.

Lorsque les mûriers sont sauvageons, l'éducateur ne donne que moitié et fournit souvent le local ; ce cas est le plus ordinaire, parce qu'en Dauphiné il y a beaucoup de feuilles non greffées.

La plus grande partie de la soie se produit dans cette culture à moitié, soit du métayer, soit du petit cultivateur-propriétaire : mais ces éducations à moitié sont de toutes les moins productives, elle ne produisent guère en moyenne que 6o livres de cocons par once, consomment plus de deux milliers de feuilles par quintal de cocons ; par cette raison nous réduirons leur produit net pour le propriétaire à 6oo fr. par hectare.

Cherchons maintenant quel serait le produit net dans le cas assez fréquent où le propriétaire vend sa feuille. En Vivarais, il la vend de 4 à 5 fr. le quintal, petit poids, ou 5 fr. 6o c. les 5o kil. ; réduisons à 5 fr. Le produit de l'hectare que nous avons évalué à 2o milliers de feuilles serait donc pour le propriétaire qui la vendrait de 1,ooo fr., et surpasserait, par conséquent, beaucoup le produit net que nous avons trouvé dans l'éducation en régie ; mais cette dépense en feuilles, laisse encore évidemment des bénéfices nombreux à l'éducateur ; les frais et avances que nous avons admis sont donc réellement beaucoup au-dessus de leur moyenne en Vivarais, et le produit net des vers à soie dans ce pays est donc plus considérable que celui que nous avons trouvé.

Dans le Dauphiné où les éducateurs sont moins habiles, et le climat plus sujet aux gelées de printemps et moins favorable, quoique plus chaud, le prix de la feuille est en moyenne de 3 fr. le quintal, petit poids, ou 3 fr. 5o c. les 5o kil. L'hectare en mûriers produirait donc 75o fr., produit d'un quart en sus de celui de l'éducation à moitié ; et remarquons bien que soit en Vivarais, soit en Dauphiné, les ventes de feuilles se font à la sortie de l'hiver, en *feuilles mortes*, et que toutes les mauvaises chances restent à l'acheteur. Mais ces ventes avantageuses de feuilles ne peuvent avoir lieu que dans les pays où les éducations sont nombreuses, et où il peut y avoir concurrence entre les acheteurs.

Si maintenant nous nous résumons sur tous les chiffres

que nous avons posés, et que nous veuillions faire à
chacun sa part, dans le produit; nous dirons que dans
150 fr., valeur d'un quintal de cocons, il entre pour 18
fr. de rente de sol, de frais et d'entretien de plantations.
Le propriétaire-producteur de feuilles ne dépense donc
que douze pour cent du produit total.

Maintenant, il faut à peu près en moyenne 32 journées
d'hommes, de femmes et d'enfans pour main-d'œuvre de
toute espèce, soit 36 fr.; il passe donc entre les mains
des ouvriers, de la classe qui a le plus besoin, 24 p. %
de toute la somme produite.

Comptant ensuite 18 fr. ou 12 pour cent du produit
pour les autres avances, pour loyer et fournitures, on a
en tout 72 fr. de frais sur 150 de produit, ou 48 pour
cent; il reste donc 78 fr. de produit net pour le planteur, qui élève lui-même, ou 52 pour cent du produit
total, résultat qui diffère peu de celui que nous avons
trouvé ci-dessus avec des élémens différens. C'est
donc dans toutes les suppositions le planteur qui a la
grosse part, et cette part est telle que le prix des cocons
en baissant de moitié, lui laisserait encore un produit
net; mais laissons cette supposition hors de toute vraisemblance, et revenons au prix moyen que nous avons
adopté, pour continuer de faire la part de chacun dans
les diverses conditions où se produit la soie.

Dans le cas de l'éducation à moitié, l'éducateur doit
prélever sur sa moitié de 75 fr. la main-d'œuvre, les
petites fournitures et souvent le local garni de ses claies,
soit 54 fr. Il lui reste donc 21 fr. du produit net, ou 14
pour cent du produit total. Le planteur n'a de déduction
à faire sur sa moitié que celle de son sol évaluée 18 fr.
Il lui reste 57 fr. en produit net ou 38 pour cent du
produit total, ou enfin plus du double de l'éducateur.

Lorsque l'éducateur en Vivarais, achète sa feuille 4 à 5 fr. le petit quintal, il dépense pour les 2 milliers de feuilles nécessaires pour produire son quintal de cocons 112 fr. qui arrivent au propriétaire des arbres. Ces 112 fr. ajoutés aux 54 fr. d'autres dépenses donnent une somme de 166 fr. qui constituerait l'éducateur en perte de 16 fr., ce qui est loin d'être la vérité; il faut donc qu'il trouve son bénéfice dans une moindre consommation de feuilles, dans une épargne de main-d'œuvre, ou un plus grand produit relatif de cocons.

En Dauphiné, avec la feuille à 3 fr. 50 cent. le quintal, l'éducateur dépense pour 72 fr. de feuilles qu'il paie au propriétaire, ou pour 42 fr. de moins que dans le cas précédent. Sa position semble donc beaucoup meilleure qu'en Vivarais où la concurrence est plus grande; mais nous pensons qu'il y a au moins équilibre, parce que dans le Vivarais les succès sont plus assurés, les produits plus grands par suite d'un climat moins chaud, d'un air plus pur et de plus d'habileté dans les éducateurs.

Dans les diverses suppositions que nous venons successivement de parcourir, le bénéfice reste en plus grande partie au planteur qui recueille, dans tous les cas, près de 40 p. o/o du produit total.

Mais comment se fait-il qu'avec des avantages si considérables qui ressortent de toutes parts aux planteurs, les plantations n'aient pas été plus nombreuses et plus étendues ?

C'est que dans les pays producteurs, on s'est trop long-temps rappelé avoir vu la soie proscrite en 93, qu'il a fallu remplacer presque tous les anciens mûriers détruits à cette époque, que l'esprit d'avenir existe moins que jamais dans notre pays, que l'usage des mûriers nains était peu répandu et que beaucoup ont reculé devant les plantations en plein-vent, qu'il faut attendre 10 à 12 ans avant d'en tirer un produit important; c'est que ces plantations ont été très-souvent faites au bord des chemins, le long des buissons, dans des places perdues et sans défenses contre les bestiaux, ou leur mauvaise position et le défaut de soins en ont fait des arbres rabougris et sans produit; c'est que les propriétaires ont eu à combattre les fermiers qui prenant toute la peine, faisant la plupart des avances et n'ayant qu'une part médiocre dans les bénéfices des éducations, opposent souvent une force d'inertie à la volonté du planteur; c'est qu'enfin, et surtout, ces plantations ne devant entrer en produit qu'après la fin du bail qui attache les fermiers à la propriété, sont non-seulement négligées, mais souvent même encore opprimées, soit d'abord par la mauvaise volonté du fermier, soit encore par les instrumens de culture ou les produits qu'ils cultivent à leurs pieds.

Quant aux pays non producteurs, les premiers essais de cultures nouvelles sont presque toujours faits par des gens aventureux qui durent peu, n'ont pas de constance, sont peu capables de soins et de détails, inspirent peu de confiance et dont les capitaux sont presque toujours épuisés avant la fin de l'entreprise. Leurs essais avec de pareilles circonstances, n'ont donc pas été toujours heureux, et quand ils l'ont été, on y croyait à peine parce qu'on s'exagérait leurs dépenses, en sorte qu'on a été peu porté à les imiter, là même où les succès eussent été les plus faciles.

Et puis quelques hommes habiles dont l'opinion était puissante, Bosc, entr'autres, avaient préconçu l'idée que les vers à soie ne pouvaient pas réussir passé le 46ᵉ degré. En vain, sous leurs yeux et dans les environs de Paris, quelques éducations isolées, celles de M. Bardet entr'autres, réussissaient chaque année, ils ont persisté dans leur opinion et l'ont proclamée et propagée au loin ; après eux quelques agronomes méridionaux, et entr'autres deux particulièrement dont le nom fait autorité, ont reproduit l'idée que les mûriers et leur industrie ne pouvaient prospérer au-delà de la limite dans laquelle ils s'étaient tenus jusqu'ici. En vain, de vastes étendues montagneuses dans le midi, plus froides que le climat de Paris, et dans lesquelles la vigne ne pouvait réussir, produisaient plus facilement et en plus grande abondance de la soie de meilleure qualité que les plaines méridionales elles-mêmes ; il n'a rien moins fallu que les succès de M. Poidebard et autres, dans les environs de Lyon ; les succès anciens et nouveaux dans le Bugey et sur les bords de la Saône, dans l'Ain ; les beaux produits des éducations du Bourbonnais ; ceux des montagnes froides de l'Aveyron et ceux plus concluans, plus précis et plus étendus de M. Camille Beauvais, près Paris, pour déterminer enfin dans les esprits l'entière conviction de cette double vérité, que sur une grande partie de l'étendue de la France, le climat et le sol sont favorables à cette industrie, et que la plantation des mûriers et l'éducation des vers à soie est l'entreprise agricole la plus productive que l'on puisse adopter. Chaque année des preuves nouvelles s'accumulent, les méthodes s'améliorent, de nouveaux procédés se découvrent pour produire plus et avec plus d'économie : les journaux répandent ces succès et ces espérances ; les convictions s'accroissent, s'étendent, et de toutes parts on plante, on veut planter ; de nouveaux établissemens se forment sur des dimensions inconnues jusqu'ici dans les pays les plus favorisés : le mouvement imprimé est donc déjà grand, mais il doit s'accroître encore : sans doute il faudra du temps, de la patience; on fera des fautes, on essuiera des mécomptes ; mais avec les données nouvelles, avec la connaissance bien répandue des meilleurs procédés sur un grand nombre de points on réussira, et la production de la soie prendra sa place parmi les plus grands produits agricoles.

DIX-HUITIÈME LETTRE.

DE L'AVENIR DE L'INDUSTRIE DE LA SOIE EN FRANCE.

Dans les circonstances critiques où nous nous trouvons, circonstances qui, en frappant plus ou moins toutes les industries, toutes les fabrications, tous les mouvemens commerciaux, semblent atteindre plus spécialement la production et la fabrication de la soie, nous ne sommes pas placés pour la juger favorablement : toutefois, en combinant l'état présent des choses avec ce qu'il était précédemment, il en pourra sortir des idées justes sur le sort ultérieur qui attend cette industrie : le passé doit nous éclairer sur l'avenir; déjà, à plusieurs reprises, nous avons vu les diverses fabrications atteintes, mais la crise n'était pas aussi grave qu'elle l'est dans ce moment. Aujourd'hui, elle ne semble effectivement pas seulement due, comme par le passé, à un trop plein de fabrication, dont l'écoulement finit la crise au bout de peu de temps; elle vient surtout d'un ébranlement général du crédit; elle vient de ce que de toutes parts on a abusé de cette grande ressource commerciale; de ce qu'on a mis en circulation des valeurs fictives en trop grande proportion avec les valeurs matérielles, et qu'on a presque partout entrepris au-dessus de ses forces.

Le crédit, source de richesse des états modernes, est

un élément presque nouveau dans le développement de la richesse publique. C'est à lui qu'est due en grande partie la prospérité de l'Angleterre, et celle plus étonnante et surtout plus rapide des Etats-Unis : c'est un moyen immense puisqu'il permet à un pays de tripler, quadrupler et décupler même, quand il abuse, sa richesse réelle; mais autant son usage est utilé, autant son abus est dangereux.

La secousse actuelle est partie des Etats-Unis: l'un de ses premiers effets a été de leur faire suspendre leurs demandes des objets de consommation; ils eussent pu, au moment où leur crédit chancelait, faire de grandes demandes qui leur eussent été expédiées: Lyon était sans défiance et n'expliquait que par un trop plein la suspension des commandes ; mais cette suspension n'a été que la réaction de l'ébranlement du crédit. La défiance, dans ce pays, a atteint toutes les valeurs fictives en circulation; de toutes parts on a voulu réaliser, en sorte que l'argent s'est resserré, et la circulation n'a plus eu pour solder les comptes commerciaux qu'un papier altéré dans sa valeur : de là, de toutes parts, des gênes, des embarras, des suspensions de paiement et, enfin, des faillites. Le mal a été plus sensible dans les banques, soit particulières, soit d'association, établissemens spéciaux de crédits, fondés sur des valeurs effectives 5, 6, 10 fois moindres que les valeurs fictives qu'elles mettent en circulation. Après les petites banques des provinces et des petites villes, après celles des particuliers, les grandes banques, celles de New-York, Philadelphie, Washington, ont été atteintes, ont suspendu leurs paiemens en numéraire et ne donnent plus que leur papier pour acquitter leurs engagemens : bientôt la plupart des particuliers n'ont pas pu ni voulu acquitter leurs engagemens en numéraire ; de là une suspension presque générale de paiement et de circulation de métaux; toutefois ce n'est pas là heureusement encore une déroute, les papiers des grandes banques ne perdent que 8 ou 10 p. °/₀, et on espère que la dépréciation ne s'accroîtra pas et que, par conséquent, le crédit finira par se relever.

Ce résultat fâcheux est la suite nécessaire de leur manière d'agir; car les chiffres des états de situation qu'on a donnés prouvent que les engagemens des meilleures banques d'association étaient au moins quintuples de leurs capitaux. On conçoit que la plupart des banques particulières qui résistaient encore ont dû suivre cet exemple, et cette opération qui laisse, en quelque sorte, debout les grandes banques d'association, frappe plus sévèrement les banques particulières.

On conçoit que les correspondans européens n'ont pas dû être traités avec plus de faveur que les nationaux, et les maisons qui avaient pris des engagemens sur la foi des paiemens d'Amérique suspendent elles-mêmes leurs paiemens : de là un ébranlement général, beaucoup plus grand en Angleterre qu'en France, parce que l'Angleterre est à découvert vis-à-vis de l'Amérique de sommes dix fois plus fortes que la France.

Ce mouvement qu'aurait toujours produit sous peu en Amérique la tension exagérée du grand ressort commercial du crédit, paraît avoir été avancé par la manière vive et brusque dont le président Jakson a attaqué les grandes banques. On a dit que c'était dans l'intention de réprimer l'espèce de supériorité aristocratique que les banquiers usurpaient dans le pays, en raison de leurs richesses; nous ne pensons pas que ces vues étroites aient

déterminé l'opinion de cet homme d'état : sa pensée,
nous le croyons, était plutôt d'empêcher cet enfantement de richesses factices qui avait envahi l'Union. Dans
ce pays, tout homme se fait riche de sa propre fortune
mobilière et immobilière, et, en outre, de toute l'ex-
tension de crédit qu'il peut avoir; tous les individus,
dans toutes les positions, travaillent à s'agrandir et sont
comme atteints d'une activité fiévreuse qui les pousse à
chercher les moyens de devenir promptement plus riches.
Le propriétaire lui-même souvent se jette dans des entreprises de canaux, de chemins de fer, de constructions
de maisons, d'établissemens de manufactures. Le marchand, lorsque sa partie n'offre pas un développement
suffisant à son activité, en embrasse d'autres dont il
attend de plus grands bénéfices. Par suite, la richesse
territoriale, la valeur des bâtimens, celle des établissemens eux-mêmes, se trouve en quelque sorte deux ou
trois fois en circulation par l'émission du papier du propriétaire. Tous ces spéculateurs travaillent avec leurs
capitaux, mais surtout avec ceux que la confiance publique leur permet d'émettre pour de l'argent.

Après cela, dans chaque province, chaque ville un peu
importante, les individus les plus aisés, qui déjà usaient
de leur crédit pour leurs entreprises particulières, se sont
unis pour des associations, dont ils font des banques
d'union, en sorte que chacun d'eux use deux fois de son
crédit, une fois comme particulier et une fois comme
membre de l'association. Une quantité prodigieuse de
valeurs fictives a donc été créée; et, avec ces valeurs, sur
tous les points de l'Union, on se livrait aux entreprises
les plus hardies. Le pays a grandi avec cette mine nouvelle; on a fait beaucoup de choses et entrepris de plus

16

grandes encore; si cela eût pu continuer dix ans de plus sans secousse, la prospérité américaine eût été immense; mais on ne peut toujours marcher avec des fictions : les états, avec leur papier monnaie, arrivent à la banqueroute; dans un pays, lorsque chaque particulier produit son papier monnaie, la chose arrive encore plus facilement, et la crise est bien autrement terrible.

En Amérique, les particuliers font de fréquentes faillites; mais ces faillites ne font qu'atteindre un moment leur crédit, très-peu leur réputation, et leur permettent presque toujours de se relever. Nous remarquerons en passant qu'en Europe la loi frappe de réprobation la faillite et les faillis; les banqueroutes y sont beaucoup moins fréquentes qu'en Amérique où la loi et l'opinion les excusent : cet état de choses nous donne, dans nos relations réciproques, un grand désavantage, d'autant plus que l'expérience ne corrigera pas les Américains. Les mêmes abus de crédit ont déjà souvent déterminé des crises analogues : en 1812, 1814 et 1818 elles se sont renouvelées, les papiers des banques dépassaient souvent vingt fois leur capital effectif; leur dépréciation tomba jusqu'à 3o, 4o et 5o p. %; mais chaque fois le crédit s'est rétabli : maintenant que la dépréciation est cinq à six fois moindre, il est bien à croire que la confiance ne tardera pas à se rétablir.

Lorsque les états émettent des papiers monnaies, une crise tue ces valeurs fictives sans qu'elles puissent se relever; mais quand ce sont des valeurs émises par des entreprises particulières, l'intérêt est si grand, l'appât si puissant, que le crédit et, par conséquent, la circulation des papiers reprennent et que bientôt la faculté de pouvoir puiser dans une mine inépuisable en fait de nouveau abuser. Aussi long-temps donc que la législation des États-Unis ne mettra pas un terme à cet énorme abus, les affaires seront dangereuses avec eux, et, par conséquent, le débouché qu'ils nous offrent présente de grandes chances de perte avec des bénéfices restreints; mais il a pris une étendue qui le rend nécessaire à notre fabrication de soie, puisqu'il en absorbe au moins le cinquième, autant que notre propre consommation. Qu'on l'emploie donc puisqu'il est nécessaire; mais que ce soit avec beaucoup de mesure et avec des précautions qui se justifieront de reste par les pertes et les craintes qu'ils nous font éprouver.

Mais la richesse matérielle ne peut s'évanouir, l'ébranlement est momentané, il se calmera peu à peu. Les établissemens, les capitaux effectifs resteront, et la richesse américaine en partie déplacée renaîtra, et nous y retrouverons par conséquent le débouché nécessaire de notre industrie : ce débouché pourra être sans danger quelque temps; mais notre défiance devra renaître aussitôt que nous verrons recommencer dans ce pays la fièvre générale des spéculations et des entreprises gigantesques.

Il doit sortir pour nous de ces événemens une grande et utile leçon ; notre état social a besoin de grandes régles pour limiter, soit pour les particuliers, soit pour les associations, une trop grande émission de papiers. D'une part il semblerait que les gouvernemens ne devraient accorder des chartes d'établissemens de banque qu'à un petit nombre de places commerciales, auxquelles elles sont nécessaires; et pour contenir l'avidité des particuliers qui, naturellement, est toujours tentée d'outre-passer la juste mesure dans l'émission de papiers producteurs de bénéfices, les lois devraient flétrir et punir de peines graves tout négociant ou directeur de banque qui engagerait son crédit au-delà d'une certaine limite fixe, en rapport avec son capital; on défendrait à tout particulier, non pourvu de patentes commerciales, toute signature de lettres de change, et aucun négociant ne pourrait émettre de billets à ordre que sur des négocians eux-mêmes. Si l'on ne se détermine à de pareilles mesures, tous les huit à dix ans et plus souvent peut-être on verra renaître des crises nouvelles dont l'effet immédiat altère la probité commerciale et particulière, et ne frappe pas seulement les hommes avides et imprudens qui en ont abusé, mais encore une foule d'hommes de bonne foi qui leur ont confié toute leur fortune et leur avenir.

En France, c'est surtout la soierie qui s'est ressentie de ce mouvement. Nous fournissions, dans ces dernières années, pour plus de 5o millions par an de soierie fabriquée aux Américains. Sur cette somme, 2o millions sont, à ce qu'il semble, encore dus; avec cet arriéré, les Américains, depuis un an, n'ont plus fait de demandes; et comme la production et la fabrication avaient été très-grandes en 1835, et qu'on avait livré de grandes masses à tous les consommateurs d'Europe, il en est ré-résulté un trop plein; par suite, mais plus encore par l'effet de l'ébranlement du crédit américain qui s'est plus ou moins fait sentir à toutes les valeurs analogues en Europe, les demandes ont été beaucoup réduites, et les fabricans craignent de se hasarder.

Mais de nouvelle soie se produit, et l'ancienne n'est pas toute employée, le travail doit donc reprendre: les ateliers, les ouvriers, et tout le matériel nécessaire, les filateurs, les mouliniers, les tisseurs, sont là et devront travailler la matière première produite ; la baisse des prix commencera à déterminer quelques demandes ; les prix seront faibles pendant quelques instans ; après l'ébranlement fini, les magasins vides profiteront de la baisse pour se remplir ; les vêtemens anciens devront se remplacer ; les demandes, en croissant, détermineront une hausse nouvelle, et nous verrons bientôt un équilibre heureux se rétablir. C'est là la marche naturelle et nécessaire des choses, celle qui s'observe dans toutes les parties, à la suite de crises pareilles.

Après ces considérations sur les circonstances actuelles, qui ont produit l'état exceptionnel où nous nous trouvons pour la production et la fabrication de la soie, nous allons considérer les choses dans leur état naturel, et telles qu'elles paraissent devoir se rétablir après la crise. Toutefois, l'état présent nous aura servi à modifier en quelque chose nos résultats et à réduire nos chiffres que la haute prospérité des années précédentes aurait nécessairement conduit à élever.

Nous commencerons d'abord par examiner l'état ancien de l'industrie de la soie ; nous suivrons les progrès qu'elle a faits depuis peu, leurs causes, leur marche, leur développement ; nous examinerons ensuite les différentes circonstances qui caractérisent et modifient la production et la fabrication dans les diverses classes qui s'y livrent ; nous analyserons les débouchés actuels pour arriver à ceux qui peuvent survenir, et nous finirons par balancer les chances probables qui peuvent, dans l'avenir, les restreindre ou les agrandir.

§ I.

Nous ne nous occuperons pas d'évaluer la quantité de
soie produite avant la révolution ; elle était considérable et suivait à cette époque un mouvement ascendant
presque égal à celui qui la pousse maintenant. Mais pendant les dix années de plus forte tourmente, elle s'ar-
rêta presque entièrement ; les trois quarts des mûriers
furent arrachés ; ce ne fut guère que sous l'Empire qu'ar-
riva une espèce de renaissance. Mais ni la matière première, ni les étoffes qu'elle tissait, ne s'élevèrent à un
prix capable d'encourager beaucoup la production.

D'après les recensemens faits pendant cinq années, de
1808 à 1812, le ministre Chaptal a recueilli que la production des mûriers était, en France, de 5 millions 200
mille kil. de cocons, qui fournissaient en moyenne 500
mille kil. de soie filée ; on tirait en outre de l'étranger
ou plutôt des parties réunies de l'Italie, moitié de cette
quantité.

Nous avons précédemment offert quelques données sur
la production actuelle ; mais ces données nous semblent
moins complètes que celles que nous trouvons dans un
travail que M. Arlès Dufour, membre de la chambre de
commerce de Lyon, a publié depuis peu ; il semble qu'on
peut et doit y avoir confiance : par conséquent, nous
admettrons tous les chiffres qu'il adopte pour base de ses
calculs, en nous permettant seulement de modifier ses
résultats, lorsqu'ils ne nous sembleront pas d'accord
avec les données les plus probables.

M. Arlès habite la grande métropole des soies ; il fait
partie d'une association qui recueille tous les renseignemens, ceux officiels et ceux des particuliers. Les chiffres

qu'elle reçoit des uns et des autres peuvent être contrô-
lés, amendés et modifiés, parce qu'elle puise ses lumières chez les producteurs de soie, les filateurs, les mouliniers, les fabricans, les tisseurs, les teinturiers, les
commissionnaires, et enfin auprès de toutes les classes
intéressées à ce grand travail, et qu'elle complète et
rectifie les données particulières par les registres des
douanes, et tous les renseignemens que le gouvernement
peut lui fournir.

L'exportation totale de la France a été, pour les années dernières, de 1829 à 1835, de 2,575,000,000. Dans
cette somme, les soieries sont entrées pour 857 millions,
ou pour plus d'un tiers de la somme totale; et la vente a
été en croissant, elle était de 115 millions en 1829, et
elle a été de 144 en 1835.

Mais cette somme doit être encore beaucoup modifiée:
en douanes pour l'exportation, les soieries ouvrées sont
estimées 100 fr. le kil.; mais en prenant un moyen terme
entre le prix des soieries unies et celui des soieries
façonnées, elles se vendent en moyenne 126 fr. En
comptant ensuite 12 à 15 millions de soieries non doua-
nées, introduites en fraude en Angleterre, en Espagne,
en Allemagne, et modifiant le chiffre 144 millions de
douanes de 1835, d'après le prix réel de vente, l'exportation se serait élevée à une valeur effective de 195
millions, dans lesquels Lyon entre pour 122; St-Etienne
et St-Chamont pour 48; Nîmes, Avignon et Paris pour 18.

Mais la France consomme pour 50 à 60 millions de
soieries: en tout, la production s'élève donc à 250 millions, somme double de ce que produit l'industrie du
fer et les industries accessoires qu'elle alimente.

Les soies étrangères importées sont cotées en douanes

pour 5o millions, mais les déclarations portent à 4o fr. le kil. de soie qui s'est néanmoins vendu en partie 75; nous aurions donc, en 1835, payé à l'étranger 6o millions, qui pourraient et devraient être produits par notre sol.

Si l'on veut maintenant avoir le poids de la soie grège, c'est-à-dire de la soie telle qu'elle sort de la main du filateur, nous remarquerons que la douane a enregistré, à la sortie, 1,15o mille kil. de soie ouvrée, et qu'on peut porter à 1oo mille celle passée non douanée. M. Arlès évalue ensuite à 428 mille kil. la consommation intérieure; en tout 1,678 mille kil. Mais au décreusage, moulinage, ourdissage, etc., les soies perdent 25 p. $^o/_o$; la soie non ouvrée pesait donc 2,237,000 kil.; sur quoi les étrangers en ont fourni, d'après les registres des douanes, 9oo mille, et par conséquent l'agriculture française 1337 mille (1).

Si toute la soie eût été vendue 75 fr. le kil., nous aurions payé aux étrangers une somme de 63 millions, et nos producteurs de soie en auraient reçu 1o3; mais, sur ces sommes, les marchands de soie et les filateurs ont réalisé de gros bénéfices que M. Arlès Dufour n'évalue pas. Si notre agriculture a reçu 9o millions pour sa soie pro-

---

(I) M. Arlès Dufour porte à 1200 mille kil. la soie grège produite en France; cependant, en la déduisant des chiffres qu'il pose, en supposant le déchet de 25 p. $^o/_o$ ou d'une livre sur quatre, elle s'élèverait à 1337 mille, et nous serions même disposé à penser que la quantité produite serait encore supérieure. La soie étrangère peut être évaluée exactement; mais il reste de l'incertitude sur la quotité de la soie indigène; nos anciennes données nous avaient fait évaluer à 1600 mille kil. la soie produite en France; en prenant un moyen terme nous la réduirions à 1500 mille.

duite, elle en a dépensé 3o au plus, et, par conséquent, elle en a réalisé 6o de bénéfice net. Mais nous avions 5oo mille kil. pour les produits moyens de 1812; le produit de 1337 mille, en 1835, aurait donc augmenté dans le rapport de 10 à 26 ou même de 1 à 3, si on adopte notre opinion.

L'accroissement de produit depuis douze à quinze ans est dû particulièrement à des plantations nouvelles qui se sont faites successivement et qui, chaque année encore, croissent en nombre. Ces plantations nouvelles sont au moins doubles des anciennes : bien jeunes encore, quoiqu'offrant beaucoup de mûriers nains, elles ne produisent pas moitié de ce qu'elles produiront plus tard; à elles seules donc, avant dix années écoulées, elles donneront une quantité de soie égale au moins à celle que nous tirons de l'étranger, et néanmoins nous en demanderons encore au dehors parce que nous y trouvons des qualités que nous ne produisons pas, ou par faute de notre climat, ou plutôt par faute de nos filateurs et de nos mouliniers.

Mais, à aucune époque, le progrès dans les plantations et dans les méthodes ne s'est annoncé avec autant d'étendue, les plantations grandissent beaucoup dans les pays producteurs, et elles surgissent de toutes parts dans des pays nouveaux. Une impulsion puissante semblerait se répandre jusque dans le centre et le nord de la France; les mûriers pleins-vents, les mûriers nains greffés et sauvageons, les mûriers multicaules, sont plantés par centaines de milliers; ils ont beaucoup augmenté de prix, et néanmoins les pépinières sont partout épuisées. En 1837, alors que la réaction sur les prix de la soie se faisait déjà sentir, les plantations ont encore continué, et quand même elle se prolongerait sur 1838, ce qui n'est pas probable, elles continueront encore, tant le mouvement imprimé était puissant.

Voyons maintenant quelle est l'étendue de sol occupé par les plantations qui existent, quelle serait celle nécessaire à un produit double et quelles circonstances en pourraient naître.

§ II.

Dans l'état actuel des choses, un hectare planté de mûriers, en valeur, produit en moyenne 5o kil. de soie filée. Les 15oo mille kilog. produits seraient donc donnés par 3o mille hectares ou 1/18oo du territoire français, en supposant toutes les plantations en produit.

L'essor rapide que prennent de toutes parts les plantations nous donne lieu de croire qu'avant quinze ans l'espace occupé par les mûriers serait au moins double et occuperait par conséquent 1/9oo du territoire, étendue qui, par suite des progrès dans les procédés, produira au moins le double du produit actuel. Mais ce surplus de matière première dû aux plantations nouvelles et au développement des anciennes, ne sera produit que successivement, et ce n'est que dans vingt-cinq ou trente ans peut-être qu'il sera tout entier offert à la fabrique. Si, par suite de produits plus forts que la consommation, le prix de la matière première venait à fléchir d'une manière durable, voyons ce qui se passerait.

La diminution ne peut être de moitié sur les prix actuels, mais supposons un moment qu'elle descende à ce taux et qu'elle s'y maintienne, ce qui est loin de toute probabilité, quel serait le résultat?

Les 20 milliers de feuilles par hectare produisent, comme nous l'avons dit, 5o kil. de soie filée ou 55o kil. de cocons ; or, il en coûte, sans compter la feuille, 8o à 100 fr. de tous frais pour produire 100 kil de cocons, ou en prenant le plus haut chiffre de dépense 55o fr. par hectare : en portant à 2 fr. le prix du kil., moitié du prix moyen de 4 fr. des ventes depuis dix ans, on aurait 1100 pour le produit d'un hectare ; d'où, ôtant 55o fr. pour frais, il reste pareille somme de 550 fr. pour représenter le produit du sol et des arbres, produit encore beaucoup supérieur à presque tous ceux de l'agriculture. On voudra donc encore recueillir le produit quoique bien affaibli, et la production se soutiendrait encore en encourageant les productions, pendant que le prix du kil. de cocons ne descendrait pas sensiblement au-dessous de 2 fr.

Cette baisse atteindrait aussi nécessairement les prix de main-d'œuvre du fabricant, et nous verrions par suite s'accroître la direction déjà imprimée à la fabrique des étoffes unies de se porter à la campagne, de se fabriquer aux métiers mus à l'eau ou à la vapeur. Il en résulterait alors que les tissus de soie devenus moins chers par la baisse de prix de tous les élémens qui les produisent, la consommation des étoffes unies passerait dans la classe moyenne, classe dix fois plus nombreuse que la classe riche, remplacerait pour ses jours de fête les étoffes de coton, mates, peu durables et sans consistance. Déjà nous voyons la soie au prix où elle est faire partie des vêtemens des femmes aisées de la campagne : nous la voyons recouvrir, dans beaucoup de maisons, de son tissu brillant, les meubles des appartemens, remplacer aux lits et aux croisées le frêle calicot : cet emploi pour ameublement en consomme une tout autre quantité que les vêtemens.

La soie en se multipliant, en se fabriquant économiquement, ne subirait pas le sort des étoffes de coton, désormais bien peu chères sans doute, mais encore moins durables. La durée de la soie est presque indépendante de la volonté du fabricant; son fil ne peut s'affaiblir en le filant, le tordant, comme le coton; on ne le brûle pas au blanchissage, comme lui. La soie, en diminuant de prix, conservera donc encore ses avantages; elle conservera donc aussi tous ses débouchés qu'elle verra s'accroître avec les consommateurs nouveaux qu'elle aura trouvés, à mesure que ses prix deviendront abordables à un plus grand nombre.

Mais, ce mouvement qui s'opérerait dans notre pays, s'étendrait de même dans les autres. L'aisance est plus générale dans le reste de l'Europe qu'en France : de toutes parts on voudra profiter de la baisse; et cette baisse cesserait alors petit à petit pour laisser les choses remonter à un taux aussi éloigné au moins de la baisse extrême que de la hausse excessive des années dernières; et si, par impossible, nous voyions se prolonger en Europe les prix très-bas, nous verrions arriver quelque chose d'analogue à ce qui se passe en Chine : la soie, dans ce pays producteur de coton d'excellente qualité, est-néanmoins devenue le vêtement national; elle y habille les hommes, les femmes, toutes les classes de la nation et jusqu'à l'armée; toutefois les circonstances sont notablement différentes; la Chine presque entière produit de la soie, pendant qu'en Europe une très-petite portion seulement élève des vers à soie, et que la plus grande partie n'y pourrait réussir; et puis la Chine, sans communication avec les étrangers, doit consommer, à elle seule, presque tout ce qu'elle fabrique, pendant qu'en Europe, malgré les douanes et les prohibitions, chaque pays verse à ses voisins une partie de ses produits.

Mais sortons de ces hypothèses tout à fait sans vraisemblance, pour revenir aux conséquences naturelles d'une baisse de prix qui ne serait pas excessive et qui, cependant, augmenterait beaucoup la consommation; une fois la soie passée dans la consommation générale, elle devient en quelque sorte une nécessité; alors sa production, sa consommation et son commerce, peuvent bien éprouver quelques oscillations de prix, mais ces oscillations ne seraient que momentanées.

Dans la période où nous nous trouvons, toute crise de longue durée dans cette fabrication est sans vraisemblance : avec le développement de luxe et d'aisance qui s'annonce de toutes parts, les demandes et la consommation doivent beaucoup s'accroître. Les Etats-Unis qui nous consomment pour 5o millions de soie, doublent tous les vingt ans en population, et par conséquent nous offrent des consommateurs toujours croissans en nombre. La crise qu'ils éprouvent maintenant ne peut être durable; leur richesse matérielle ne peut s'évanouir; l'ébranlement n'est que momentané; les capitaux effectifs, les grands établissemens restent tout entiers; les hommes, leurs besoins, leurs habitudes et leurs fantaisies, subsistent; notre fabrique de soie y retrouvera donc bientôt ses consommateurs, dont le nombre et les demandes croîtront avec le temps : c'est à nous à nous livrer à ce débouché avec la réserve convenable.

Bien plus encore, la paix reviendra au Mexique et dans toute cette immense Amérique du Sud, qui porte maintenant si cruellement la peine des progrès politiques qu'elle a voulu réaliser avant le temps. Ce pays, que la nature a doté de mines inépuisables de métaux précieux et du climat le plus riche du monde, une fois pacifié, doit être le plus grand consommateur des tissus de soie, que sa métropole, encore plus malheureuse que lui, ne peut lui fournir qu'en bien petite proportion.

En nous résumant sur ce sujet, tous les débouchés que nous faisons entrevoir, l'usage de la soie passé dans les classes inférieures, l'accroissement général d'aisance et de luxe dans l'ancien et le nouveau Monde, nous garantissent, au milieu même de la crise où nous nous trouvons, que la baisse ne peut être de longue durée, et il n'est pas sans vraisemblance que la consommation et les consommateurs pourraient, comme nous l'avons vu dans ces derniers temps, croître même encore plus vite que la production.

Il est à remarquer qu'aucune matière n'offre une aussi grande variété de tissus que la soie; elle produit les étoffes unies, les étoffes façonnées, brochées de toute espèce, les velours sous leurs différens aspects, les gazes, les crêpes de diverses sortes, les tissus les plus légers comme les plus chauds, les habillemens de toutes les saisons, des vêtemens pour les classes diverses qui ont un peu d'aisance; elle devient mate lorsqu'on l'emploie à l'état de fleuret, se mêle à la laine, au cachemire, au coton; elle ajoute à presque toutes les matières premières de l'éclat, de la durée, de la force; elle fournit les fils pour tout usage, les tulles, les blondes, les rubans; elle s'est emparée de toute la chapellerie; la mode peut bien l'atteindre sous quelques-unes de ses formes, abandonner quelques-uns de ses tissus; mais

comme nos industriels la mettent dans presque tous,
comme à elle seule elle présente une immense variété,
comme c'est un protée qui se reproduit partout, on peut
dire que sa consommation est en quelque sorte indépendante des caprices et des fantaisies de la mode, de cette
espèce de tyran dont nous subissons volontairement le
joug.

Remarquons ce qui s'est passé pour les étoffes de coton en Angleterre : cette fabrication y a décuplé depuis
quarante ans, et cependant elle a essuyé des crises nombreuses; en 1825, entr'autres, elle sembla succomber
sans pouvoir jamais se relever, et cependant elle a doublé au moins depuis cette époque, mais, toutefois, sans
retrouver ses prix anciens.

Autant en pourrait arriver dans notre pays; nous y
avons pour la production de la soie, sur l'Angleterre,
dans sa production de cotonades, un grand avantage,
c'est que notre sol produit la matière première qui est
dé près de moitié dans les prix de vente, tandis que
l'Angleterre tire tous ses cotons du dehors.

La guerre ralentit bien un peu, mais n'empêche pas
l'exportation de la soie qui trouve toujours moyen de
se continuer par la contrebande ou les neutres. Ainsi la
Russie consommait presque autant de nos étoffes pendant la guerre avec Napoléon, que dans les années qui
ont suivi. L'Angleterre en recevait presque autant par
contrebande pendant la prohibition qu'après la levée.

Lorsque survint la révolution de 89, la production
de la soie grandissait beaucoup, des essais nouveaux
encore l'introduisaient avec succès dans de nouveaux
pays : si le mouvement se fût continué, en moins de
vingt-cinq ans, nous serions arrivés au point où nous en

sommes aujourd'hui; mais, par suite de la direction excentrique des esprits, la soie fut en quelque sorte proscrite, et les mûriers furent presque partout abandonnés ou détruits. L'effet produit en France retentit ailleurs, en sorte que la production et l'usage de la soie s'arrêtèrent presque partout pendant dix ans au moins. Lorsque la grande tourmente fut finie, sur la fin seulement du règne de Napoléon, la production recommença à s'établir; en sorte que cette industrie, qui appartenait particulièrement aux nations les plus agitées par les événemens, la France, l'Italie et l'Espagne, n'a pas encore eu le temps de faire les progrès qu'ont fait les autres entre les mains des Anglais, et nous arrivons seulement pour elle au développement du mouvement ascendant qui a fait grandir les autres industries en Angleterre et sur le continent, depuis trente ans. Dans ce mouvement ascendant pour la soie, il doit arriver ce qui a eu lieu pour les autres fabrications; l'industrie en progrès, en se portant spécialement sur une partie, améliore tous les procédés; la production devient plus considérable, plus économique, les prix fléchissent, et cependant les producteurs font encore de gros bénéfices, souvent supérieurs à ceux qu'ils faisaient précédemment: ce serait là aussi, à ce qu'il nous semble, la destinée probable de la production et de la fabrication de la soie.

§ III.

Mais examinons un peu le mécanisme de cette industrie, sa distribution dans les différentes classes qui s'en occupent, et la position de ces classes les unes par rapport aux autres.

La France renferme 84 mille métiers et Lyon seul 40
mille; ces métiers occupent 150 mille ouvriers qui fabriquent une valeur de 250 millions d'étoffes de soie;
mais dans cette valeur, il entre pour 150 millions de
matière première, dont les deux tiers sont la part de
notre agriculture, et l'autre tiers celle de l'agriculture
étrangère. Or, sur les 90 à 100 millions produits par
notre agriculture, il y aurait, d'après les données de nos
lettres précédentes, 20 à 25 millions de main-d'œuvre
pour les ouvriers de la campagne, qui, presque tous
occupés pendant l'année de travaux agricoles, reçoivent
cette somme comme grand moyen d'accroissement d'aisance : retranchant encore une pareille somme nécessaire
à peu près en avances et frais de toute espèce, il resterait 50 millions de produit net pour l'éducateur-proprié-
taire. La part qui resterait à la fabrication serait donc
de près de 100 millions qui doivent se répartir entre les
filateurs, les mouliniers, les marchands de soie, et qui
représentent les frais de teinture, le salaire des 150
mille ouvriers et le bénéfice du fabricant-commission-
naire. Une dernière sous-répartition ne laisserait pas
une forte somme à chaque famille d'ouvrier. Les avantages de la fabrication, comparés à ceux de la production,
sont donc médiocres et sujets à des chances fâcheuses;
cependant on doit encourager ces deux branches d'industrie nécessaires l'une à l'autre, qui se font valoir réciproquement, et qui offrent les plus sûrs et les plus
grands débouchés.

Il n'y a pas, dans la production agricole de la soie,
de grandes constructions de machines importantes, ni
un personnel spécial qu'il faille absolument occuper sous
peine de tout perdre : ce personnel appartient tout en-

tier à l'agriculture qui manque encore de bras presque partout, et qui emploierait volontiers les bras oisifs si on était obligé de ralentir la production.

On pourrait donc, au besoin, la modérer en trouvant encore l'intérêt de ses avances en terrain, plantations et constructions. Mais de pareilles circonstances, si elles arrivaient, ne pourraient être que temporaires; quand une fois un tissu, comme la soie, qu'aucun autre ne peut remplacer pour sa légèreté, son éclat et sa durée relative, a pu arriver par son prix aux classes nombreuses et à des usages multipliés, il devient un besoin qui peut ralentir, mais non suspendre ses demandes, et il renaît bientôt plus fort et plus avide de consommation, comme cela arrive dans les crises qni frappent momentanément les étoffes de laine et de coton.

Le commerce et la fabrication de la soie se font d'une manière très-différente de ceux des autres tissus; les diverses opérations qui les composent appartiennent à des classes spéciales : le producteur de soie vend au filateur; le filateur vend son fil au moulinier qui le prépare; le marchand de soie achète de ce dernier et tient la matière première à la disposition du négociant fabricant; le commissionnaire reçoit des demandes dont il est le garant et les transmet au fabricant; le fabricant achète la soie, la remet au teinturier puis à l'ouvrier tisseur, fait apprêter l'étoffe et la livre enfin à son commissionnaire.

Nous n'entrerons pas dans les raisons qui ont fait établir cette division de travail et de responsabilité qui permet à chacun de faire mieux la chose., de la faire à moindres frais. Nous nous bornerons à en examiner les conséquences.

Celui donc qui fabrique ou plutôt qui fait fabriquer la

soie travaille beaucoup plus sûrement que le fabricant de laine ou de coton ; il ne travaille presque jamais qu'à mesure des demandes ; la matière première est si chère qu'il faudrait trop de capitaux pour pouvoir fabriquer à l'avance. Le petit nombre qui s'y hasarde réalise le plus souvent de grands bénéfices, parce qu'il ne fait cette spéculation que dans les momens de morte où la soie a baissé et où l'ouvrier travaille à des prix réduits. Une hausse marquée suit toujours les stagnations pendant lesquelles les magasins se vident. Pendant que le fabricant de laine et de coton doit élever d'immenses constructions pour ses ouvriers et tous les détails de sa fabrication ; pendant qu'il doit fournir toutes les machines et toute la main-d'œuvre pour filer, tisser, teindre et apprêter ; pendant qu'il doit produire sans attendre la demande et alors même qu'elle se ralentit ; que l'intérêt de son gros capital lui commande de faire travailler, fût-ce même à perte ; qu'il doit enfin faire lui-même la vente de ses produits aux marchands en détail ; le fabricant de soie ne fait travailler qu'à mesure des demandes, achète pour ses ouvriers la soie filée que le teinturier et le tisseur lui rendent toute fabriquée, et la livre au commissionnaire qui la lui a demandée avec un bénéfice presque immédiatement réalisé.

Sans doute les commissionnaires essuient encore bien des pertes, et dans ce moment un assez grand nombre est menacé par le retard qu'éprouve la rentrée des fonds américains ; mais leurs pertes sont bornées, parce qu'ils n'ont aucun matériel ni personnel sur les bras comme dans les autres commerces où la fabrique et tous ses détails, la commission et ses risques se trouvent réunis dans une même main.

Par ces motifs, les crises qui ont ruiné naguères la moitié des fabriques de coton et beaucoup de fabriques de laine, en s'étendant sur la soie, n'ont presque entraîné de chute que celles prévues depuis long-temps ; aussi, de toutes nos villes de commerce, la place de Lyon est-elle regardée comme la plus sûre et la moins sujette aux sinistres. Cette industrie, déjà si productive pour le planteur et l'éducateur, a donc encore sur les autres le grand avantage d'être presque sans danger pour la plupart de ceux qui se chargent de faire fabriquer et d'expédier ses produits.

Toutefois, nous devons dire que l'ouvrier fabricant est loin de partager tous ces avantages. C'est sur lui, au contraire, que retombe tout le poids des oscillations qu'éprouve le commerce, ce qui est fâcheux tout à la fois en morale et en politique ; il subit le sort et prend les vices des ouvriers qui produisent les objets de luxe. L'ouvrier en soie, dans les *mortes*, reste sans ouvrage, ou est obligé de travailler à des prix qui le font à peine vivre. Par une compensation dont il profite mal, lors du retour des demandes, il devient maître du prix que l'on avait baissé outre mesure, et il en abuse toujours sans songer le plus souvent à en faire profiter son avenir ; et, cependant, si on faisait un prix moyen de tous ses salaires, il serait encore aussi bien payé que la plupart des autres ouvriers : on ne peut porter remède à ce mal qu'en cherchant à rendre l'ouvrier meilleur, s'il est possible, en lui facilitant les moyens de donner à ses enfans une éducation morale par des salles d'asile et des écoles primaires gratuites, en provoquant son économie par les caisses d'épargne, et surtout en faisant refluer le plus grand nombre possible d'ateliers à la campagne.

On ne peut admettre, dans les moyens d'améliorer le sort des ouvriers, la hausse des salaires; cette hausse nous serait fatale sur les marchés étrangers où les étoffes unies rivales l'emportent déjà souvent sur les nôtres.

Il résulte de tout ce que nous venons d'exposer que c'est la production agricole de la soie qui offre les grands et importans bénéfices; c'est donc encore elle qu'il faut le plus spécialement encourager pour qu'elle s'agrandisse là où elle existe, et qu'elle naisse là où elle n'existe pas encore : et le moyen le plus sûr, le plus efficace, est de faire toucher au doigt à l'agriculteur, au propriétaire, l'énorme produit net qui récompensera les légers sacrifices qu'il fera pour devenir producteur de soie : ses bénéfices sont grands, sont sans danger : en ralentissant la production, on ne porte la ruine nulle part, les ouvriers moins occupés trouvent de l'emploi dans les autres branches de l'agriculture auxquels ils appartiennent, et les planteurs ne font que voir diminuer le revenu de très-petites étendues de fonds.

§ IV.

Dans la production de la soie, les plus grands progrès, les plus grands développemens dépendent du producteur des feuilles; c'est lui qui tient la clef de tout le reste, parce que c'est avec son sol ou ses produits que l'industrie s'exerce. Il faut donc d'abord qu'il se décide à planter, et qu'après quelques années d'attente, il consomme ou fasse consommer sa feuille : c'est donc du propriétaire du sol que tout dépend.

Il n'y a malheureusement, pour le progrès de cette industrie, jusqu'ici qu'un petit nombre d'hommes qui s'y soient spécialement adonnés : ce sont des fermiers, des métayers, de petits cultivateurs ou le propriétaire lui-même qui l'exercent; or, dans les trois premières classes, les lumières manquent ainsi que les avances pour arriver à mieux faire. Quant au propriétaire, si les lumières ne lui manquent pas, il est distrait par d'autres soins, par d'autres intérêts; la plupart du temps il confie le travail à d'autres personnes, presque toujours dominées par des habitudes ou des préjugés, en sorte que les procédés nouveaux, les moyens de mieux faire, sont rarement accueillis : l'industriel, au contraire, dont c'est l'unique ou la principale affaire, qui traite son éducation, comme une manufacture où il faut produire le plus et dépenser le moins possible, recherche dans ses propres ateliers, dans ceux des autres et essaie tous les moyens de mieux faire. C'est cet esprit d'investigation d'hommes spéciaux qui, porté sur la fabrication des draps, des cotonades, des métaux, a diminué de moitié, des trois quarts les frais de production et accru de beaucoup les produits. C'est à ce même esprit qu'on devra les progrès dans la production de la soie.

Ces progrès, comme nous l'avons vu, peuvent être bien grands; l'once de graine peut produire 170 livres, et on n'en tire en moyenne que 60; mais déjà, sur un assez grand nombre de points, en diverses contrées, on a prouvé qu'avec des soins on peut doubler au moins cette quantité. Le but est donc bien connu, et il peut être atteint partout.

Dans la fabrication du sucre indigène, le sucrier est parvenu à tirer 6 p. % de sucre d'un poids donné de betteraves; il a l'espoir fondé d'en tirer encore davantage toutes les fois que des racines en contiendraient une plus forte proportion, et cependant il a commencé à peine par 1 1/2 p. %, quart du produit actuel, et en 25 ans de temps et de travail, il s'est élevé jusqu'à six : on était, dans le principe, loin d'entrevoir, d'espérer même un pareil avenir de perfection, puisqu'aucune fabrique à sucre n'approchait de ce but.

Dans l'élève des vers à soie, au contraire, de toutes parts, on semble déjà en marche pour approcher de celui qu'on se propose. Sur plusieurs points, des magnaneries, chaque année, font de nouveaux pas qui les en approchent davantage, et les moyens qu'elles emploient sont portés à la connaissance de tous; ils n'ont pas besoin d'être achetés chèrement comme les procédés du sucrier; ils ne demandent point de machines dispendieuses ; ventilez vos magnaneries, nous disent ces hommes habiles, et vous les ferez prospérer. S'il faut encore quelques autres conditions de succès non connues, on les trouvera, nous ne devons pas en douter. Que d'habiles industriels comme MM. Camille Beauvais, Darcet, etc., continuent leurs travaux; que d'autres hommes actifs, intelligens, comme ceux qui ont fait faire tant de progrès à la fabrication du sucre indigène, portent leurs soins sur cette question; et de nouveaux progrès plus grands encore que ceux obtenus jusqu'ici seront désormais assurés.

Mais nous devons le dire, les progrès seront plutôt dus à des hommes spéciaux, à de nouveaux éducateurs, aux pays où l'industrie sera nouvelle, qu'aux anciens éducateurs, qu'aux pays où elle était dès long-temps naturalisée; il y a dans ces derniers pays des habitudes, des usages, des croyances qui s'opposent aux progrès; il faut des hommes et des pays nouveaux : c'est le nord de la France qui a amené la fabrique de sucre indigène au point de perfectionnement où elle est ; c'est à lui peut-être encore que nous devrons des progrès semblables dans l'élève des vers à soie. La magnanerie Beauvais est une excellente école modèle : cette école a déjà formé des élèves nombreux, et ses moyens d'instruction grandiront avec elle lorsqu'ils s'appliqueront surtout à l'éducation de 140 onces qu'elle doit faire avec les arbres qu'elle a plantés.

A Grignon, où tous les procédés agricoles sont exécutés avec soin et succès, de grandes plantations vont bientôt fonder aussi une éducation normale. Déjà, en 1836, on a fait un premier essai ; en 1837, M. Bella fils, jeune homme plein de connaissances, de zèle et de dévoûment, a dû diriger en personne tout le travail auquel il s'est préparé en suivant avec soin, en 1835, les travaux de M. Camille Beauvais, et en parcourant, pendant l'été de 1836, les Cévennes, le Vivarais, le Languedoc, et leurs ateliers producteurs de soie, au moment même de leur plus grande activité.

La grande magnanerie de M. de Grimaudet va incessamment élever ses cent onces de graines avec tout l'ensemble de la ventilation et des procédés Darcet.

La production de la soie va donc être traitée dans de grands ateliers, et elle formera des hommes spéciaux dont elle fixera tous les soins, toute l'attention et tous les moyens. Il en résultera donc nécessairement des progrès. Les points douteux seront éclaircis, les procédés simplifiés, la main-d'œuvre diminuée, et on apprendra à tous à obtenir facilement les résultats qui n'ont été jusqu'ici obtenus que par un petit nombre d'habiles, et ces résultats, s'ils s'étendent, auront une bien grande portée. Nous avons vu dans la troisième lettre que lors-que l'once de vers à soie arrive à donner un quintal au lieu de 6o livres de cocons, le produit brut de la même quantité de feuilles est d'un tiers en sus pour l'éducateur soigneux, de ce qu'il est pour l'éducateur mal habile. Ainsi, pendant que le premier recueillerait 1oo livres de cocons avec deux milliers de feuilles, le second n'en recueillerait que 75.

Il s'ensuit donc que, par cette seule amélioration, nous verrions la production de la soie s'accroître d'un tiers en sus.

Mais cette amélioration, qui élèverait de 4o livres le produit de l'once, en le portant de 6o à 1oo livres, n'est encore que moitié des avantages qu'on a déjà obtenus sur quelques points, et les moyens de les réaliser sont connus et offrent peu de difficultés. Il est donc tout à fait probable qu'on y arrivera.

Nous pouvons donc devoir au seul progrès dans les méthodes, aux seules améliorations qu'elles nous doivent apporter, un accroissement de plus de moitié en sus du produit actuel, sans augmenter en rien la dépense en sol ou en feuilles, et en augmentant de peu la main-d'œuvre.

L'heureux succès des éducations hâtées de la méthode chinoise retrouvée par M. Camille Beauvais, donne en-core plus d'étendue et plus de fondement à toutes nos espérances.

Cette industrie, une fois exercée par des hommes spéciaux, il est à croire qu'ils arriveront à faire des éducations d'automne ; nous avons vu que leurs succès étaient probables dans notre climat, et qu'elles ne pou-vaient nuire aux mûriers qu'on n'aurait pas dépouillés au printemps : la production de la soie se trouverait donc encore par là beaucoup augmentée.

Mais ces progrès gradués et successifs, dus à de meilleures et à de nouvelles méthodes d'éducation, seront encore beaucoup plus enrichissans pour le producteur que ceux dus à des plantations plus étendues, parce que dans ce dernier cas, les frais augmentent en proportion, pendant que la production due aux perfectionnemens des procédés, ne coûte rien au sol et n'exige qu'un accroissement de main-d'œuvre qui n'est pas le quart du surplus de produit : il y a donc là de quoi payer au producteur toute la diminution qu'il est possible de supposer dans les prix de la matière première ; ainsi, par ces améliorations, son produit net croîtrait au moins du double et pourrait supporter une baisse, fût-elle au-delà de moitié.

§ V.

Dans toutes les considérations qui précèdent, en envisageant sous divers points de vue l'industrie de la soie, à l'exception de la grande crise qu'elle subit maintenant comme tout le commerce et toutes les fabrications, nous n'avons encore rencontré que des chances probables d'amélioration, d'agrandissement et d'avenir brillant ; il serait maintenant à propos de rechercher s'il n'y en aurait pas d'autres qui pourraient modifier son avenir et nous enlever une partie des grands avantages que nous avons développés.

Suivant la limite que nous avons assignée dans une précédente lettre, une bonne partie, un tiers peut-être de l'Europe, peut devenir productrice de soie ; mais, sur plus d'un point, on se débat maintenant pour outrepasser cette limite. En Prusse, entr'autres, une grande expérience se recommence pour donner de l'étendue à cette industrie, qui s'y soutient depuis près de deux siècles. Il existe dans ce pays une foule de grands et beaux mûriers. A différentes reprises, on a repris, quitté les essais à ce sujet; mais il reste près de Postdam des villages où plus de 200 familles d'anciens réfugiés français font tous les ans de la soie, et les récoltes annuelles, dans le pays, s'élèvent chaque année, dit-on, à quarante milliers de livres de soie filée: le succès est donc loin d'être impossible. Dans le moment actuel, M. de Turck, chargé par le gouvernement d'encourager cette industrie, vient de faire paraître un ouvrage dans lequel il étaie sur des faits nombreux la probabilité du succès. Nul doute d'abord que le mûrier ne résiste au climat: le mûrier craint moins le froid de l'hiver que la vigne et l'abricotier; d'ailleurs nous avons vu que le froid des hivers en Chine était aussi rude qu'en Suède.

Mais, d'autre part, il est évident que le mûrier grand-vent, dépouillé au printemps, y aoûtera rarement ses seconds bourgeons; cependant en ne cueillant la feuille que tous les deux ans, en taillant le mûrier au printemps de l'année de repos, en le plaçant dans des expositions abritées et chaudes, on pourrait encore réussir et l'expérience des Prussiens le prouve.

Les mûriers nains modifient encore cette question en leur faveur. Leur vigueur plus grande, due à leur taille, à leurs fréquens rebottages et aux engrais, exigent moins de temps pour repousser et aoûter les bourgeons produits après l'effeuillement; et puis, si les éducations d'automne viennent à réussir, la soie alors, comme en Chine, serait moins belle, mais les difficultés de la saison courte disparaîtraient en plus grande partie.

Toutefois, cette chance favorable est encore fondée sur des hypothèses, et la position actuelle de ces éducations du Nord a un tel désavantage dans la saison courte sur les régions plus méridionales, qu'on doit y produire beaucoup moins de soie avec beaucoup plus de mûriers, plus de main-d'œuvre, et par conséquent plus de frais; et, par suite, les établissemens qu'on y formerait, tomberaient avec la première baisse un peu sensible. Le nord de l'Europe ne peut donc pas présenter une concurrence bien à craindre aux pays producteurs actuels.

Mais la limite que nous avons assignée comprend de grandes étendues de pays. La Hongrie tout entière, l'Autriche, d'autres provinces nombreuses et jusqu'à la partie méridionale de la Russie, ont un climat tout aussi favorable que le nôtre. La main-d'œuvre, le sol et ses produits y sont à beaucoup moindre prix, en sorte que la soie s'y produirait à beaucoup meilleur marché; ils peuvent donc vouloir prendre part à une industrie dont ils consomment les produits.

Cependant, l'introduction et la naturalisation de cette industrie nouvelle présentent des difficultés réelles. Il faut lui faire des sacrifices de revenus et de capitaux, il faut de la suite dans les projets et dans leur mise à exécution, une volonté suivie pendant plus d'une génération; il faut importer dans un pays tout un ensemble de procédés inconnus, minutieux, qui demandent de la patience, de l'habitude et de la constance, et qui dérangent plus ou moins les autres usages et travaux agricoles.

Ce sont là des obstacles assez difficiles à surmonter

par des pays étrangers au nôtre ; l'expérience à acquérir exige de longs tâtonnemens dans lesquels les années s'écoulent, et qui peuvent nous laisser long-temps encore en possession de notre monopole.

Mais si nous devons craindre peu dans le présent la concurrence probable mais encore éloignée de pays tout à fait étrangers à cette industrie, il en est tout autrement en France.

La soie qui jusqu'ici est recueillie presqu'uniquement dans le bassin de la Méditerranée, peut l'être avec autant de profit dans celui de l'Océan. C'est dans les montagnes volcaniques du Vivarais, des Cévennes, dans leurs doubles versans aux deux mers, que la soie est produite avec le plus d'abondance. Le bassin volcanique de l'Allier, avec sa Limagne, le bassin du Rhin avec l'Alsace entière, dont le sol doit aux mêmes grands phénomènes l'avantage d'être chaud, hâtif, et peu sujet aux gelées ; enfin, de grandes étendues dans presque toutes les provinces de France peuvent vouloir et veulent en effet s'asseoir au riche banquet des producteurs de soie.

Déjà à diverses reprises, pendant les trois siècles qui viennent de s'écouler, des plantations au-delà et en deçà de la Loire avaient été faites, dont les arbres sont restés sans emploi par les difficultés que présentait l'élève des vers à soie. Mais, cette fois, le mouvement imprimé est plus grand et mieux raisonné. Des plantations nouvelles sont faites plus nombreuses, plus étendues. De grands succès mêmes sont déjà obtenus dans ces régions nouvelles. C'est dans les établissemens qui s'y sont formés que s'améliorent les méthodes, que des découvertes nouvelles se font, et c'est de là que partent des lumières pour éclairer les pays anciens producteurs eux-mêmes ;

des journaux nombreux répandent cès succès dans un public éclairé et entreprenant. Chacun veut améliorer sa chose et beaucoup croient voir dans l'élève des vers à soie le moyen de le faire. Les plantations nombreuses en mûriers nains seront en produit avant que l'enthousiasme soit refroidi ; et quand même la moitié des établissemens nouveaux viendrait à être abandonnée par un motif ou l'autre, il en restera encore un grand nombre qui seront autant de centres d'où partiront les leçons et l'exemple pour propager l'industrie nouvelle ; sans doute il n'en sortira pas bien vite la surabondance, mais la production croîtra insensiblement, d'autant plus que ces nouveaux produits seront obtenus avec toutes les améliorations, toutes les économies qui seront longues à pénétrer dans les anciens établissemens : il doit donc en résulter, dans le cours des vingt années que nous allons parcourir, un accroissement important dans la production.

Tant qu'on n'a fait de la production de la soie qu'une partie accessoire de l'agriculture, que le propriétaire n'a planté que pour augmenter son revenu, en laissant le fermier créer ce produit comme les autres produits agricoles, les progrès ont été lents, et surtout l'industrie s'est répandue difficilement dans des contrées nouvelles ; mais une fois que des hommes spéciaux se seront formés en grand nombre, il en arrivera pour la production de la soie comme pour celle du sucre de betteraves ; des établissemens nombreux et spéciaux se formeront dans les localités convenables. Le sucre a besoin de grandes étendues de culture pour lui fournir sa betterave ; la soie en demande beaucoup moins pour ses mûriers : la betterave, il est vrai, se sème au printemps et se recueille en automne, pendant que le mûrier est un arbre qu'il faut attendre; mais les mûriers nains bien plantés sont en plein produit au bout de quatre ans : il est donc à croire qu'avec des prix favorables la production de la soie pourra beaucoup s'étendre dans notre pays.

Mais la soie peut encore nous arriver d'autres points et à des prix moindres à ce qu'il semble que les prix actuels. La Chine et le Bengale sont de grands producteurs de soie et peuvent le devenir encore davantage. L'Angleterre tient en main ces deux commerces; chaque année, elle en tire une partie de la soie nécessaire à ses fabriques. Ces pays produisent, il est vrai, beaucoup de soie de qualité inférieure qui trouve peu d'emploi dans nos manufactures; mais ce défaut de qualité qui provient le plus souvent de filatures imparfaites, peut et doit se corriger sur les demandes des acheteurs. Déjà, en 1835, on a consommé en Angleterre 8,000 balles de soie du Bengale. Ces soies avaient besoin d'un moulinage plus soigné que celles d'Europe. Bientôt les procédés et les machines des mouliniers anglais se sont perfectionnés, et ont laissé bien loin derrière elles les nôtres et celles d'Italie.

Mais les Anglais ont encore tiré de Chine une soie grège, difficile à l'ouvraison, mais toute soie blanche et superbe qu'on emploie avec grand avantage dans la fabrication des beaux satins : nos fabricans eux-mêmes prennent cette soie des mains des Anglais.

En 1835, ce commerce s'est élevé, entre leurs mains, à plus de 8,000 balles, autant que de soie du Bengale; cette extraction peut sans doute s'accroître encore beaucoup. Les Chinois, si on les paie, amélioreront leurs procédés; et s'ils peuvent mettre plus de bonne foi dans leurs transactions, que leurs prix soient moindres que les nôtres, comme leurs produits sont beaux, des demandes considérables leur seraient bientôt faites.

Enfin les Américains, par la nouvelle route qu'ils se sont ouverte sur la Chine, feront eux-mêmes bientôt une grande partie de ce commerce. Ils fabriquent peu et consomment beaucoup; s'ils trouvent en Chine des étoffes qui leur conviennent, ils les y prendront volontiers pour leur usage. Il serait donc possible que ce grand débouché nous échappât en partie, mais ce serait plutôt pour les étoffes unies dont nous avons déjà perdu en plus grande partie la fourniture. L'Europe, et la France en particulier, sont en possession de donner à l'Amérique leurs modes, leurs goûts et leurs étoffes de fantaisie. La Chine ne peut donc, sur ce point, entrer en concurrence avec nous. Cependant les journaux nous ont dit que les Américains avaient porté en Chine de nos étoffes façonnées, de Lyon, qui y avaient été parfaitement imitées et qui leur ont coûté moins cher que les nôtres; mais il leur manquera toujours cette fleur de nouveauté européenne et surtout française qu'on veut en Amérique et ailleurs avoir à tout prix.

Il nous reste maintenant à apprécier à leur valeur les chances défavorables que nous venons de développer; quoique fondées sur des probabilités d'avenir, elles ne s'appuient heureusement pas sur les faits présens. Depuis deux siècles que l'Europe fait avec la Chine un commerce actif, que la Chine nous envoie son thé, qu'elle nous a inondés de ses porcelaines, ses tentures, ses vernis, on a souvent aussi essayé d'extraire ses étoffes et sa matière première, et jamais ces extractions n'ont pris consistance, soit à cause des prix, soit à cause de la mauvaise façon, du mauvais goût, ou de la mauvaise qualité. Sans doute, des efforts ont été faits de part et d'autre pour lever les obstacles à ce commerce. Est-il probable maintenant que, dans l'avenir, ces obstacles diminuent beaucoup plus qu'ils ne l'ont fait jusqu'à ce jour?

Quant à leurs soies, celles qui sont à bon marché sont trop mal préparées, elles sont même frelatées; nous n'employons, par cette raison, que les chères; il est probable que des demandes plus considérables en élèveraient encore le prix, qu'alors l'avantage qu'on a à les tirer de Chine diminuerait, et que, par conséquent, le prix des nôtres se soutiendrait encore.

Toutefois, si nous n'avons pas à craindre une très-forte concurrence, il est du moins très-probable que l'extraction des 16,000 balles du Bengale et de la Chine, qui a eu lieu en 1835, s'accroîtra plutôt encore qu'elle ne diminuera. Maintenant, si aux extractions accrues de ces deux grands pays, on joint ce que les pays anciens producteurs vont envoyer de plus sur les marchés, au moyen de leurs plantations nouvelles et de l'amélioration des méthodes; si on ajoute ce que les pays nouveaux producteurs ne peuvent tarder de produire, il est à croire qu'il en résultera naturellement une baisse dans les prix.

Mais cette baisse ne pourrait être considérable; les grands produits actuels peuvent la supporter en laissant encore la production de la soie, la plus avantageuse des industries agricoles: et nous l'avons déjà fait remarquer, de cette baisse résulterait un avenir encore plus assuré; toute réduction de prix sur les étoffes de soie, les fera pénétrer de plus en plus dans les usages de la classe moyenne, dans les vêtemens des jours de fête du peuple; elle accroîtra leur consommation dans les ameublemens et les tentures: ses tissus variés s'assortissent à toutes les positions sociales : en Chine, pendant que les étoffes de haut prix brodées ou brochées habillent la classe riche, les étoffes façonnées, les crêpes, habillent la classe moyenne, et les étoffes unies et les tissus mélangés, le peuple et même l'armée. Un tel avenir n'est sans doute pour nous ni probable, ni même à désirer; mais il a été en Chine une des causes notables de l'accroissement de la population et de la richesse, par le travail annuel qu'il a donné à ses habitans, à ses cultivateurs, et surtout parce que le produit d'un hectare en mûrier peut fournir en soie autant de vêtemens que le produit de vingt hectares en laine : puissante considération sur laquelle nous pourrons plus tard revenir.

En cherchant à pénétrer dans l'avenir qui attend la production et la fabrication de la soie, nous avons voulu balancer les chances favorables ou défavorables qui se préparent pour elles : mais il nous semble que tous les avantages sont présens, se réalisent sous nos yeux et à notre profit. Un nuage a semblé obscurcir un moment l'atmosphère; les soies ont baissé, le travail un instant s'est arrêté; mais déjà les demandes le raniment : encore un moment, et ce nuage sera tout-à-fait dissipé; l'expérience et le raisonnement nous l'assurent. Le mal est venu du crédit ébranlé; avant un an, ce crédit sera nécessairement relevé et les choses reprendront leur cours avec des besoins de plus à satisfaire. Nous pouvons et devons donc encore compter sur un avenir heureux. Cet avenir pourra plus tard se ressentir de l'influence de toutes les circonstances que nous venons de déduire; mais encore il nous restera de grands bénéfices; et, disons-le bien, les pertes dont nous sommes menacés, ne sont qu'hypothétiques, peuvent ne pas survenir ou se reculer jusqu'à des temps sur lesquels la prévision humaine est impuissante.

La véritable question dans ce moment est donc de s'emparer et de s'assurer des avantages présens. Déjà nous sommes en possession d'une partie notable de la production et d'une partie plus importante encore de la fabrication. Les avantages de cette espèce restent long-temps à ceux qui les ont long-temps possédés, surtout s'ils s'occupent de perfectionner et de multiplier leurs produits; des industries nouvelles et compliquées ont de la peine à s'acclimater dans des pays nouveaux, et plus on les fera grandir dans leurs pays originaires, plus il sera difficile à d'autres de s'en emparer ou d'entrer seulement en partage; avec l'accroissement donné à nos plantations, avec l'amélioration des méthodes, le développement que prend la fabrication, notre pays doit continuer d'être la métropole de cette brillante industrie : redoublons donc nos efforts pour conserver notre prééminence.

Cette industrie est de beaucoup la plus productive de celles qui s'exercent sur notre sol; c'est celle qui nous fournit les plus grands moyens d'exportation; elle prend naissance dans ce sol où elle puise sa précieuse matière première et lui laisse chaque année, ainsi qu'aux hommes laborieux qui le travaillent, plus de la moitié des sommes considérables que paient à la fabrique la consommation indigène et la consommation étrangère; elle s'étend de jour en jour; de toutes parts ses débouchés semblent devoir s'agrandir avec la production; ses produits deviennent un besoin pour la moitié du globe, où les soieries françaises sont les premières de toutes, et où elles pénètrent pendant la guerre presque comme dans la paix. Pendant que les autres industries manufacturières s'exercent avec beaucoup de chances de perte, et exigent de grandes constructions, beaucoup de machines et d'immenses capitaux, celle-là, qui produit à mesure des demandes, qui exige peu d'avances, presque point de machines, offre presque toujours des bénéfices et peu de dangers pour ceux qui l'exercent.

A la vue de ces avantages déjà si grands, qui vont encore croissant, et dont une grande partie du sol français peut prendre sa part, on se sent entraîné à prêcher une croisade, comme jadis Olivier de Serres, pour faire planter de toutes parts le mûrier, *cet arbre plein de la bénédiction de Dieu*. Il fit dans le temps d'ardens prosélytes, et l'un des plus zélés fut Henri IV qui fit planter l'arbre *béni* jusque dans le jardin des Tuileries. C'est en plus grande partie à l'influence de l'habile agronome, secondé par les encouragemens du bon roi, dont il était le conseil et l'ami, que la France doit la prospérité de cette grande industrie qui, avant eux, ne faisait que languir. C'est dans la patrie d'Olivier, le Vivarais, dans les lieux où il prêchait d'exemple, qu'existent encore dans ce moment les éducations les plus nombreuses et les plus prospères.

Dans le moment actuel, un mouvement semblable, parti de même des régions élevées, se produit en France. L'éducation la plus productive, l'éducation type de M. Camille Beauvais, a lieu dans une ferme de la liste civile, concédée temporairement par Louis XVIII pour ce but. Dans la ferme de Grignon concédée par Charles X, a commencé, depuis deux ans, une éducation qui, sous la direction de M. Bella fils, sera sans doute aussi une éducation modèle ; enfin, dans les jardins de Neuilly, sous les yeux et par les soins de la famille Souveraine, une petite éducation de cocons, commencée déjà les années dernières, va grandir dans les années prochaines : de toutes parts donc le mouvement s'étend et se propage par les plus puissans exemples.

Marchons donc aussi dans ce sens ! Poussez donc à la roue, hommes de toutes les classes, de toutes les opinions, qui pouvez quelque chose sur l'esprit français ! Hommes du gouvernement, offrez des facilités, des récompenses, des primes ! Administrateurs, encouragez les essais, proclamez les succès ! Hommes de bien de toutes les opinions, qui êtes dévoués au bonheur, à la richesse, à l'aisance de votre pays, prêchez d'exemples, d'écrits et de paroles pour faire grandir la première des industries françaises.

APPENDICE.

Dans la suite de lettres qui précèdent, publiées successivement dans plusieurs journaux, nous nous sommes spécialement occupé des meilleurs procédés pour l'éducation des vers à soie; nous avons traité des améliorations faites et de celles à faire; mais pendant le temps un peu lent de nos publications, les méthodes marchent, une foule d'hommes habiles s'efforcent d'améliorer tous les procédés, de diminuer les dépenses en accroissant les produits. L'art est en enfantement, chaque jour des progrès s'annoncent, puis se démentent ou se confirment: sur une foule de points on essaie les procédés Beauvais, les magnaneries Darcet, les méthodes chinoises: il reste donc beaucoup à ajouter à ce que nous avons dit précédemment. Nous rendrons compte, dans ce qui suit, des expériences nouvelles comme de leurs résultats; et nous traiterons plusieurs questions dont nous ne nous étions point occupé précédemment, en cherchant à les envisager sous quelque point de vue nouveau et qui puisse conduire au progrès.

§ Ier.

Ainsi, nous n'avions encore rien dit de la *Muscardine* ni des découvertes de M. Bassi sur cette maladie; ce savant Italien, à l'aide du microscope, l'a suivie dans ses diverses phases, et il pense qu'elle serait due à un champignon qui s'établit dans le corps du ver: ce végétal dans les premiers instans de son développement ne semblerait pas altérer les fonctions vitales de l'insecte, mais petit à petit en pénétrant toute son organisation il finirait par le faire périr à une époque plus ou moins avancée de sa vie. Cette maladie serait épidémique et se propagerait par une poussière blanchâtre, semence du végétal (1).

M. Bassi a publié tous ces faits sans les accompagner des détails d'aucune expérience, en sorte qu'on conservait encore beaucoup de doute : pour les lever, M. Audouin a entrepris d'examiner la question dans toute son étendue ; et, par une suite d'expériences précises dont il a rendu compte dans deux Mémoires très-bien faits, il a établi que la *muscardine* serait due à un champignon analogue à celui des moisissures, qu'elle pouvait s'inoculer aux insectes à l'état de larves, de chrysalides et de papillons, par les séminules et plus promptement encore par les radicules de la plante ; qu'elle se transmettait par contagion ; qu'elle pouvait naître spontanément sur des insectes d'espèces différentes par suite des mêmes conditions hygiéniques qui la déterminent sur les vers à soie, c'est-à-dire par l'air stagnant et la chaleur humide ; que cette maladie née sur d'autres insectes serait identique avec la *muscardine*, puisqu'inoculée à des vers à soie, elle la leur communique avec tous ses symptômes et toutes ses suites.

(I) On pourrait toutefois contester au docteur Bassi la priorité de la découverte de ce champignon et de son effet délétère : les rédacteurs du *Giornale di fisica e chimia di Pavia*, tom. 8, pag. 13, publié dès long-temps, attribuent la cause de la maladie à la naissance d'un champignon. Cette opinion avait déjà aussi été précédemment énoncée par M. Bonafous.

L'existence de ce champignon, son mode d'action sur l'économie animale, serait un fait nouveau qui pourrait en éclairer beaucoup d'autres en physiologie et en médecine, et qui doit par conséquent provoquer des observations.

La *muscardine* est devenue un fléau terrible dans quelques-unes des parties du midi de la France et en Italie. Nous avons dit précédemment qu'elle paraissait exister en Chine; cependant, jusqu'ici elle est à peine connue dans notre contrée placée dans la partie supérieure du bassin du Rhône; elle ne s'y est du moins point établie d'une manière fâcheuse, soit que notre climat ne s'y prête pas, soit que, marchant avec quelque lenteur pour s'établir dans un pays, toutes les circonstances nécessaires à son développement et son renouvellement annuel ne se soient point encore trouvées réunies.

On l'avait déjà beaucoup étudiée avant le temps présent. L'abbé Sauvage, l'auteur français, qui a le mieux écrit sur les vers à soie, avait fait des observations nombreuses desquelles il résultait que les chaleurs sourdes de la saison, le défaut de renouvellement de l'air et l'altération de la litière étaient les principales causes de son développement, qu'elle n'était pas contagieuse, que les moyens de la prévenir et de la guérir consistaient à ventiler puissamment la magnanerie par des feux clairs, par l'ouverture des soupiraux, à arroser le pavé des ateliers, à inonder les vers malades d'eau fraîche, à les y tremper même pendant plusieurs minutes, les replacer ensuite sur des tables propres, et faire du feu pour tout sécher.

Le comte Dandolo et le docteur Pittaro, en Italie, ont

multiplié à leur tour les expériences desquelles ils ont conclu, comme l'abbé Sauvage, que l'air étouffé et l'entassement des vers sont des causes prédisposantes de la maladie, qu'elle ne serait pas contagieuse, qu'elle se prévient et se guérit par d'actives ventilations, des arrosemens, des immersions d'eau fraîche et des feux de flamme actifs et renouvelés.

Le docteur Bassi aurait, de son côté, expérimenté que la maladie se communique par le voisinage, l'attouchement, l'inoculation ; que la faculté germinative de la semence qui échappe à nos yeux par sa grande petitesse peut se conserver deux ans ; que ses sporules se répandent dans l'appartement, couvrent le mobilier et tous les ustensiles qui ont servi aux vers malades : comme moyen préservatif, il indique l'immersion de la graine dans de l'eau mêlée à parties égales d'alcool.

M. Bèrard, professeur de la faculté de Montpellier, est aussi parvenu à détruire ce germe par l'immersion de la graine dans une solution d'une partie de sulfate de cuivre dans seize parties d'eau mêlée d'un peu d'alcool ; il a assaini, en la lavant par sa solution, une caisse qui avait contenu, l'année précédente, des vers *muscardinés*, pendant qu'une autre toute pareille où on avait aussi élevé des vers infectés, a communiqué la maladie à 1/6 des vers qu'on y a élevés. M. Bèrard a pu être conduit naturellement à l'emploi de la solution de sulfate de cuivre par son succès sur le blé carié dont elle détruit efficacement les graines du Champignon, *uredo*, cause et effet du mal sur le grain du froment.

On pourait croire que les bains des œufs chez les Chinois, d'une douzaine de jours dans de l'eau salée, dans de l'eau de chaux, ou l'exposition pendant le même espace de temps à la neige, à la gelée, serait un moyen au moins aussi puissant pour détruire les germes attachés aux œufs.

Le docteur Bassi fait blanchir au lait de chaux, laver au chlorure de soude les murs, plafonds, parquets, planches et tablettes des appartemens où la *muscardine* a fait des ravages; il les expose à des fumigations actives de soufre, de chlore et de nitre; il recommande aussi beaucoup les arrosemens dans les ateliers et fait des immersions d'eau froide; par ces divers moyens il empêche ou retarde l'invasion de la maladie et diminue ses effets.

M. d'Arbalestier a remarqué que l'efflorescence blanche qui serait le développement des tiges des petits champignons n'a lieu que 24 heures après la mort des vers; il a guéri des vers attaqués de la *muscardine* par des repas de feuilles chaque jour trempés dans de l'eau fraîche; d'autres auraient encore suspendu ses ravages par l'exposition des vers à la fumée.

Enfin, M. Henri Bourdon nous apprend que, l'année dernière, l'expérience a prouvé, dans plusieurs grands ateliers du midi, que le délitement quotidien avec les filets, dans lequel on abandonne les vers malades pour les jeter avec la litière, empêche la contagion de se répandre et de faire des ravages, et détruit par là la maladie. L'introduction des filets conduirait donc immédiatement à un résultat d'une bien haute importance pour le midi de la France, la destruction de la *muscardine*.

Mais nous avons vu précédemment que les expériences de Sauvage, Pittaro et Dandolo leur avaient fait rejeter la contagion; le docteur Nysten n'a pas pu communiquer la maladie en entassant à diverses reprises des vers sains avec des vers *muscardinés:* on voit donc qu'ici la querelle des contagionistes et des non contagionistes pourrait au besoin se renouveler ; toutefois ici comme ailleurs le plus prudent est de prendre des mesures contre la contagion.

Les travaux récens de M. Turpin sur le lait ajoutent, à ce qu'il semble, aux lumières acquises sur le champignon des moisissures et par conséquent sur la *muscardine*. Le lait, d'après ses observations, se compose d'un nombre très-grand de petits globules qui contiennent le beurre et nagent dans un liquide ; ces globules, au bout de quelque temps, montent à la surface et y forment la crême : or, ces globules renferment aussi un petit germe qui grossit et brise son enveloppe, s'élève en tige et bientôt en branches aériennes qui forment de petites touffes de moisissure analogues à celle des vers *muscardins*.

D'autre part, M. Audouin a observé dans les vers, à soie, comme M. Turpin dans le lait, les *thallus* de la *botrytis* dans le corps de l'insecte avant la sortie de sa tige du corps du ver.

De son côté, M. Dutrochet a fait aussi naître ces *mucédinées*, a étudié leur développement, et a vu leur *thallus* dans de l'eau albumineuse rendue légèrement acide : on peut donc croire par analogie que toutes ces *mucédinées* auraient une même origine ; les liquides et les produits animaux si disposés à produire ces mucors renfermeraient donc leurs germes dans leur substance ; le ver à soie lui-même les renfermerait donc aussi : la *muscardine* serait donc une maladie dont le ver à soie recèlerait toujours le germe, mais qui ne se développerait que sous certaines circonstances ; et effectivement dans les ateliers on voit naître la *muscardine* dans des temps de touffe lorsqu'après une forte chaleur le défaut d'aérage altère la litière humide qui se moisit souvent elle-même avant que le ver soit atteint de la maladie; et remarquons que la moisissure de la litière et celle du ver semblent dues aux mêmes causes et pourraient bien être le même *botrytis*. La maladie arrive, à l'époque surtout où le ver, près de monter, se vide d'une grande quantité de déjections liquides; la chaleur et l'état particulier de l'air de la touffe fatiguent le ver, frappent sur cette masse de litières, y déterminent bientôt une humidité putride dont les émanations altèrent l'air que respire l'insecte déjà affaibli par l'état de l'atmosphère : si des délitemens quotidiens et une active ventilation ne remédient au mal, alors se développe dans la litière comme dans le ver le germe préexistant de la fatale *mucédinée*.

La *muscardine* serait donc une maladie en quelque sorte épidémique avant d'être contagieuse, en sorte qu'il suffit qu'un petit nombre en soit d'abord attaqué pour la voir se développer bientôt dans tout l'atelier : toutefois, pour expliquer les faits de non contagion qui ont servi à motiver l'opinion de Sauvage, Dandolo, etc., il faut bien encore admettre que la contagion pour se développer a besoin de circonstances particulières de saison, de température ou de climat.

Tous ces faits remarquables, tout en éclairant cette importante question, laissent encore beaucoup de doutes qui demandent des observations ultérieures sur les causes et surtout sur les moyens de guérir la maladie.

§ II.

La guérison des vers *muscardinés* par l'air chargé

d'eau, par la fraîcheur qu'on leur communique en arrosant les ateliers, les feuilles, en arrosant les vers eux-mêmes et les plongeant dans l'eau, pourrait faire penser que les premiers développemens de cette maladie seraient particulièrement dûs à la chaleur, et même à la sécheresse de l'air; que sous ce point de vue les recommandations de M. Beauvais, d'entretenir les ateliers à un degré hygrométrique élevé, leur seraient éminemment salutaires; ce serait peut-être aussi l'état presque constant d'un air plus ou moins humide qui, dans notre climat, aurait aidé à préserver jusqu'ici nos vers de l'invasion de cette cruelle maladie, et c'est à l'air toujours plus saturé d'eau des contrées montagneuses qu'on pourrait, en grande partie, attribuer le succès plus grand de leurs éducations et les moindres pertes par les maladies.

Mais la *muscardine* se détermine surtout d'après tous les observateurs dans les temps de *touffeur :* ces temps sont assez rares dans notre pays, et plus rares encore dans le climat de Paris; aussi la maladie, rare chez nous, peut assez difficilement, d'après les expériences de M. Beauvais, s'établir dans les environs de Paris.

Ces temps de *touffeur* qui ont pris leur nom d'un état de l'atmosphère qui rend la respiration pénible et difficile, s'annoncent par un vent chaud qui souffle du côté du Midi et est bientôt suivi d'un calme plat; et c'est à ce moment que leur influence est la plus pénible; leur effet sur l'économie animale est d'énerver tout ce qui a vie; toute végétation paraît en souffrance; les végétaux à grandes feuilles, les légumes des jardins se fanent, les feuilles des arbres se soutiennent mal, alors même que le sol est encore humide; le courant atmosphérique altéré d'eau, en prend à tout ce qui en renferme, en dépouille les parties herbacées des végétaux plus vite qu'elles ne peuvent la recevoir des racines ; les animaux respirent avec peine cet air dépouillé d'humidité ; dans les temps de sécheresse, ne trouvant rien sur le sol pour assouvir sa soif, il devient d'autant plus funeste aux végétaux. Les arbres résineux dont la patrie est spécialement sur les lieux élevés, où l'air est toujours chargé d'eau, sont ceux qui souffrent le plus, ils périssent même sous son influence desséchante. Dans la sécheresse de 1832, deux jours de ce vent ont tué par milliers les mélèzes des plantations de Rambuteau. Dans les plantations moins nombreuses, dans les jardins peuplés d'espèces résineuses, le mal a été assez grand ; mais remarquons bien que les arbres n'ont point péri par la sécheresse du sol ; leurs racines étaient encore fraîches, mais leurs tiges étaient ridées et desséchées comme si elles eussent été mises dans un four ; le plus souvent les parties supérieures de l'arbre ont le plus souffert ; leurs feuilles étaient fanées, jaunes, comme grillées, pendant que les étages inférieurs semblaient encore verts ; les pins du Lord avaient leurs longues feuilles fanées et abattues, avaient leurs jeunes bourgeons si vifs et si luisans ridés ; la plupart donc des arbres résineux ont souffert et perdu plus ou moins les feuilles de 2, 3, 4 et 5 ans, et avec elles une grande partie de leur vigueur : les expositions au Midi ont essuyé plus de perte et de mal que celles au Nord : dans les bois feuillus eux-mêmes, des myriades de jeunes plants d'un, deux et trois ans et particulièrement les hêtres et les bouleaux ont péri sans retour : en 1833, les mélèzes et les pins du Lord souffrirent encore, mais les autres arbres résineux ne furent pas frappés. Ces intempéries n'eurent heureusement lieu qu'après les éducations des vers à soie qui, je pense, auraient en plus grande partie succombé sous cette terrible influence.

Dans les orangeries et les serres chaudes, l'effet insalubre sur les plantes de la sécheresse de l'air produite par la chaleur artificielle qu'on leur donne, est bien remarquable; une foule de plantes languissent, d'autres périssent; les orangers, les citroniers surtout se dépouillent sous l'influence d'un air trop sec : ainsi donc, tout en chauffant nos serres, il faudrait faire en sorte que l'atmosphère des plantes pût toujours être chargée d'une quantité d'eau proportionée à sa température. Aussi les Chinois tiennent toujours de l'eau dans diverses parties de leurs serres, et en outre, ils y portent souvent des vases pleins d'eau bouillante qu'ils promènent dans toutes les parties de l'appartement, pour abreuver de vapeur humide et chaude la tige et les feuilles de leurs plantes, et l'atmosphère entière qui les entoure.

C'est à la suite et pendant des états atmosphériques étouffans que se déclarent les maladies des vers à soie, que s'établit la *muscardine*; c'est sous leur influence, lorsqu'ils ont lieu dans le dernier âge, que le ver non encore arrivé en maturité paraît agité, court de toutes parts, cherche à monter avant de s'être assimilé une suffisante quantité de feuilles pour un fort cocon. Poussé par un instinct qui lui fait craindre la destruction, il se hâte de monter pour établir rapidement un cocon faible qui suffit pour continuer la suite de ses générations.

Et c'est bien la sécheresse de l'air qui cause cet état de choses; l'expérience a conduit dans tous les pays à rendre aux vers eux-mêmes, à l'atmosphère qu'ils respirent et aux feuilles qu'ils consomment l'humidité qui leur manque : on imprègne d'eau les courans de ventilation, on arrose leurs feuilles; en Chine on les mouille et on les saupoudre de farine de pois, de riz ou de poudre de feuilles de mûrier; c'est dans ce cas qu'il serait bien utile de pouvoir tirer l'air des caves; mais encore toutes ces ventilations ne doivent-elles pas déterminer de forts courans d'air froid; nous n'oublierons jamais que les vers, comme tout ce qui a vie, craignent le passage subit du chaud au froid et réciproquement.

Toutes les fois que l'air ne contient pas une proportion d'eau en rapport avec sa température, son effet est énervant sur l'économie animale; ainsi, pendant l'hiver, dans des chambres chauffées par des poêles on respire péniblement, à moins que de l'eau en vapeur ne fournisse à l'air échauffé l'eau qui manque à sa température; lorsqu'un appartement est échauffé par une cheminée, l'air du dehors qui afflue donne en partie à l'air du dedans l'humidité dont il a besoin; mais lorsque cet air est fourni par des tuyaux de chaleur, il est desséché à son passage. Alors arrive un état de touffeur tout-à-fait analogue à celui qui s'observe en été: beaucoup de personnes craignent la chaleur des appartemens d'hiver et la trouvent pénible à supporter, et cependant le thermomètre ne marque que 12 à 15 degrés, température douce en été; c'est que dans ces appartemens d'hiver l'air ne trouve point l'eau nécessaire à son élévation de température pour être respiré doucement et facilement par l'homme. Mais de même que l'homme, les plantes languissent sous cette influence, leurs fleurs surtout se fanent promptement; on parvient cependant à les conserver dans leur fraîcheur en arrosant d'eau leurs feuilles, ou en les lavant ; on leur donne ainsi l'élément qui leur manque : nos appartemens comme nos serres devraient donc tous contenir, avec leurs appareils chauffeurs, des appareils vaporisateurs. Nous devons donc aussi, toutes les fois que nous donnons de la chaleur artificielle à nos vers par nos cheminées, nos poêles ou nos calorifères, disposer les choses de manière à pouvoir fournir à l'air de l'eau nouvelle à vaporiser à mesure que nous élevons sa température. Et nous pouvons appuyer cette prescription de deux grandes autorités dans la matière : **MM.** Beauvais et Aubert ont l'un et l'autre pris le parti d'envoyer un tube de vapeur, soit dans la chambre à air chaud de l'appareil Darcet, soit dans l'atelier lui-même.

Mais ce vent, cause des *touffeurs* ou *touffes*, nous vient des régions méridionales après avoir passé la mer ; c'est un vent d'Afrique qui a traversé les déserts de sable dévorés toute l'année par un soleil brûlant, passage qui l'a dépouillé de la plus grande partie de l'eau qu'il contenait : c'est l'affreux *simoun* des régions africaines, qui tempère sa soif en passant sur les plaines liquides, mais nous arrive encore plus ou moins altéré suivant que le courant aérien est plus ou moins épais dans sa masse et qu'il aura traversé plus rapidement la mer ; son influence fatale s'éteint progressivement à mesure qu'il s'avance dans les terres : aussi les contrées voisines de la mer le ressentent beaucoup plus que les nôtres, et par cette raison leurs éducations de vers en souffrent davantage : cependant notre pays situé dans le bassin du Rhône en éprouve les influences plus encore que les parties centrales de la France et les environs de Paris. A diverses reprises, pendant que des lettres nous annonçaient que des temps de *touffes* s'y faisaient sentir, on n'éprouvait à Paris qu'une chaleur douce; aussi la *muscardine* est d'autant moins à craindre qu'on s'éloigne davantage de l'origine de ce vent dangereux.

Ce courant aérien peut souffler sur une plus ou moins grande épaisseur : lorsqu'il est peu épais, comme il rase toujours la surface, il y prend de l'eau, se refroidit, et par ce double effet sa soif est plus ou moins apaisée; puis en arrivant à terre, si le sol est humide il s'est bientôt saturé de l'eau qui lui manque encore et il perd alors tout caractère malfaisant.

Mais si le courant est épais, alors qu'il arrive à terre, il se refoule sur le sol, s'étend et fait sentir son influence au loin, surtout si le sol desséché ne lui fournit pas quelqu'aliment; mais ses effets délétères comme sa soif marchent toujours en progression décroissante, à mesure qu'il s'avance.

Lorsqu'il a soufflé pendant quelque temps et qu'il est arrivé au calme, ses effets pernicieux sont encore plus sensibles; il a déplacé les autres courans atmosphériques, couvre toute la surface et développe en quelque sorte à son aise toute son action malfaisante, surtout si le sol est sec.

Ce serait donc à notre plus grande distance du point de départ des vents du Midi qui apportent avec eux les *touffeurs* que nous devrions le succès moins chanceux des éducations des vers à soie dans notre pays, et le peu de ravages que fait chez nous *la muscardine*. C'est encore ce qui explique la réussite des arbres résineux plus assurée dans nos contrées que dans les régions méridionales.

Ce qui précède rendrait encore raison du meilleur produit des éducations des pays montagneux, soit dans les contrées méridionales, soit dans les nôtres; lorsque le courant délétère vient à rencontrer les premières croupes des montagnes, il s'infléchit suivant l'angle de ces croupes elles-mêmes, s'élève dans les régions supérieures de l'atmosphère, sans altérer sensiblement les couches aériennes près du sol, qui alimentent la vie des plateaux montagneux.

Nous terminerons ces considérations en faisant remarquer que lorsque M. Beauvais a, le premier, posé, comme condition de succès, un état hygrométrique élevé dans l'air que respirent les vers, il a rencontré l'une de ces idées mères dont l'application aura une grande influence sur l'avenir de la production de la soie : il restera à trouver les moyens les plus simples et les plus faciles de donner à l'air des ateliers la proportion d'eau nécessaire, sans produire un excès d'humidité qui serait, nous le pensons, aussi contraire que la trop grande sécheresse; nous avons bien déjà, il est vrai, le thermomètre et l'hygromètre pour nous servir de régulateurs, mais ceux qui soignent les vers peuvent encore, sans leur secours, juger des besoins des ateliers; il faut y respirer à l'aise et n'y point sentir de mauvaise odeur. En Chine, la *mère des vers*, vêtue légèrement, sert elle-même de thermomètre, juge des besoins des vers et modifie les circonstances de chaleur et d'airage suivant ses propres sensations.

Cependant une objection peut se faire à l'opinion que nous venons d'établir de la sécheresse de l'air dans les touffes. On a remarqué dans les ateliers du midi de la France, et même à Grignon, qu'au moment des touffes dans le 5e âge, l'air des ateliers se chargeait d'une humidité putride et que l'hygromètre s'élevait jusqu'à 100 degrés; mais cette humidité provenait des ateliers eux-mêmes,

de la transpiration et des déjections des vers à cette époque, de la litière mêlée de débris de feuilles et de mûres
qui entrait en fermentation dans l'air chaud, stagnant
et vicié de l'atelier, et non de l'air extérieur, de l'air de
la touffe ; car on lit dans le rapport au ministère de
M. Bourdon, sur les éducations du Midi, au milieu desquelles il a séjourné en 1837, que chez MM. Fabry et
Tèoule, dans un moment de touffe où leur magnanerie,
munie de l'appareil Darcet, était menacée par une extrême humidité jointe à une grande chaleur, l'ouverture
des soupiraux et de toutes les croisées, et par conséquent
l'introduction de l'air extérieur, malgré l'arrosement du
pavé de la magnanerie, fit descendre l'hygromètre depuis l'extrême humidité jusqu'à la sécheresse.

Dans la magnanerie modèle de Faventine, ainsi que
chez M. Robert, M. Bourdon, en activant l'afflux de l'air
extérieur, a fait redescendre l'hygromètre de 12 degrés
vers la sécheresse ; l'air du dehors, l'air de la touffe, avait
donc quelque chose de desséchant comme nous l'avons
établi précédemment : c'est encore en ouvrant toutes
les croisées et les soupiraux qu'on a fait disparaître à
Grignon l'humidité putride et l'air vicié de la magnanerie :
à Neuilly, l'hygromètre dépassait 100 degrés, les vers
périssaient, l'élévation de la température et le jeu du
tarare ne purent abaisser l'hygromètre que de 5 degrés ;
le mal ne sembla s'arrêter qu'à l'ouverture des croisées :
on fut encore obligé de recourir au même moyen chez
M. de Balincourt pour arrêter les ravages de la touffe ;
il est donc bien évident que l'air du dehors, dans les
momens de crise, serait peu chargé d'humidité, puisque
partout son introduction en masse l'a fait disparaître des
ateliers ; les observations qui précèdent sur la sécheresse

des touffes sont donc appuyées au lieu d'être infirmées par l'humidité, qui, cependant sous leur influence, se développe dans les magnaneries.

Il nous semble aussi qu'il est besoin de s'entendre sur la prescription que font la plupart des éleveurs, d'interdire tout accès à l'air extérieur dans les momens où il est humide : si on parvient à échauffer cet air humide, l'humidité qu'il laissait paraître se dissout dans le calorique, cet air devient sec et l'hygromètre descend : en introduisant donc de l'air humide et frais dans un atelier chaud et humide, cet air deviendra sec en s'échauffant, et par conséquent il fera plutôt diminuer qu'accroître l'humidité de l'atelier ; comme encore dans un atelier dont l'air chaud serait trop sec, il suffirait d'introduire de l'air frais, sans élever la température, cet air abaisse la température de l'air de l'atelier et lui enlève une partie de son calorique, alors l'eau dissoute devient sensible à l'hygromètre, et par conséquent l'humidité apparaît.

L'hygromètre ne marque donc pas la quantité absolue d'eau dissoute dans le calorique et formant vapeur, mais seulement le plus ou le moins de saturation de l'affinité du calorique pour l'eau ; et néanmoins ses indications sont tout ce que nous avons besoin de connaître, parce que ce n'est pas l'eau, en quelque sorte latente, qui nous importe, mais celle qui, quoique dissoute, a plus d'affinité pour les corps extérieurs que pour le calorique, son dissolvant ; cette eau produit ce que nous appelons l'humidité de l'air, et c'est sa proportion que marque l'hygromètre.

L'état hygrométrique de l'air a beaucoup d'importance dans l'éducation des vers à soie, et on est loin d'avoir à ce sujet les connaissances nécessaires. Ainsi l'air est généralement beaucoup plus sec dans le midi que dans le centre et le nord de la France. M. Beauvais pense que le degré hygrométrique le plus convenable à la santé des vers à soie, serait de 80 à 85, et ce degré hygrométrique n'est pas difficile à obtenir dans le climat de Paris. Dans le Midi, M. Bourdon a trouvé que l'état hygrométrique le plus ordinaire de l'air est de 60 à 70, et que ce n'est pas sans difficulté qu'on parviendrait à le soutenir dans les ateliers à 80 à 85. La différence de ces deux climats expliquerait peut-être en partie les différences qui existent entre les conditions de succès des vers à soie dans les deux pays; mais, nous le répétons, de nouvelles observations sur ce sujet nouveau doivent être demandées aux éducateurs qui joignent la théorie à la pratique.

§ III.

Le *Journal d'Agriculture pratique* a publié des détails sur une méthode d'éducation de vers qui a le plus grand succès en Italie; il nous semble utile d'en résumer les diverses cicconstances, d'autant plus qu'elles sont de nouvelles preuves de tous les principes que nous avons énoncés.

A Quercino, propriété du comte Reina, située à deux milles de la ville de Côme en Lombardie, on recueille en moyenne par once de graines 75 kil. de cocons, produit qui n'a pas encore été atteint en France. Ce sont les demoiselles Reina, filles du propriétaire, qui dirigent elles-mêmes ces éducations faites cependant en presque totalité par des colons.

Dans leur méthode, pour faire éclore la graine, on la

met dans de petits sachets de toile qu'on place entre deux matelas sur lesquels on ne couche pas ; chaque jour on visite les sachets une ou deux fois pour donner de l'air à la graine, et l'éclosion commence au bout de 8 à 10 jours. Ce mode d'éclosion est simple et commode ; il a pour lui le succès soutenu de celles qui l'emploient, autrement il semblerait devoir être peu conseillé : lorsque la graine est éclose, on la transporte dans l'atelier, on la vide dans un petit panier garni de toile, on la couvre d'un morceau de tulle de la même grandeur ou de papier percé de trous de la grosseur d'un grain de froment ; sur ce tulle ou ce papier on place de jeunes pousses de mûrier qui sont bientôt chargées de vers ; on tient les jeunes vers rapprochés du poèle et on entretient une température de 20 degrés au moins dans l'atelier qui ne doit jamais être placé dans un lieu humide.

On donne aux vers pendant les deux premiers âges dix repas par jour de feuilles fraîches coupées très-menues ; pendant le troisième et le quatrième âge, les repas sont réduits à huit, et à cinq pendant le cinquième.

La feuille est coupée un peu moins menue pendant le troisième âge, on se contente de la monder pour le quatrième ; les repas qu'on donne sont chaque fois assez abondans pour que les vers soient couverts par la feuille.

Ils sont un jour sans manger à la première mue, deux jours à la deuxième, près de trois à la troisième, et un peu plus à la quatrième ; toutefois on donne encore au commencement des mues quelques feuilles pour les vers qui ne sont point malades.

L'espace que les demoiselles Reina donnent à leurs vers au dernier âge est beaucoup plus considérable que celui qu'ont recommandé nos auteurs, il est de 60 mètres ou 570 pieds carrés de tablettes pour une once de 31 gr. 25, pour 75 kil. de cocons ou de 380 pieds pour un quintal, espace double de celui de Dandolo et moitié en sus de celui de M. Bonafous.

La température de l'atelier qui est de plus de 20° Réaumur pour les premiers âges, se réduit d'un degré à chaque âge, en sorte qu'elle est de 18° à la troisième mue. A cette époque on ouvre de temps en temps les fenêtres; pendant les heures les plus chaudes on tient ouverts une partie des soupiraux d'air et si le temps est chaud on cesse d'allumer le poêle. Dans le cours du quatrième âge on tient tous les soupiraux ouverts; pendant la quatrième mue on ouvre ou entr'ouvre du moins toutes les fenêtres; dans le cinquième âge, et surtout pendant la montée, on tient ouvert le jour et la nuit, quelque temps qu'il fasse; et si la magnanerie n'est pas facile à aérer, on transporte, si on le peut, en tout ou en partie, les vers dans un plus grand appartement.

Cette méthode est suivie par les demoiselles Reina elles-mêmes dans l'éducation qu'elles dirigent et dans celles qu'elles confient à leurs colons; elles obtiennent en moyenne 75 kil. de cocons avec 7 à 800 kil. de feuilles, un kil. de cocons pour 10 de feuilles.

Ce succès est le plus grand que nous connaissions, d'autant mieux qu'il est le même dans les éducations des colons, et qu'il se renouvelle tous les ans depuis plusieurs années, même avec des saisons contraires.

Il semble que cette réussite doit être attribuée à la fréquence des repas des premiers âges, au grand espace qu'on donne aux vers, à l'active ventilation qu'on opère depuis le troisième âge, et puis peut-être encore à l'abaissement de la température pendant le cinquième âge et la montée; le climat y a sans doute sa part, mais la méthode y contribue encore plus, puisque les demoiselles Reina obtiennent un produit plus grand que tous leurs voisins.

§ IV.

Après la méthode des demoiselles Reina nous citerons celle de M. d'Arbalestier, dans la Drôme, que la Société de ce département a donnée comme modèle.

Dans une magnanerie très-bien aérée, percée de fenêtres aux quatre faces et de soupiraux dans le bas des murs et dans la toiture, il place ses rayons de 5 pieds de large à 17 pouces de distance : il fait éclore sa graine à l'aide de la chaleur de l'eau chaude mise dans des bouteilles de grès dont il élève successivement la température de 15 à 20 et 22° au plus dans les derniers jours : les vers éclosent au bout de dix à douze jours.

Dans les premiers jours après l'éclosion il entretient dans les ateliers 19° de chaleur qui diminuent successivement jusqu'à 17 dans les derniers; il s'occupe avec soin dans tout le cours de l'éducation de continuer son abaissement successif et régulier de température.

Le nombre de ses repas est de six par jour, et il espère amener ses colons à les multiplier davantage.

Il met particulièrement ses soins à modifier la ventilation suivant l'état de l'atmosphère; il se défend des vents trop vifs en fermant les croisées et les soupiraux du côté d'où ils soufflent; dans les temps de calme il agite l'air avec des feux de flamme et en ouvrant tous les soupiraux; dans les temps froids il donne de la chaleur avec ses poêles.

Dans les temps chauds et humides il active la circu

lation autant que possible et ferme les volets du côté du Midi; dans les temps chauds et secs, lorsque l'air est agité il tient arrosés les soupiraux par lesquels entre l'air, et lorsque l'air est calme il sert à ses vers de la feuille humide à tous les repas; il donne de la lumière en distribuant la feuille et la diminue dans l'intervalle des repas. Tels sont les moyens les plus remarquables qui ont fait réussir M. d'Arbalestier et qui lui ont fait mériter d'être offert comme modèle par la Société de la Drôme.

Les deux méthodes que nous venons de citer se rapprochent entr'elles par leur ventilation soignée, et ont imité celle de Dandolo dans l'abaissement de température pour les derniers âges. Les succès des demoiselles Reina sont plus grands que ceux de M. d'Arbalestier, nous croyons devoir l'attribuer au plus grand espace qu'elles donnent à leurs vers dans le dernier âge et à l'airage encore plus parfait que chez M. d'Arbalestier; quant à ce dernier, il est à croire que l'humidité dont il imprègne, dans les temps chauds et secs l'air et la feuille de ses vers, contribue à sa réussite.

§ V.

Dans la Drôme, à Faventine, Mlle. Vincent, aidée des conseils de M. Henri Bourdon, s'est chargée de diriger une éducation d'expérience, d'après les procédés Beauvais, dans une magnanerie munie de l'appareil Darcet, et placée à côté d'un atelier Dandolo.

Le produit des cocons, relativement au poids de la graine, a été de 11 p. % plus considérable dans l'atelier Darcet que dans l'atelier Dandolo, et les cocons ont pesé

10 p. °/₀ de plus ; 20 quintaux de feuilles, dans l'atelier Darcet ont produit 150 liv. de cocons, comme 130 dans le second.

Il y a eu quelques *muscardins* mais plus dans l'atelier Dandolo que dans celui Darcet.

L'atelier Darcet a délité avec des filets tous les jours, et l'atelier Dandolo sans filets tous les deux jours ; mais il faut huit fois moins de temps avec les filets, en sorte que le délitement a employé encore quatre fois plus de temps dans l'atelier Dandolo.

Dans l'atelier Darcet, les vers ont achevé leurs trois derniers âges en 13 jours avec 90 repas, et dans l'atelier Dandolo ils ont parcouru la même période de leur vie en 19 jours avec 92 repas, ce qui explique l'économie de feuilles, d'autant mieux que les repas hâtés ont dû être moins copieux. M.lle Vincent a encore remarqué que dans un même atelier, des vers éclos plus tard avec des repas plus hâtés ont été bientôt plus avancés que d'autres éclos avant, avec des repas moins fréquens ; ce qui, du reste, n'est que la confirmation de l'opinion généralement admise que, pour égaliser des vers, il suffit de donner aux plus faibles dans le même temps quelques repas de plus.

La feuille à Faventine était de qualité médiocre ; on a été obligé d'en aller chercher au loin, et quelquefois de l'épargner crainte de manquer : ainsi la feuille n'a pas pu s'assortir à l'âge et au besoin des vers ; les cocons ont été légers, inconvénient qui semble tenir à l'année ; néanmoins la soie était de bonne qualité.

Le succès dans les ateliers de Faventine est d'autant plus remarquable que les éducations y réussissaient mal, parce que Faventine est placé sur un sol marécageux et entouré d'eau. La feuille passait pour y être mauvaise, de sorte que chaque année on avait peine à s'en défaire lorsqu'on n'y élevait point de vers.

M. Bourdon a vu les procédés Beauvais aidés de l'appareil Darcet mis à l'épreuve dans sept départemens du Midi, dans plus de quinze établissemens de la Drôme, et la moyenne de leurs produits a été de 125 à 13o liv. de cocons pour 20 quintaux de feuilles.

Chez M. Planel, les chambrées ventilées ont donné des cocons pesant 1/8 de plus que celles non ventilées. Chez M. Masade, à Anduse, dans une éducation faite sur une grande échelle, les produits ont été plus forts d'un cinquième, d'un quart ou d'un tiers, suivant qu'on leur a plus ou moins appliqué la méthode Beauvais, des délitemens quotidiens avec des filets, d'une alimentation fréquente, d'une température élevée et d'une active ventilation.

Cependant, dans plus d'un atelier du Midi, la ventilation Darcet n'a pu être suffisamment active dans les temps de *touffe ;* mais nulle part on ne s'est plaint des courans d'air trop rapides ; cette objection faite contre l'appareil Darcet dans le sein de l'Académie des Sciences et de la Société d'Agriculture de la Seine se trouverait donc détruite par l'expérience.

M. Bourdon a très-utilement parcouru les principaux ateliers de six à sept départemens, il a vu dans un grand nombre la ventilation Darcet et les procédés Beauvais mis en usage, et il en est résulté partout des produits plus considérables ; il a présenté au Ministre un rapport très-bien fait où il a résumé ses travaux et ses observations sur tous les ateliers qu'il a visités pendant la dernière campagne ; l'utilité d'un pareil missionnaire ne peut être mise en doute; il porte partout avec lui la lumière et les bons conseils, il établit des rapports entre les éducateurs, compare tous les procédés entr'eux, et, doué d'un bon esprit et d'expérience pratique, il peut plus facilement que tout autre déterminer quels sont ceux qui doivent être adoptés, ceux qu'il faut modifier et ceux, enfin, qui doivent être rejetés.

Passionné pour l'industrie nouvelle, M. Bourdon s'est fait homme spécial : dans l'intervalle de ses voyages, il s'occupe d'améliorer les machines pour filature et de simplifier les divers procédés; il a, dans sa propriété de Ris, fait une plantation de quinze arpens qui renferme toutes les variétés connues de mûrier, en expérience pour leur conduite et leurs produits.

Cette année, il a divisé en trois lots sa plantation étendue de multicaules; il en a, à l'automne, enterré une partie, buté une seconde et laissé libre une troisième; la première a été entièrement préservée, la seconde a conservé la partie de ses tiges butées, la troisième a perdu toutes ses branches, quelques-uns même paraissent frappés dans leurs racines : on avait peu de neige dans les environs de Paris; les plantes à tige basse, sensibles au froid, ont été plus fortement atteintes par les 15 degrés Réaumur qu'on y a éprouvés, que dans notre pays par les 19 et 20 degrés accompagnés d'un pied de neige. Cette couverture, dans notre pays, a préservé toute la partie des tiges des plantes délicates qu'elle couvrait, à l'exception cependant des multicaules qui ont perdu leurs tiges et quelques-uns même leurs racines.

Le couchage du multicaule serait donc le seul moyen de tirer parti de cette variété; mais il ne pourrait guère se pratiquer que sur des individus qu'on rabattrait tous les ans sur terre lors de la cueillette des feuilles ; cette opération a coûté à **M.** Bourdon 25 fr. par hectare, et, dans un sol compacte, ou avec de plus fortes tiges, elle aurait coûté davantage.

Il cultive 72 variétés de semis du multicaule, choisies parmi les 200 de **M.** Audibert : la gelée en a épargné une partie ; reste à savoir si ceux épargnés reprennent de bouture et donnent beaucoup de feuilles : sujet d'étude qu'il se propose pour les années prochaines.

Pendant ses voyages, une personne de confiance et pleine d'habileté fait avec ses jeunes mûriers une éducation dans laquelle on fait des expériences sur les pontes, sur les diverses variétés de vers à soie. Déjà cette personne a mérité un prix pour ses succès et tout annonce que Ris sera bientôt un établissement normal en rapport avec les connaissances et le dévouement du propriétaire.

<h2 style="text-align:center">§ VI.</h2>

Nous trouvons encore dans une éducation de **MM.** Robinet et Millet, à Châtellerault, des observations importantes à recueillir ; ils ont employé pour lits de leurs vers à soie des châssis garnis de toile canevas de 1^m 08 de largeur ; ce lit tient le ver tellement au sec que le doigt y trouve plutôt de la poussière que de l'humidité. Pour déliter on place sur les vers un filet qu'on accroche aux rebords du cadre, on donne à manger, et lorsque les vers sont montés sur le filet, on détache le canevas pour débarrasser la litière.

Dans les deux premiers âges, les repas sont fréquens, et ils se répètent aussitôt que les vers ont fini ou qu'ils négligent la feuille restante, ce qui arrive souvent dans les premiers âges, parce que la feuille coupée menue sèche vite à la température de 18 à 20° Réaumur. Les vers ont monté au bout de 25 à 26 jours; ils ont préféré pour cela la paille de colza à celle de seigle ou aux brins de bouleau; ils cherchent en montant à éviter la lumière et préfèrent les endroits chauds; cependant des vers placés à l'air libre, sous un toit de chaume, ont donné des cocons de première qualité, malgré les changemens brusques de température et un peu de pluie qui est arrivée jusqu'à eux : l'éducation s'est terminée sans que les vers aient eu de maladie; la consommation de feuilles et le produit en cocons ont été les mêmes que chez M. Camille Beauvais.

M. Robinet a fait encore sécher des feuilles de mûrier de diverses variétés pour déterminer l'espèce qui fournirait le plus de substance solide aux vers; la feuille du mûrier espagnol qui paraît la plus ferme et la plus compacte, perd 66 p. $^o/_o$ à la dessication; le sauvageon, 64; le greffé, 6o, et le multicaule, 56. Il serait donc à croire que leurs facultés nutritives seraient dans le même rapport, c'est-à-dire comme 17 : 18 : 20 : 22.

Le zèle et le dévouement de M. Robinet sont bien remarquables : il passe à la campagne la saison des vers à soie; de retour à Paris, au milieu d'occupations graves, il trouve le temps de faire un cours public et gratuit d'industrie séricicole : de nombreux auditeurs le suivent avec assiduité et écoutent l'habile professeur avec un empressement qui marque, dans cette partie du public parisien, un goût décidé et soutenu pour cette partie intéressante de l'art agricole.

Mais il manquait à cette direction nouvelle des esprits un établissement qui pût rassembler les résultats, régu-

lariser le mouvement; cet établissement vient de se former : une société séricicole réunit la plupart des hommes
qui se dévouent à cet art : on y appelle avec empressement ceux qui, dans les provinces, s'en occupent avec
fruit, et des annales sont publiées chaque année pour
recueillir le résultat des travaux et des expériences.

§ VII.

La Société de l'Ain a voulu aussi fournir quelques
élémens dans la question; nous allons en rendre compte
en nous dispensant de rapporter toutes les circonstances
qui n'offrent rien de particulier.

Il résultait des détails donnés par les missionnaires
en Chine que les œufs des vers à soie, au lieu d'être,
comme en France, tenus dans des lieux où la température ne descend pas au-dessous de zéro, recevaient au
contraire des bains prolongés d'eau froide et s'exposaient
pendant plusieurs jours à la plus rude température et à
tous les changemens atmosphériques de la froide saison.
Il a paru important de faire des expériences sur ce sujet :
l'été précédent on les avait préparées en faisant pondre
la graine sur de grandes feuilles de papier suivant la
méthode chinoise; comme on n'avait à cette époque que
les données un peu vagues fournies par les missionnaires,
on pouvait naturellement craindre qu'un pareil procédé
ne détruisît le germe de l'insecte; mais comme le lot
que peut élever la Société, vu le nombre et la taille de
ses mûriers, est très-faible, elle risquait peu de compromettre son succès, et, d'ailleurs, sa mission est de
chercher le mieux au risque de ne pas toujours réussir.
L'ouvrage de M. Julien qui a donné des détails nou-

veaux et assez précis sur les bains des œufs de vers à soie, n'a été publié qu'à la fin du printemps; il n'a donc pu servir de guide dans des expériences qui devaient se préparer en hiver, et on a dû marcher un peu timidement dans la voie où on s'engageait. Les feuilles de papier couvertes de graines ont été jusqu'au milieu de janvier tenues roulées dans un cabinet sans feu exposé au nord : à cette époque elles ont été développées dans un jardin sur le gazon par un froid de plusieurs degrés sous zéro; la neige est survenue qui a couvert les feuilles et les œufs qui y étaient attachés; après 36 heures d'exposition on a fait tomber la neige qui couvrait la graine, on a rentré les feuilles dans une orangerie où on les a fait sécher. Les feuilles roulées de nouveau ont été replacées dans le cabinet au nord. Lorsque la saison de faire éclore est arrivée, on s'est procuré un lot de graines traitées à l'ordinaire; on l'a exposé, ainsi que les feuilles garnies de graines, à la chaleur de bouteilles de grès pleines d'eau chaude à 20 degrés, l'éclosion est arrivée au bout de peu de jours; celle des graines ordinaires a duré quatre jours; celle des papiers exposés en a duré trois. Ces derniers vers qui étaient de l'espèce délicate de Chine ont montré plus de force et de santé, dans tout le cours de l'éducation, que les premiers de l'espèce jaune ordinaire.

Les vers ont été tenus à une température au-dessus de 20 degrés et les repas ont été fréquens; les cadres de toiles ont été commodes et expéditifs pour le service des vers, pour le délitement et pour diminuer l'humidité des déjections: toutefois, lors de la montée, il serait nécessaire, pour soutenir les bruyères que la toile des cadres fût soutenue elle-même par des traverses placées au-dessous. Cette méthode de toiles, au lieu de planches ou de claies, est due à M. Peysson du Bugey; elle a été imitée avec succès dans la magnanerie modèle de Faventine, dans la Drôme; on y a remarqué, comme à Bourg, que la litière s'y maintient sèche et par conséquent est beaucoup plus saine pour les vers qui y habitent. Cette même observation s'est confirmée, comme nous l'avons dit, dans la magnanerie de MM. Millet et Robinet.

L'éducation n'a commencé que lorsque les jeunes bourgeons avaient poussé de 2 à 3 pouces; pour nourrir les jeunes vers on n'a pris que la pointe de ces bourgeons, et on a continué d'agir d'après ce principe jusqu'à la fin du troisième âge, en dépouillant successivement les jeunes bourgeons de leur pointe garnie de deux et trois feuilles, à mesure que les vers avançaient. Dans le quatrième âge on a achevé de dépouiller les jeunes bourgeons dont on avait fait consommer les pointes, et bientôt on a effeuillé les bourgeons entiers.

Ce procédé a beaucoup épargné la feuille en lui permettant de croître sur toute la longueur qu'on laisse aux bourgeons, et cette feuille a moins besoin d'être hachée parce qu'elle est donnée plus jeune : ce moyen assortit en outre la qualité de la feuille à l'âge des vers : d'ailleurs il en faut peu pour les trois premiers âges; la main-d'œuvre que demande l'épointement des bourgeons est la même que celle de leur enlèvement dans une éducation plus hâtive de quelques jours; et on y gagne peut-être un cinquième de feuilles, parce que tous les bourgeons porteurs de feuilles ont en moyenne, au moment de leur entier dépouillement, trois ou quatre grandes feuilles de plus; cependant cet avantage n'est dû qu'en partie au procédé que nous conseillons; il vient surtout du retard de l'éducation.

Nous avons encore remarqué que la feuille qui tient aux branches coupées sur l'arbre se fane promptement, et que lorsqu'elle est fanée, l'immersion de la naissance de la branche dans l'eau ne suffit pas pour rendre à la feuille sa fraîcheur. On ne peut donc pas conserver ni transporter au loin la feuille tenant aux bourgeons, et lorsqu'on les a coupés il faut se hâter de les dépouiller.

Nous donnons aussi, comme résultat de nos expériences des deux dernières années, la nécessité de fournir aux vers de plus grands espaces que ceux prescrits d'ordinaire, toutes les fois surtout que les moyens de ventilation ne sont pas bien puissans : on augmenterait beaucoup l'espace au moment nécessaire, en imitant la méthode chinoise, de faire faire les cocons dans un appartement exprès. MM. Beauvais préparent à ce sujet des expériences; ils se proposent de couvrir les vers en maturité de leurs liteaux garnis de bouleau; lorsque les plus pressés y seront montés, ils les transporteront dans un local spécial; par ce moyen ils laisseront de la place libre aux vers restans, dont la montée se ferait alors avec moins d'encombrement et moins de nécessité d'airage : si on n'avait point un local spécial pour la coconnière on pourrait placer ses bruyères de supplément dans une chambre ordinaire qu'elles n'embarrasseraient que pendant une huitaine de jours.

Il y a encore beaucoup à faire, beaucoup à expérimenter dans la multitude de questions que soulève l'éducation des vers à soie. Ce que nous a appris le père d'Entrecolle, dans une analyse d'un des meilleurs ouvrages chinois sur ce sujet, nous a mis sur la voie de grandes améliorations; l'ouvrage de M. Julien donne de nouvelles lumières, et, par cette raison, doit provoquer des expériences plus étendues; ainsi, sur les premières indications nous avions exposé un lot de graines à la gelée, à la pluie et à la neige; mais nous n'avions pas osé hasarder les bains de longue durée; l'ouvrage de M. Julien, duquel on peut induire que la plupart des graines qu'on fait éclore en Chine ont essuyé des bains pendant la saison froide, nous a engagé à essayer cette méthode pour constater et comparer ses résultats; ainsi, nous avons placé trois lots d'œufs avec le papier sur lequel ils ont été pondus, pendant six jours de la saison froide, dans des bains d'eau de chaux, d'eau salée et d'eau pure, dans une chambre où le thermomètre se tenait peu au-dessus de zéro; nous en avons exposé un quatrième pendant le même espace de temps à la neige et à une température qui est descendue à 13 degrés Réaumur; le reste de la graine a passé l'hiver dans un cabinet au nord où le froid est descendu pendant plusieurs jours au-dessous de 12 degrés. Les œufs des lots préparés de ces diverses manières et restés sur le papier ont éclos mieux et plus promptement que les œufs détachés et accumulés : l'éclosion de ceux baignés à l'eau salée et l'eau de chaux a été plus simultanée et plus complète que celle des œufs restés sur papier, mais qui n'ont reçu aucune préparation; les vers des différens lots paraissent bien se porter, la suite nous fera voir quels sont ceux qui ont l'avantage pour la santé et la vigueur. Les résultats que nous avons entrevus, l'année dernière, nous semblent confirmés par ceux de cette année, et nous pensons que cette préparation chinoise des œufs des vers offre l'avantage d'amener à des circonstances pareilles

les graines pondues à des époques différentes ou qui auraient pu être diversement placées, de retarder leur éclosion de manière à ce qu'elle n'ait plus lieu spontanément, mais sous l'influence de l'art, et, enfin, de déterminer une éclosion simultanée.

M. Bonafous a aussi expérimenté plusieurs procédés de la méthode chinoise; l'expérience lui a confirmé que les vers mangent avidement les feuilles de mûrier saupoudrées de farine de riz, et elle lui a appris que cette farine peut se suppléer par celle de toute autre céréale et même par la fécule de pommes de terre; un autre éducateur conclut de ses essais répétés que la fécule de pommes de terre est agréable et salutaire aux vers, et que la soie produite est plus forte et de meilleure qualité; enfin, par des expériences de plusieurs années, M. Beauvais s'est assuré que les vers à soie consomment avec profit, comme les livres chinois l'annoncent, la feuille sèche du mûrier réduite en poudre. Ces essais nous ouvrent de nouveaux champs d'expériences et il est à désirer qu'ils se répètent sur beaucoup de points, dans l'année où nous sommes.

Dans le lot de vers à soie blanche que nous avons élevé, se sont trouvés des vers noirs qui, en grandissant, se sont panachés de bandes grises foncées; nous avons séparé ces vers, ils nous ont paru plus vigoureux, plus gros que les autres; leur vie a été plus longue, leurs cocons un peu plus gros, couleur blanc pur; nous leur avons fait produire de la graine pour les essayer séparément.

Ce serait le ver noir ou rayé dont parle l'ouvrage chinois de M. Julien, pag. 174. Il y aurait peut-être de l'importance pour notre pays à retrouver cette variété

pure, surtout si elle est plus vigoureuse comme il nous
l'a semblé; il est à croire qu'au bout d'un certain nombre
d'années, en faisant pondre séparément les papillons des
vers rayés, et, en sortant exactement tous ceux qui ne le
seraient pas, on parviendrait à retrouver la race pure qui
se perpétuerait avec sa couleur. On a déjà essayé d'arriver
à ce résultat, à ce que nous rapporte Sauvage; mais on a
perdu trop tôt patience, parce que les vers rayés ne se re-
produisaient pas toujours avec leur propre graine.

Cette conjecture se trouve maintenant appuyée par un
fait précis : M. Bourdon élève depuis trois ans cette race,
en tirant toujours sa graine de cocons de vers noirs; dans
la 3e année plus des 9/10e de ses vers ont été de cette
couleur.

Tous les différens lots de vers, dont nous venons de
parler, sont élevés par nous concurremment avec un
petit lot de graines du Bengale, rapporté en France par
la *Bonite*; avec un autre de graines de M. Beauvais, qu'il
nous a données en même temps que celles du Bengale;
et, enfin, avec un troisième de graines à éducation multiple. Ce dernier n'a commencé d'éclore qu'au bout de
18 jours ; dans son éclosion tardive il différerait beaucoup du ver à éclosion multiple de Chine qui éclot
plus facilement que les autres variétés, il n'a même
éclos qu'en partie, et l'éclosion a eu lieu, chaque matin,
pendant 5 jours : ces vers grossissent très-peu; il n'a aussi
éclos qu'un très-petit nombre de vers du Bengale malgré
que tous les œufs aient passé plus de 25 jours à une
chaleur humide, et ces vers sont de couleur et de grosseur différentes ; ils semblent appartenir à des races diverses et donneront par conséquent des variétés nouvelles
aux personnes surtout qui auront pu les faire éclore en

grand nombre. C'est le lot préparé au bain de chaux qui a éclos le premier et le plus simultanément, ces vers sont les plus beaux, les plus égaux et paraissent les plus vigoureux.

Les vers à éducation multiple, comme les vers noirs, comme ceux des trois mues, les gros vers à quatre mues et ceux à cocons de diverses couleurs, viennent de nos graines tirées originairement de Chine. Il est à croire que l'apparition de ces diverses variétés, parmi ceux de la variété ordinaire, résulte des croisemens fréquens qui ont lieu dans ce pays : il est donc probable qu'on pourrait retrouver leurs principales variétés; leur étude et leur éducation séparées peuvent, en attendant que la Chine nous les donne elle-même, nous offrir le moyen d'avoir des vers de qualités diverses, des races moins maladives et plus ou moins hâtives.

Nous avons restreint beaucoup notre petite éducation par suite des dégâts que l'hiver a causés dans nos mûriers; les jeunes bourgeons porteurs de feuilles avaient perdu la moitié au moins de leurs yeux; par ce motif, pour nourrir nos vers, nous avons, à mesure de la consommation, taillé ces bourgeons en respectant les repousses qui partent près des aisselles où le bois et les yeux mieux aoûtés s'étaient mieux défendus.

L'hiver de 1838 a beaucoup nui aux mûriers : dans les localités où le froid est descendu à 20°, il en a péri beaucoup de jeunes et presque tous ceux plantés l'année précédente. Les hivers les plus rigoureux, de mémoire d'homme, n'avaient, il est vrai, pas atteint ce degré; cependant le froid n'a point été accompagné de gels et dégels alternatifs, il y a eu peu de ces verglas qu'on représente comme la ruine des boutons et des jeunes branches des arbres; cet abaissement de température n'est pas rare dans les pays placés au-delà du 50me degré, et néanmoins les mûriers y réussissent sans même être atteints par l'hiver; on les voit encore prospérer là même où le froid descend assez souvent à 24 et 25° : d'où peut donc venir la souffrance des nôtres avec un moindre froid? nous pensons que cet effet doit être attribué à ce que les mûriers actuels de notre pays sont presque tous tirés du Midi en arbre ou en pourrette, pendant que les mûriers du Nord ont été semés et élevés dans le pays; ils s'y sont en quelque sorte acclimatés : l'acclimatation sans douté ne change pas l'organisation intime des plantes; mais dans les climats qui le demandent, cette organisation développe toutes ses ressources contre le froid. Dans les climats septentrionaux, les fourrures des animaux, les écailles qui recouvrent les boutons et qui sont leurs vêtemens d'hiver sont plus épaisses: au bout de quelques générations, la plante originaire des pays chauds atteint la limite d'acclimatation que lui permet son organisation, et elle résiste beaucoup mieux au froid que les premières importées ou celles issues de graines venues du pays originaire.

Des naturalistes ont voulu étendre plus loin leur système d'acclimatation; ils pensent que petit à petit la plante peut arriver à prendre presque indéfiniment des forces contre la rigueur des climats; mais ce progrès est borné et la limite que la nature lui a assignée n'est pas étendue, nous pensons même qu'elle ne serait pas la même pour tous les végétaux et qu'elle s'aggrandit pour ceux d'une utilité plus grande; le mûrier, par exemple, qui devait donner aux hommes la soie est un de ceux auxquels l'acclimatation peut faire parcourir une échelle plus étendue.

Ces considérations, résultat d'ailleurs de l'expérience, ont fondé le principe universellement admis en agriculture, en horticulture et en plantations de toute espèce, qu'il faut tirer ses graines et ses arbres du Nord : nous pensons que ce principe est surtout vrai pour le mûrier, qu'il n'a souffert, cette année, dans notre pays que parce qu'il vient du Midi, et qu'il eût échappé aux rigueurs de l'hiver s'il eût été élevé dans notre pays ou mieux encore dans le Nord ; nous recommanderions donc expressément de faire des semis, d'établir des pépinières dans chaque pays où on veut produire de la soie, et, si on n'élève pas soi-même, d'extraire, fût-ce même avec de plus grandes dépenses, les sujets greffés ou non, du Nord, plutôt que du Midi.

Il nous semble aussi que lorsque le mûrier a souffert de l'hiver il est nécessaire de retrancher les branches qui ont perdu tout ou partie de leurs yeux ; autrement l'arbre se trouverait presqu'entièrement dégarni de feuilles dans les récoltes suivantes ; mais ce n'est guère qu'à la poussée qu'on peut juger du mal de l'hiver ; car les bourgeons dont les yeux sont frappés restent verts : on est donc obligé de tailler tard, mais alors on agit avec plus de certitude en rabattant sur les yeux déjà poussés et qui n'ont pas souffert : on nourrit les vers avec la feuille retranchée et le mal est presque rétabli au bout de la saison.

Nos mûriers nains qui avaient eu leurs souches couvertes de neige, se sentiront peu de la mauvaise saison parce qu'ils ont été rabattus sur de jeunes bourgeons partis d'yeux abrités par la neige.

§ VII.

C'est un fait bien remarquable que les éducations d'Europe donnent des cocons beaucoup plus lourds que ceux de l'Inde où il en faut souvent 3o à 36 livres pour faire une livre de soie.

M. Camille Beauvais, dans des conférences qu'il a eues avec les chefs de l'Administration anglaise, a été interrogé sur les causes de cette grande différence : elle était sans doute difficile à assigner ; mais quand M. Beauvais l'eût connue, il se serait sans doute gardé de satisfaire là-dessus ceux qui lui faisaient cette demande ; le climat de l'Inde, pays où la main-d'œuvre coûte si peu, a déjà de si grands avantages sur celui de l'Europe pour la production de la soie, que si leurs cocons étaient aussi lourds et leur soie d'aussi bonne qualité, c'en serait fait de cette industrie pour l'Europe.

Dans les années qui viennent de s'écouler, nous avons eu occasion de remarquer, dans plusieurs éducations, dont nous avons suivi de près les résultats, que lorsque les vers à soie sont près de maturité et que la température augmente d'une manière subite, surtout par l'effet de la chaleur extérieure, la petite colonie court, s'agite, monte avant le temps et donne des cocons légers ; cet effet est encore plus fréquent dans les pays chauds : aussi, les cocons, dans les pays tempérés, donnent-ils plus de soie. Nous avons vu précédemment que 9 à 10 livres de cocons, dans le Bugey, produisent une livre de soie filée ; près de Bourg, en 1837, chez M. Renaud, une éducation de 9 onces 1/2 de graines, faite suivant les procédés ordinaires, a donné 9 quintaux de cocons et 89 livres de soie filée; et, enfin, les éducations de la Côte-d'Or, plus au nord que nous, ont donné une livre de soie filée pour neuf livres ou neuf livres et demie de cocons.

De ces diverses considérations il nous semble qu'on pourrait conclure, comme nous l'avons déjà précédemment fait sur d'autres données, qu'un climat tempéré ajoute aux chances de succès dans la production de la soie et que, sous le rapport du poids des cocons·et de la qualité de la soie, le centre et le nord de la France auraient de l'avantage sur nos plaines du Midi et rivaliseraient avec les parties élevées de ces pays. ·

Nous venons de remarquer que la chaleur hâtant l'éducation fait faire des cocons légers : c'est aussi l'opinion générale dans le Midi; cependant, dans le procédé Beauvais, sans diminuer la chaleur, on a obtenu les plus grands produits, mais c'est qu'on a aussi augmenté les soins de délitement, qu'on a activé la ventilation, et qu'on l'a donnée, au besoin, avec de l'air frais; que par ce moyen on a, en quelque sorte, suivi le procédé chinois qui chauffe le *bas de la coconnière en rafraîchissant avec de l'air frais les parties supérieures où travaille le ver.*

On s'est très-bien trouvé dans le Midi, dans le cinquième âge surtout, de la ventilation avec l'air froid et humide des caves; mais ce qui achèverait de prouver en faveur de la diminution de température dans les derniers âges, c'est le grand succès des demoiselles Reina, en tenant tout ouvert, à cette époque, le jour et la nuit et par tous les temps; leur procédé ne serait pas sans doute entièrement applicable dans nos climats moins chauds que le leur; mais leur succès doit nous encourager à souvent tout ouvrir comme elles dans le cinquième âge.

En Syrie, où la chaleur est extrême et comparable à celle de l'Inde, onze livres de cocons donnent une livre de soie filée ; mais leurs vers ne sont élevés dans leurs maisons que dans les deux premiers âges, ils font leurs cocons en plein air sous les arbres dont on a cueilli la feuille, et abrités seulement par des nattes des rayons directs du soleil ; ils éprouvent par ce régime la fraîcheur des nuits et jouissent de la circulation de l'air en tous temps.

Les naturalistes ont remarqué que la plupart des animaux et des végétaux des mêmes espèces ont des enveloppes assorties à la rigueur des climats où ils se trouvent ; elles sont plus minces dans les climats chauds et plus épaisses dans les climats froids : une divine prévoyance qui voulait que les animaux et les végétaux utiles pussent se répandre sur de grandes étendues, a donc établi leur organisation intime de manière à ce qu'une température élevée leur fait assimiler moins de substance pour les tissus destinés à fournir leur enveloppe dans les climats chauds, parce qu'elle a besoin d'être moins épaisse, pendant qu'au contraire, quand la température est plus basse, les organes accumulent une plus forte provision de la substance qui doit les envelopper ; par cette raison, les cocons produits après un cinquième âge passé à une haute température, seraient plus minces que ceux produits à la suite d'une température modérée : ces observations prises dans la nature elle-même et dans la généralité des êtres, viendraient à l'appui des prescriptions de Sauvage, de Dandolo et des plus habiles éducateurs anciens, de baisser la température dans les derniers âges.

Les succès hors de ligne des demoiselles Reina doivent

être aussi, nous le pensons, spécialement attribués à l'emploi intelligent de ce procédé. Nous admettrons donc que les premiers âges sont destinés à donner à l'insecte son développement, et le dernier à amasser la provision de substance destinée à former son enveloppe ou le cocon.

D'ailleurs, en tenant les vers à une température modérée dans le cinquième âge, on diminue beaucoup la chance des maladies qui se déterminent presque toujours par suite de l'altération des litières et de l'air qu'ils respirent; et c'est la chaleur qui hâte cette altération: par un abaissement de température le temps de l'éducation se prolonge à peine; Sauvage a expérimenté que la haute température, dans les premiers âges, suffit pour donner aux vers, pendant tout le reste de leur vie, l'activité, la vigueur et l'appétit nécessaires, pour que toutes les périodes du reste de l'éducation s'achèvent promptement, alors même qu'on fait baisser la température.

Il nous semble même que la méthode chinoise, en l'examinant de près, est tout-à-fait aussi d'accord avec ces principes: ainsi, dans la traduction de M. Julien, pag. 176, on recommande, s'il fait au-dehors une chaleur brûlante après la troisième mue, de transporter les vers dans une chambre fraîche et spacieuse.

Lorsqu'on les a transportés dans la coconnière on recommande encore, il est vrai, d'en chauffer le bas et d'augmenter même le feu à mesure que le travail des vers augmente; mais en même temps il faut, disent-ils, qu'un vent frais circule dans la partie supérieure; par ce moyen, l'air est renouvelé activement, la température reste modérée et la soie sèche à mesure qu'elle sort de la filière du ver, circonstance à laquelle les Chinois attachent la plus haute importance pour donner de la force et de la durée aux tissus. La soie des deux districts de Kia et de Hou est plus estimée et plus chère parce qu'elle est obtenue dans des coconnières chauffées par le bas et *rafraîchies par de l'air* frais dans le dessus ; les vêtemens tissus avec la soie de ces provinces, disent-ils encore, peuvent supporter cent lavages, pendant que ceux tissus avec la soie des provinces où on n'a pas ce double soin se détruisent aisément en les lavant.

Nous conclurions donc de tout ce qui précède que toutes les parties et tous les procédés qui composent la méthode nouvelle, les repas fréquens, les délitemens quotidiens avec des filets, l'état hygrométrique élevé, la ventilation active sont de grandes et heureuses innovations qui assurent et agrandissent le succès des éducations de vers à soie ; mais nous pensons qu'il n'en serait pas de même de la continuation d'une haute température dans les derniers âges, qu'abrégeant peu l'éducation et amenant peu d'économie de feuilles, elle expose les vers à des accidens plus nombreux, exige une ventilation plus active, et peut-être même, avec toutes ces conditions remplies, ne donnerait point des cocons aussi lourds qu'une température modérée qui ne s'élèverait pas au-dessus de 18 à 19 degrés.

Toutefois, dans toutes nos ventilations, dans toutes nos introductions d'air froid ou d'air chaud dans la magnanerie, nous devons nous garder, autant que possible, de tout courant d'air rapide et de tout passage subit du chaud au froid et réciproquement : la plupart des maladies, dans toutes les espèces animales ou végétales, ont leur origine dans la transition brusque d'une température à une autre, et particulièrement lorsque cette transition a lieu par des courans d'air ; et ces courans, nous ferons en sorte de les modérer en fermant les ouvertures du côté où ils soufflent, ou en plaçant du moins des obstacles à leur introduction pour diminuer leur vitesse et prévenir leur action immédiate sur les vers.

§ VIII.

Mais ce n'est pas à la Chine seule que nous devons demander des élémens d'amélioration dans le sujet que nous traitons; le Bengale produit beaucoup de soie et doit posséder la plupart des variétés de Chine; on y trouverait sans doute aussi les meilleurs procédés chinois, parce qu'il y a des rapports fréquens entre ces deux pays: il serait plus facile d'extraire de l'Inde que de Chine les œufs et les mûriers des diverses variétés; nous y recueillerions aussi plus facilement les lumières qui nous manquent encore. Les Anglais nous serviraient dans les démarches nécessaires; nos consuls à Calcutta et dans les divers comptoirs de l'Inde nous procureraient tout ce qui pourrait nous être utile sur ce sujet.

Les races de vers à soie, il est vrai, s'altèrent plus ou moins dans l'Inde, au point que pour y remédier les Anglais font venir de temps en temps de Chine, et même d'Italie ou de France, de nouvelles graines; mais toujours encore devons-nous les essayer avec empressement, parce qu'elles peuvent renfermer des types d'espèces de Chine que notre climat pourrait au besoin régénérer s'ils étaient altérés.

Nous devons faire remarquer ici que puisque la race de vers à soie s'améliore dans notre pays, de manière à pouvoir servir de type et à régénérer celles de l'Inde, notre climat et nos procédés d'éducation conviennent parfaitement soit pour la conservation de l'espèce avec ses diverses qualités, soit pour la production de la soie.

Dans les tentatives d'introduction des vers à soie dans l'Ile-de-France (île Maurice) depuis l'avénement de la puissance anglaise, la variété indienne introduite, qui donnait cinq éducations dans son pays originaire, dans l'Ile-de-France, n'en a donné que trois : c'est donc là encore que nous pourrions trouver la variété à éducation multiple, celle qui pourrait nous offrir le moyen de faire avec des mûriers différens des éducations de printemps et d'automne qui, seules, comme nous l'avons établi ailleurs, peuvent convenir à notre pays; mais des renseignemens que nous venons de recueillir, nous prouvent que le ver à éducation multiple semblerait déjà retrouvé; depuis plus de trente ans un propriétaire du Dauphiné fait des éducations multiples avec la même graine. M. Seringe, professeur-directeur du Jardin botanique à Lyon, a reçu de ce propriétaire des vers éclos de la deuxième ou troisième éducation dont il a recueilli la graine; il en élève les vers cette année, il nous en a même donné une portion que nous avons partagée avec MM. Beauvais, Aubert et Bourdon. Le cocon et l'œuf sont plus petits, l'espèce éclot deux, peut-être trois fois dans l'année; si la deuxième éclosion peut se retarder, elle nous conviendrait parfaitement pour faire les éducations d'automne: j'ai vu chez M. Lavigne, sous-préfet de Belley, des cocons de cette espèce produits par ses soins dans le mois de décembre.

On recueille dans l'Inde les cocons d'un grand nombre d'insectes d'espèces différentes. Les ouvrages chinois, tout en annonçant beaucoup de variétés du *bombyx mori*, ver à soie ordinaire, ne nous font connaître que trois

autres espèces d'insectes avec lesquels on fait de la soie :
dans l'Inde on en connaît huit ou neuf ; il est particulièrement une espèce qu'il serait grandement à désirer
que nous pussions nous procurer, celle qui fournit la
soie des foulards : ces tissus sont d'une durée beaucoup
plus grande que les imitations qu'on en fait avec la soie
d'Europe ; ils ont plus de corps, se conduisent autrement
au lavage et sont le produit d'une espèce, nous le pensons, autre que le *bombyx mori ;* sans doute plusieurs de
ces espèces vivant sur des arbres ou des plantes de la
zone torride, ne se transporteraient avec avantage en
Europe que si l'on trouvait des arbres indigènes qui leur
convinssent, ou si les plantes tropicales qui les nourrissent pouvaient elles-mêmes vivre dans nos climats ;
mais assez souvent l'organisation de ces plantes s'y prête ;
ainsi le mûrier, le rosier du Bengale, le maronnier d'Inde,
l'hortensia, le corchorus, l'aylanthus, le sophora, le
ribes sanguineum, etc., ont réussi dans notre pays à peu
près comme dans leur pays originaire.

Nous pourrions même encore espérer voir réussir chez
nous les espèces qui vivent en plein air dans l'Inde : le
climat de leur pays originaire leur étant favorable on
n'a point cherché à les y rendre domestiques ; rien ne
s'opposerait peut-être à ce que, dans le nôtre, on ne pût
les y amener comme le *bombyx mori* y a été amené lui-
même.

Dans la province d'Assam, nouvellement conquise par
les Anglais, on distingue six espèces de vers à soie dont
quatre sont élevées par les habitans et les deux autres
produisent leurs cocons dans les forêts. Le *Journal de la
Société asiatique du Bengale* a donné un extrait reproduit
dans la *Bibliothèque Universelle* de Genève, des Mé-

moires de **M.** Hugon sur les espèces de la province d'Assam, et de **M.** William Helfer sur celles de la province du Bengale.

Après le *bombyx mori*, dont cet extrait ne décrit pas les variétés, on remarque :

1° Le ver à soie de Jori, *bombyx religiosœ*, qui donne de la soie d'un bel éclat et très-douce au toucher ; il vit sur le *ficus religiosœ* et même sur le *ficus indica*.

2° *Saturnia siletica* ; le ver vit dans les montagnes de Silet, donne de gros cocons dont la soie entre dans le commerce.

3° *Saturnia paphia* ; c'est le ver qui donne la soie dont on fabrique la plupart des étoffes de l'Inde que nous connaissons ; jusqu'ici il n'est pas domestique, parce que les phalènes s'envolent avant la fécondation, et vont pondre én liberté. On n'est point arrivé à l'élever dans les maisons ; mais on a fait peu d'efforts pour cela ; le plus grand obstacle semble avoir été levé par **M.** Helfer qui, en retenant les phalènes sous un rideau à mousquites, a obtenu des œufs qui ont éclos au bout de dix jours. Ajoutons encore que dans quelques parties de l'Inde, les habitans apportent les jeunes vers éclos dans les forêts, sur des arbres placés près de leurs maisons, où ils les soignent et recueillent leurs produits ; ce sont là déjà de grands pas faits pour la *domestication* de cette espèce ; d'ailleurs elle vit sur le *terminia alata* et le jujubier *zizyphus jujuba* qui s'élève dans le midi de l'Europe et dans la France méridionale.

Cette variété serait-elle la même que celle que les Chinois élèvent avec des circonstances analogues à celles que nous venons de décrire, sur un arbre épineux autre que le jujubier ? Nous ne le pensons pas, et nous en déduirons plus tard les raisons.

4° *Saturnia ussamensis*, *mooga* du pays d'Assam : cet insecte s'élève dans les maisons, mais mieux en plein air; il vit sur le *laurus obtusi-folia*, le *tetranthera macrophylla* et sur d'autres arbres : il produit cinq générations dans l'année.

On fait avec la soie que donne son cocon une grande variété d'étoffes, des turbans, des écharpes, des vêtemens de toute espèce et même des couvertures pour l'hiver; parmi le grand nombre de végétaux qui le nourrissent, l'un d'eux du moins pourrait se naturaliser en Europe; ou tout au moins, trouverions-nous à l'un de ces végétaux des succédanées dans nos climats.

5° *Phalena cynthia* : c'est l'espèce décrite par M. Audouin dans l'Encyclopédie agricole; le ver est domestique dans un grand nombre de lieux de l'Indostan, il se nourrit sur le ricin, croît rapidement, est fort robuste; sa soie est grossière, mais si durable que les vêtemens qu'on en fabrique durent souvent plusieurs générations; elle est de plusieurs couleurs, rouge ou blanche, ce qui annonce plusieurs variétés. Dans la province d'Assam, la population en est presque tout entière vêtue : le nombre des générations de l'insecte y est de sept par année.

Nous ne pensons pas que, malgré les analogies, cet insecte soit le même que celui qui produit en Chine ces tissus si durables dont nous avons parlé précédemment; celui de Chine ne vit pas sur le ricin, mais sur le *fagara* soit poivrier de Chine et sur une espèce de frêne qui, suivant le père d'Incarville, a beaucoup d'analogie avec les nôtres. Le ver de Chine pourrait être celui dont les habitans de l'île de Cos tiraient de la soie du temps de Pline le naturaliste, il vivait sur le chêne et sur le frêne. Les Romains distinguaient deux espèces de soie : celle de l'île de Cos qui se recueillait sur les arbres et était employée pour les vêtemens des hommes, et la soie assyrienne pour les dames, si légère qu'elles en sont, nous dit Pline, *vêtues comme nues.*

Si la *phalena cynthia*, le ver de Chine, et celui de Cos étaient la même espèce, il faudrait en conclure qu'elle peut se nourrir des feuilles d'un assez grand nombre d'arbres ; si les espèces sont différentes, comme c'est probable, les chances de succès dans nos pays seraient encore par là multipliées : on ne saurait donc faire trop de tentatives pour les y naturaliser.

En Chine, la soie du *fagara* est d'un beau gris de lin ; ses tissus durent au moins le double de ceux de soie ordinaire et sont d'un plus grand prix.

Dans l'Inde, la mère lègue à sa fille les robes tissues de la soie de la *Phalena Cynthia* et qu'elle a portées pendant sa vie ; cette soie habille particulièrement le peuple, pendant que celle analogue de Chine fait des vêtemens de luxe. Il est donc à croire que les vers qui produisent ces soies diffèrent entr'eux ; c'est un motif de plus pour les rechercher les uns et les autres.

La variété qui se nourrit avec le ricin serait, à ce qu'il semble, la plus facile à introduire, puisque nous avons déjà la plante qui la nourrit.

Le ricin, plante annuelle dans le centre et le nord de la France, ne pourrait y servir qu'à des éducations d'automne, mais il est vivace dans le midi ; il y en a même des massifs dans le comté de Nice où des individus atteignent jusqu'à 30 et 35 pieds de hauteur.

Quant à l'espèce chinoise, le *fagara* qui la nourrit réussirait, à ce que pense le père d'Incarville, dans le

midi de la France, et il regarde le frêne de Chine , qui
sert aussi à sa nourriture , comme tout-à-fait semblable
au nôtre; dans ce cas, ce ne serait pas seulement dans
le midi, mais dans la France entière, qu'on le natura-
liserait ; et remarquons bien qu'en Chine le terrain qui
manque presque à la nourriture des hommes, est beaucoup plus rare et plus précieux que chez nous , et que,
par conséquent, toutes leurs cultures industrielles qui
conviendront à notre climat pourront se transporter
avec avantage dans notre pays, pourvu qu'elles ne demandent pas une grande main d'œuvre, plus chère chez
nous que dans le *céleste Empire.*

Les Mémoires de MM. Hugon et Helfer décrivent encore 4 à 5 autres espèces d'insectes sétifères; le champ
d'expériences serait donc pour nous bien vaste à parcourir, et il est à croire que plus d'une de ces espèces
pourrait se naturaliser dans notre pays; il est donc
grandement à désirer que le gouvernement nous mette
dans le cas de faire les expériences nécessaires et qu'il
nous procure les arbres et les vers qui s'en nourrissent.
Nous disons les arbres en premier ordre, parce que, pour
nourrir les vers, il faut que la feuille nourrice soit prête
au moment où les œufs des insectes éclosent.

Quant aux espèces qui éclosent peu de temps après la
ponte de la graine et qui donnent par conséquent des
éducations multiples, on transporterait les arbres en
caisse pour nourrir les vers pendant la traversée ou après
leur arrivée : ces extractions seraient un peu plus difficiles que celles des vers à une seule ponte, mais les
correspondances avec ces pays sont fréquentes; nous
avons presque partout des consuls. Partout des navires
anglais , sinon les nôtres, vont et reviennent plusieurs

fois par an; nos consuls peuvent nous préparer les expéditions que les Anglais nous transmettraient désormais sans aucune mauvaise volonté; au besoin on pourrait nous amener facilement, surtout de l'Inde, des indigènes qui nous apporteraient leurs méthodes et leurs procédés: mais déjà nos souhaits vont se trouver en partie remplis; la frégate *la Bonite*, en terminant son voyage de circum-navigation, nous a rapporté du Bengale des œufs de vers à soie de plusieurs qualités, placés encore sur le papier où ils ont été pondus; elle rapporte, dit-on encore, des graines et même des individus de diverses variétés de mûriers. Les œufs ont été distribués comme nous l'avons dit; les mûriers et les graines sont au Jardin des Plantes où on s'occupe de leur multiplication.

Ces extractions, venues de pays d'où on n'en attendait pas, devront nous faire prendre patience pour celles de Chine. M. Hébert, parti depuis deux ans pour étudier les diverses méthodes d'éducation en Chine et nous en rapporter des arbres et des œufs des diverses espèces, a passé d'abord un an à Manille où il a formé une pépinière de cent variétés de mûriers d'espèces bouturables, qu'il nous rapportera à son retour; ses dernières nouvelles annoncent son arrivée à Macao, où il séjournera s'il ne peut pas pénétrer en Chine.

§ IX.

Dans le cours d'un grand voyage que nous avons fait l'été dernier, nous nous sommes beaucoup occupé de la question des vers à soie, nous l'avons étudiée dans le nord de la France, dans les principaux établissemens où on la pratique; nous pensons utile de donner ici les résultats les plus essentiels que nous y avons observés : et d'abord nous avons été, à diverses reprises, chez M. Camille Beauvais aux Bergeries, cette métropole des systèmes nouveaux pour la production de la soie : quoiqu'arrivé après l'éducation finie, alors qu'on était occupé à filer la soie, nous avons néanmoins vu tous les détails et le matériel de la méthode nouvelle, et enfin les plantations qui doivent faire des Bergeries un grand atelier de production.

Les mûriers nains et grand-vent sont très-bien venans ; les nains greffés sont plantés à 8, 10 et 12 pieds les uns des autres, les sauvageons à 6 pieds ; ces arbres sont très-beaux, quoique n'ayant encore reçu d'autre amendement que le défoncement du sol ; il est impossible d'en voir de plus vigoureux et plus chargés de belles feuilles.

MM. Beauvais, pour diminuer en plus grande partie le désavantage de la saison courte du climat de Paris, dans laquelle les jeunes bourgeons des mûriers repoussés après la taille d'été n'ont pas le temps de s'aoûter, se sont décidés à adopter la taille bisannuelle ou trisannuelle, au mois de février, en s'interdisant de toucher à la feuille dans l'année ; ils taillent leurs mûriers nains sur 3 ou 4 branches, à deux pieds de hauteur.

Les mûriers multicaules leur ont fait éprouver les dommages dont on se plaint ailleurs, ils ont gelé en hiver et au printemps ; ils se proposent, pour parer à cet inconvénient, de tenir les branches toujours près de terre, de les coucher avant l'hiver, en coupant, pour les bouturer au printemps, le bout des branches qu'on conserve à la cave dans du sable frais.

Leurs plantations nombreuses renferment un assez grand nombre de mûriers *moreti*: ils craignent aussi un peu la gelée, leur feuille est moins large et moins longue, mais plus épaisse que celle du multicaule, aussi le vent ne l'altère pas; mais ils reprennent mal de bouture.

Il faudrait chercher par les semis une variété moins sensible à la gelée, ce qui ne serait pas difficile à rencontrer dans les pourrettes de cette graine que les Italiens et nos pépiniéristes nous vendent déjà en grand nombre; et qui donnent toutes de belles feuilles.

M. Beauvais est riche en variétés intéressantes. Outre la plupart des variétés de multicaules obtenues par M. Audibert, il possède un mûrier qui reprend de bouture et qui serait, à ce qu'il pense, le mûrier si estimé en Chine sous le nom de *lou*; et il a en outre une centaine d'individus de semis de graine venant de Chine et cueillie sur des mûriers analogues au multicaule, qui paraissent beaucoup moins sensibles que lui à la gelée.

Pour planter les arbres à grand-vent, MM. Beauvais conseillent de faire une tranchée longitudinale de 3 pieds de largeur, qu'on défonce à 3o pouces de profondeur. Au bout de 3 ou 4 ans, on défonce, de chaque côté de la première ligne, une bande contiguë qu'on fume avec un compost de gazon et de fumier; deux ans après, on défonce et fume encore une seconde bande de terre, et successivement jusqu'à ce que tout l'intervalle des arbres ait été travaillé; on appelle par ce moyen leurs racines dans le sol tout défoncé, tout fumé, et cette opération essentielle ne se fait qu'à mesure des besoins, quand déjà l'arbre est en produit et compense une partie des frais.

Lorsque MM. Beauvais trouveront que leurs plantations de mûriers nains s'affaiblissent, ils se proposent de creuser le sol sur une bande de 4 pieds de large entre les rangs, d'y détruire toutes les racines et de placer dans ces fossés de la terre prise à la surface où les racines n'ont pas travaillé, et amendée avec des composts. Par ce moyen imité des Chinois, et qu'ils ont déjà expérimenté avec succès, ils renouvellent la vigueur de leurs arbres; ce procédé ressemble d'ailleurs beaucoup à celui qu'on emploie pour les orangers dont la destruction des petites racines et la terre neuve renouvellent la vigueur.

Nous avons vu aux Bergeries le premier essai de la méthode chinoise de bouture marcotte, qui consiste à coucher la branche, dont on veut tirer des sujets enracinés, dans une fosse longitudinale qu'on remplit de terre lorsque les yeux ont poussé des bourgeons.

Les mûriers au printemps 1837 avaient beaucoup souffert; au commencement de mai, ils commençaient à peine à pousser, quand la gelée du 12 les a beaucoup maltraités. Effrayé de la saison, M. Beauvais n'a mis couver que 5 onces de graines, non compris les ateliers d'expérience. Les repas des jeunes vers ont été, comme le prescrit l'ouvrage Chinois, de 48 le premier jour, 3o le second, et 12 dans tout le reste de l'éducation: ces repas si fréquens ne doivent pas effrayer; deux femmes, qui se relèvent toutes les deux heures, peuvent suffire pour les premiers jours, quelle que soit l'étendue de l'éducation, parce qu'alors la place qu'occupent les vers est très-petite, leur consommation très-faible, et que par conséquent les soins ont peu à s'étendre.

On donne aux jeunes vers la feuille hâchée menue qu'on leur distribue avec le tamis chinois ; par ce moyen les jeunes vers reçoivent d'une manière prompte, régulière et sans froissement leur nourriture.

MM. Beauvais se louent beaucoup des filets pour changer les vers; les vers sont placés sur des claies ou baguettes de verne qui se déplacent à volonté; on les fait monter au moyen de brins de bouleaux piqués dans de petites planchettes, soit liteaux, qui ont pour longueur la largeur des tables, ce qui expédie et simplifie beaucoup la main-d'œuvre des cabanes et ne dérange pas les vers. Ces liteaux leur servent encore à dédoubler leurs vers au moment de la montée; ils les couchent sur les tablettes, les vers mûrs s'y logent, et quand ils sont garnis, ils les transportent dans une chambre dont ils font une coconnière temporaire en la chauffant et aérant au besoin.

Leur magnanerie est munie de l'appareil Darcet, où des poëles remplacent le calorifère. Ils se louent de ses bons effets et le préfèrent beaucoup à tous les anciens systèmes; mais pour aider à la ventilation toujours trop lente entre les tablettes, une femme, munie de l'éventail chinois, se promène dans les ateliers, chassant l'air contenu entre les tablettes; cet air, refoulé hors des tablettes, entre dans les courans que le tarare appelle hors de l'atelier.

L'éducation de 1837, commencée avec de fâcheux présages, a néanmoins très-bien réussi : on a obtenu 185 livres de cocons, avec 2 milliers pesant de feuilles, soit pour une livre de cocons 10 à 11 de feuilles dans l'état où on les cueille, ou, si l'on veut, 15 livres de feuilles développées.

Les plantations de mûriers nains ont jusqu'ici suffi : l'éducation de 1838 a dû se partager en deux lots, dont le deuxième ne devra éclore qu'au 4e âge du premier : par ce moyen, la grande main-d'œuvre du second n'arrivera qu'après la montée du premier, ce qui entraînera moins de frais, facilitera la surveillance, et, par ces motifs, fera arriver à un plus grand produit net.

Chaque année verra encore grandir l'éducation, surtout lorsque la superbe plantation de mille mûriers en plein-vent, choisis dans les meilleures variétés, arrivera en produit.

Il est impossible d'avoir plus de zèle et un zèle plus éclairé que M. Beauvais; tous les ans il professe à des élèves nombreux, venus de toutes les parties et surtout du midi de la France, dans un cours public et entièrement gratuit, la théorie et la pratique des procédés les mieux entendus pour le soin des vers à soie, et chaque année ses élèves s'irradient dans chacun de leurs pays pour y mettre en pratique les leçons du maître.

Le zèle de M. Beauvais ne se repose pas après le départ des élèves : l'année entière s'écoule à perfectionner les appareils, tenter de nouvelles expériences et répandre de plus en plus, par une correspondance active et étendue, les leçons données pendant l'éducation.

Ainsi, pour étudier le mode d'action et la puissance de l'appareil Darcet, MM. Beauvais ont rempli leur atelier de fumée produite dans la chambre à air chaud, qu'ils ont introduite par les gaînes inférieures en fermant les soupapes des gaînes supérieures : lorsque l'atelier a été rempli de fumée dans toutes ses parties, on a ouvert les soupapes des gaînes supérieures et fermé les inférieures; la simple aspiration de ces gaînes et de la cheminée d'appel a débarrassé l'atelier en deux heures; et dans une autre expérience par le jeu du tarare auquel on faisait faire 70 tours à la minute, l'atelier a été purgé de fumée en 32 minutes.

Il n'est pas à croire qu'il faille un temps plus considérable pour évacuer l'air que la fumée, parce que la fumée n'est autre chose que l'air lui-même qui tient suspendues quelques particules charbonneuses : on ne peut d'ailleurs pas admettre que la présence de ces particules puisse hâter l'écoulement de la masse d'air qui les renferme ; cet écoulement en serait plutôt retardé.

Mais examinons de près le jeu de la ventilation dans ces expériences, et voyons quelles sont les conséquences que l'on peut en tirer : lorsqu'on introduit la fumée en ouvrant les gaînes inférieures et en fermant les supérieures, l'air chargé de fumée ne peut se faire place qu'en refoulant l'air intérieur et le forçant de s'échapper par les jointures des portes et des croisées de l'atelier ; il presse dans tous les sens l'air placé autour et entre les tablettes et en prend la place sans établir de courant général ni régulier.

Lorsqu'au contraire les gaînes inférieures sont fermées et les supérieures ouvertes, l'air ne se renouvelle dans l'atelier que par l'aspiration que produit la cheminée d'appel sur l'air contenu dans les gaînes supérieures, et par suite dans l'atelier ; et cette aspiration s'accroît beaucoup par l'énergie que lui donne le jeu du tarare ; à mesure que l'air est aspiré par le haut, il doit se remplacer dans l'atelier en s'insinuant par toutes les jointures et les ouvertures de l'appartement.

Ces expériences prouvent bien que l'aspiration de la cheminée d'appel et du tarare sur l'air de l'atelier, peuvent le renouveler en 2 heures dans le premier cas, et en 32 minutes dans le second ; mais elles ne donnent pas une idée du jeu régulier et complet de l'appareil Darcet.

De ce que l'atelier s'est débarrassé de fumée, même

entre les tablettes, en 32 minutes ou 2 heures, suivant qu'on a employé ou non le jeu du tarare, on ne doit pas conclure qu'il en serait de même de l'air dans le jeu simultané des gaînes supérieures et inférieures. Dans l'expérience, les gaînes inférieures étaient fermées ; l'air qui remplaçait celui chargé de fumée arrivait dans l'appartement par toutes les jointures des portes et des croisées sur toute la hauteur de la masse d'air ; les courans se sont donc établis dans toute la masse entre les tablettes comme autour d'elles, et, par ce moyen, l'appartement s'est débarrassé de fumée.

Le jeu régulier de l'appareil aurait beaucoup plus de puissance de ventilation que l'expérience ne lui en assigne ici, parce qu'il produit un courant régulier qui prend son point de départ dans la chambre à air, se continue dans l'atelier pour enfiler les gaînes supérieures ; mais malheureusement le courant qui s'établit monte de bas en haut en enveloppant les tablettes sans pénétrer dans l'intervalle qui les sépare et qui est plein de l'air à renouveler ; on ne peut donc pas reprocher à ce système de ne pas exercer une forte ventilation, mais seulement de ne pas l'établir dans les parties essentielles de l'atelier, dans celles qui en ont le plus besoin, et où l'air est altéré par la vie et les déjections des vers. Les croisées opposées ouvertes sur toute la hauteur de l'appartement, aidées de feux vifs, dans de grandes et hautes cheminées, qui pressent et attirent l'air de l'atelier dans toute sa hauteur, renouvellent, comme l'expérience l'a prouvé, plus efficacement l'air vicié, emprisonné en quelque sorte entre les tablettes : elles sont donc de grandes ressources au moment du besoin ; l'appareil Darcet, très-utile et très-ingénieux, sans doute, et qui ne peut, en aucune façon, se suppléer pour plus d'un point et surtout pour produire l'uniformité si importante de température dans tout l'atelier, a donc le défaut, tout en activant la ventilation, de ne pas la porter dans les parties où elle est le plus essentielle.

D'après toutes les lois connues de la circulation des fluides, les courans d'air qui arrivent par les gaînes inférieures, tendent à suivre le chemin le plus court et le plus direct, et à se porter là où l'aspiration des gaines supérieures a déterminé un vide; or, ce vide n'a pu se déterminer dans l'intervalle des tablettes parallèles de 4 à 5 pieds de large placées à 15 ou 18 pouces les unes des autres, et qui opposent des obstacles renouvelés à l'air, mais bien seulement dans les passages tout ouverts de circulation entre les batis des tablettes; les courans s'établiront donc dans ces passages à moins qu'on ne se décide à les intercepter.

On pourrait d'ailleurs, avec le moyen imaginé par M. Beauvais, s'assurer directement de l'effet du courant de ventilation entre les tablettes, et déterminer jusqu'à quel point est fondée notre objection; pour cela il faudrait, après avoir rempli l'atelier de fumée, faire jouer l'appareil entier, tarares, gaînes supérieures et inférieures; le temps nécessaire pour débarrasser la fumée entre les tablettes, ferait apprécier l'effet général de l'appareil sur l'atelier; mais pour peu que durât le temps de l'expérience, il faudrait admettre que la fuméé se serait en partie déposée sur tous les corps environnans: ensuite, en mesurant la section de la cheminée d'appel, on pourrait s'assurer, en arbitrant la vitesse du courant d'air évacué, en combien de temps l'air de l'appartement devrait être renouvelé si la ventilation se

produisait sur toute la masse entre les tablettes comme
autour des tablettes : en comparant le temps que donnerait le calcul, avec celui que vient de donner l'expérience, on aurait une idée de l'obstacle que les tablettes
font éprouver à la ventilation.

Il nous semble qu'il y aurait, sans rien changer à
l'appareil, un moyen de déterminer la circulation de
l'air entre les tablettes, et par conséquent de remédier
à l'inconvénient dont nous nous plaignons; pour cela il
faudrait, au milieu de la longueur de la magnanerie, partager l'atelier en deux parties par des toiles accrochées au
plancher supérieur, descendant jusqu'au plancher inférieur, et qui feraient en quelque sorte cloison dans les
passages. Il ne resterait alors de communication à l'air,
entre les deux parties de l'atelier que par les intervalles
qui séparent les tablettes : on ouvrirait ensuite, dans la
première partie, les soupapes inférieures qni communi-
quent avec la chambre à air, et on fermerait les supérieures qui conduisent l'air à la cheminée d'appel : on
fermerait au contraire, dans la seconde partie, les soupapes inférieures et on ouvrirait les supérieures; en
mettant alors en jeu le tarare, le courant qui s'établit
détermine immédiatement l'aspiration de l'air de la
deuxième partie de l'atelier seulement, et non de la première puisque les gaînes supérieures en sont fermées;
l'air y est remplacé par celui qui y arrive de la première;
mais il n'y a de passage ouvert entre ces deux parties
que l'intervalle des tablettes; il s'y établit donc des courans de ventilation; sans doute la circulation sera moins
active que par le jeu de l'appareil entier; mais cette
circulation aura lieu dans toutes les parties de l'atelier,
et particulièrement dans les points les plus importans
qui sont les intervalles des tablettes.

La séparation de l'atelier en deux parties par des toiles n'empêcherait pas le service ; les toiles accrochées au plancher supérieur s'écarteraient facilement pour laisser passer ; d'ailleurs l'intervention de ces toiles, lors de l'ouverture des croisées, produirait encore un effet analogue, et, dans ce cas encore, déterminerait une circulalation d'air entre les tablettes.

Ce moyen est simple et cependant paraît devoir être efficace, il est très-peu coûteux ; il est utile dans tous les systèmes de ventilation ; on peut en outre cesser ou reprendre son emploi avec la plus grande facilité : il semble donc réunir de nombreux avantages.

Cependant, pour que l'obstacle des toiles produise entièrement son effet de faire passer tout l'air de ventilation sur les vers entre les tablettes, il serait convenable d'intercepter, encore dans le milieu de l'atelier, avec une toile ou une planche, le passage de l'air entre le plancher inférieur et la première tablette du bas, parce qu'une partie de l'air de ventilation, en sortant des soupapes inférieures suivrait sans utilité le chemin presque direct qu'il trouverait ouvert en ce point, au détriment des intervalles entre les tablettes garnies de vers.

En outre, pour achever de régulariser la ventilation, comme l'intervalle qui sépare la tablette supérieure du plancher est en contact immédiat avec les soupapes ouvertes de ce plancher dans la deuxième partie de la magnanerie, il pourrait s'y établir un courant plus rapide qu'ailleurs ; il serait donc à propos d'intercepter une partie de cet intervalle par une toile ou une planche.

Mais on peut encore objecter que la deuxième partie de l'atelier éprouverait une ventilation moins active que la première et que la chaleur y serait plus forte ; pour

obvier à ce double inconvénient on rendrait le jeu du
procédé que nous venons d'expliquer alternatif : après
avoir donc employé le premier moyen indiqué on com-
plèterait la ventilation et on maintiendrait l'uniformité
dans la température de l'atelier en faisant l'opération
inverse, c'est-à-dire en fermant, dans la première partie,
les soupapes inférieures et ouvrant les supérieures, pendant que, dans la seconde, on fermerait les soupapes
supérieures et on ouvrirait les inférieures : avec cette
disposition, l'air introduit par les soupapes inférieures
de la seconde s'évacuerait par les soupapes supérieures
de la première, après avoir parcouru les intervalles des
tablettes : cette alternative rendrait la ventilation égale
et la température uniforme.

Dans une question de cette importance et tout-à-fait
vitale pour les vers à soie, toute amélioration de l'appareil Darcet présente un grand intérêt. M. Combes,
ingénieur des mines, propose de donner aux ailes du
tarare une courbure qui ajoute, à ce qu'il pense, beaucoup à son effet ; il rend le jeu du tarare tout-à-fait in-
dépendant de la cheminée d'appel, imprime aux ailes de
son instrument un mouvement rapide en sens contraire
de la courbure des ailes ; l'air qui afflue de l'atelier au
centre de l'instrument pour remplacer celui qui quitte le
tarare, s'échappe dans l'atmosphère par le mouvement
rapide et en sens contraire des ailes courbes en plus
grande masse que lorsqu'il est lancé par l'impulsion des
ailes plates dans la cheminée d'appel, parce que dans ce
dernier cas la puissance de l'appareil doit croître comme
le carré de la vitesse qu'on veut imprimer au courant :
par ce moyen nouveau et ingénieux, une force beaucoup
moins grande serait nécessaire au jeu du tarare pour

une action beaucoup plus puissante sur l'air de l'atelier. L'expérience manque encore, il est vrai, pour déterminer son effet comparatif; mais le calcul que lui a appliqué M. Combes lui assignerait une grande supériorité.

Il semblerait que la courbure des ailes ajouterait encore beaucoup d'effet à l'action du tarare, en l'employant dans la cheminée d'appel; mais, dans ce cas, on lui imprimerait un mouvement dans le sens de la courbure; par ce moyen l'air qui arrive par les gaînes supérieures au centre de l'instrument est en quelque sorte saisi par les palettes courbes pour être lancé avec une force en rapport avec la vitesse des ailes dans la cheminée à air; sans doute il ne faut pas espérer de pouvoir imprimer à l'air de la cheminée une vitesse comparable à celle des ailes du tarare; mais sans grand effort on lui en imprimerait une de 4 à 6 pieds par seconde; or donc, une semblable vitesse dans une cheminée de 3 pieds de section évacuerait 15 pieds par seconde ou 900 pieds cubes par minute, ou tout l'air d'un atelier d'une once garni de 3oo pieds carrés de tablettes; dix minutes renouvelleraient donc l'air d'un atelier de 10 onces, ce qui semble au-delà des besoins des temps les plus difficiles.

Mais revenons aux expériences de MM. Beauvais: l'ouvrage de M. Julien apprenait encore qu'on fait périr en Chine les chrysalides de cocons en les mettant dans des vases clos avec des couches alternatives de sel marin; c'était une donnée, mais une donnée vague qui avait besoin d'être éclairée; après des essais nombreux de diverses sortes où les cocons périssaient, mais se ramollissaient et se tachaient, MM. Beauvais ont été conduits au résultat qu'ils cherchaient, de pouvoir faire périr les chrysalides en laissant aux cocons toute leur qualité; pour cela il faut placer dans un vase, sur une couche de sel d'un pouce d'épaisseur, un lit de 6 à 8 pouces de cocons qu'on recouvre encore d'une couche de sel, recouverte à son tour d'un nouveau lit de cocons, et ainsi de suite. Mais il est plusieurs précautions essentielles à prendre; le sel doit être préalablement bien desséché au four, le vase hermétiquement clos et les couches de sel séparées de celles de cocons par des feuilles de papier percées de trous : au bout de peu de jours la chrysalide meurt et se dessèche sous l'influence du sel qui attire puissamment l'humidité de la chrysalide morte; on égruge le sel pour l'employer parce qu'à cet état il occupe plus d'espace et que son effet desséchant est plus prompt, plus intense et tout aussi durable Ce procédé, si, comme cela est tout-à-fait à croire, des expériences ultérieures en confirment la bonté, serait assez simple et une fois établi serait peu cher.

Le pied cube de cocons tassés peut peser 12 livres en moyenne, le 7me du poids du pied cube de sel égrugé ; mais le volume des cocons est 7 fois plus considérable, le poids des lits de cocons sera donc le même que celui des couches de sel; il faudra donc un espace de 9 pieds cubes ou trois hectolitres pour contenir un quintal de cocons; dans les grands établissemens, des cuviers en sapin de 27 à 36 pieds cubes suffiraient pour 3 à 4 quintaux et coûteraient 30 à 40 fr. avec leur fond supérieur; il en coûterait donc par quintal de cocons tant en sel qu'en cuvier 30 fr. de première mise ; mais cette avance une fois faite coûterait annuellement moins que les frais ordinaires, parce que le même sel servirait indéfiniment en le desséchant toutefois fortement chaque année avant de l'employer.

Nous nous bornons à ces détails sur les expériences de MM. Beauvais ; ils en ont toujours un grand nombre d'entreprises, mais ils ne font connaître que celles qui leur ont produit des résultats utiles et précis, et encore même avec beaucoup de mesure et de discrétion, parce qu'ils savent très-bien que des premiers essais et surtout des essais en petit ne se reproduisent pas toujours en grand avec succès.

§ X.

Mais parmi les établissemens modèles, pour la production de la soie, celui de Neuilly est sans doute l'un des plus remarquables ; dirigé par M. Aubert, régisseur du domaine royal, rien n'est négligé pour qu'il devienne un grand moyen d'instruction. M. Aubert, homme capable, prudent, réservé, originaire des pays producteurs de soie qu'il a long-temps habités et dont il connaît la pratique, essaie les nouveautés pour les juger et ne se prononce qu'avec des élémens suffisans de conviction ; ses opinions sont donc d'un grand poids, surtout quand elles confirment les expériences des autres.

Ainsi il résulte de ses observations que les œufs de vers à soie conservés quelque temps dans les glacières s'y altèrent plus ou moins, quelque soin qu'on ait mis à fermer les vases qui les contiennent, et que par conséquent les glacières peuvent bien encore servir à retarder les éducations, mais non à les remettre d'une année à l'autre.

Il s'est encore assuré, par des expériences faites avec soin et continuées pendant 24 jours, en graduant la chaleur depuis 15 jusqu'à 25 degrés, et les degrés hygrométriques depuis 75 jusqu'à 100, que les œufs des vers

de trois mues ne peuvent pas plus que ceux de quatre
donner deux éducations dans une année ; cependant les
œufs avaient changé de couleur, les germes semblaient
s'être *émus* et on pouvait s'attendre à les voir se développer, mais cet espoir a été trompé : quelques œufs
cependant de ce lot de graines avaient éclos au bout de
dix jours de ponte à une chaleur de 18 degrés ; nous
serions tenté d'en conclure que ces vers de trois mues
avaient originairement éprouvé des croisemens, que ceux
éclos étaient la reproduction dans notre pays de l'une
des variétés qui donnent plusieurs éducations dans l'année, et qu'on pourrait la retrouver avec de la patience,
comme nous l'avons dit, pour les vers rayés, en élevant
dans les vers de trois mues les vers qui éclosent peu de
temps après la ponte. Il faudrait sans doute, pour les
vers a éclosion multiple, plusieurs années pour arriver
à voir se reproduire l'espèce pure ; mais une fois arrivé,
le temps employé à parcourir la route importe peu :
d'ailleurs, il nous paraît probable que c'est ainsi que
l'habitant de l'Isère s'est procuré sa race à éducation
multiple, dont nous avons parlé précédemment.

M. Aubert et M. Beauvais doivent être sans doute des
premiers à recevoir les œufs des vers à soie, les graines
et les sujets de mûriers que nous apporteront nos navi-
gateurs et qu'enverra M. Hébert ; ils ne peuvent tomber
en de meilleures mains, personne n'est plus capable
qu'eux de mener à bien les expériences qu'ils doivent
entraîner ; ils ont les connaissances, la sagacité et la
patience nécessaires, et M. Aubert est particulièrement
bien placé pour créer à la fois des appareils et disposer
du temps et de la main-d'œuvre que demanderont les
expériences.

M. Aubert emploie un appareil à la vapeur très-ingénieux pour étouffer ses cocons; cet appareil se compose
d'une caisse en bois doublée à l'intérieur de feuilles mé-
talliques; cette caisse se divise en étages par des tuyaux
dans lesquels la vapeur circule d'un côté à l'autre et qui
supportent des paniers pleins de cocons : un thermomètre
est placé à l'intérieur dont l'observation est ménagée au
moyen d'une vitre qui le recouvre et fait juger de la
chaleur qui règne dans l'appareil; un quart d'heure d'exposition à la chaleur développée par la vapeur chaude
suffit pour faire périr les chrysalides des cocons; les paniers en contiennent 56 livres : 12 heures suffiraient donc
pour étouffer 16 à 18 quintaux de cocons qui représentent le produit d'une éducation réussie de 15 à 18 onces.
Les cocons sont promptement étouffés, ne sont ni hu-
mectés ni ramollis, ne s'écrasent pas, ne se tachent pas;
la chaleur employée est ménagée à volonté au moyen du
thermomètre et d'une soupape au tuyau qui amène la
vapeur : toutes ces circonstances sont bien préférables à
celles que présente l'étouffement à la vapeur de l'eau
bouillante ou à la chaleur du four dont la première ramollit et la deuxième dessèche le cocon d'une manière
nuisible à la soie et à sa filature; et puis une seule caisse,
dont l'emploi se ferait le jour et la nuit pendant une
dizaine de jours, pourrait servir à étouffer les cocons
d'une commune séricicole. Elle peut s'établir, telle que
nous l'avons vue, pour 250 fr. avec la doublure intérieure en cuivre; le zinc serait sans doute tout aussi bon
et permettrait de l'établir à moitié prix : cet appareil
réunit donc des avantages nombreux et son application
étendue nous semblerait un notable progrès.

L'éducation de vers de **M.** Aubert, de cette année, lui

a produit 170 livres de cocons pour 1,000 kil. de feuilles, une livre de cocons pour 11 à 12 de feuilles, résultat presque aussi remarquable que celui des demoiselles Reina; sa magnanerie est munie de l'appareil Darcet qui, néanmoins, comme nous l'avons dit précédemment, dans un moment de grande chaleur, s'est trouvé insuffisant.

Les plantations de Neuilly renferment beaucoup de mûriers multicaules; nous avons trouvé à Neuilly, comme aux Bergeries, l'opinion établie que cette espèce ou variété craint beaucoup les gelées d'hiver et de printemps, qu'elle doit être très-peu multipliée dans le nord de la France, si l'on ne veut pas voir ses espérances trompées et les ressources manquer au moment du besoin; l'hiver et ses suites tuent non seulement ses branches mais encore les individus jusques dans leurs racines.

Remarquons bien ici que pour le mûrier, comme pour les autres arbres, on n'aperçoit pas de suite, dans toute son étendue, le mal produit par la gelée: M. Aubert nous montrait, ce printemps, comme perdus des mûriers qui conservaient une écorce vive et dont quelques boutons étaient encore verts; ces mûriers effectivement n'ont pas poussé et par conséquent étaient frappés de mort; à plusieurs reprises nous avons reçu des pépiniéristes, dans les années qui viennent de s'écouler, des multicaules que l'hiver semblait à peine avoir atteint et qui, néanmoins, n'ont pas poussé un bourgeon.

Mais, ainsi que nous l'avons indiqué précédemment, si nous ne pouvons pas employer le mûrier multicaule avec avantage, il peut nous servir de type et de point de départ; en multipliant ses variétés par les semis il nous en offrira de précieuses, dont quelques-unes pourront réunir ses avantages sans ses défauts; toutefois, il paraît que lorsqu'un grand développement a lieu dans la feuille du mûrier, il est plus sensible à la gelée; les variétés de semis du mûrier multicaule qui ont reproduit sa grande feuille gauffrée, sont comme lui sujettes à la gelée : le mûrier *Moreti* que les pépiniéristes veulent maintenant exploiter comme le multicaule, qui a aussi comme lui une grande feuille, est encore très-sensible au froid. En Italie et dans le midi de la France il pourrait peut-être convenir; mais l'inconvénient de la gelée est si grand dans nos climats qu'on ne doit le regarder, comme le multicaule, que comme offrant des ressources éventuelles.

Cependant les provenances de leurs semis peuvent nous devenir très-précieuses. M. Aubert a fait venir de Tarascon les principales variétés nouvelles que le multicaule a produites chez M. Audibert; presque toutes ont de très-belles feuilles; quelques-unes ont repris de bouture, mais plus facilement celles analogues au type du multicaule; la reprise de bouture n'exige pas toujours un bois mou et spongieux qui est plus sensible à la gelée, car le platane, le cognassier, le groseiller épineux, l'if, etc., dont le bois est ferme et dur, reprennent très-bien de bouture et ne sont pas très-sensibles au froid; cependant plus de la moitié des variétés a péri l'hiver; mais on peut espérer que celles qui ont résisté, cette année, résisteront à plus forte raison à l'avenir.

Nos variétés de semis du multicaule qui nous viennent de M. Séneclauze, de Bourg-Argental, ont donné des individus à belles feuilles qui ne paraissent pas craindre la gelée et dont quelques branches ont repris de bouture. Nous avons reçu de la pépinière d'acclimatation de Lyon

plusieurs variétés bouturables issues aussi de leurs semis de multicaules, que nous tenons en expérience avec
celles qui précèdent et celles de M. Audibert qui nous
proviennent de M. Aubert, pour les comparer toutes
entr'elles : cette année sera particulièrement favorable
pour cette étude, parce qu'on ne verra réussir de boutures
que les variétés qui auront échappé à la gelée ; aussi, de
plusieurs centaines de boutures de diverse origine, il
n'en pousse qu'un petit nombre qui nous donneront dès-
lors des espérances fondées : il y a donc là des chances
très-prochaines d'amélioration à poursuivre que nous
recommandons aux amateurs et surtout aux jardiniers ;
une belle et bonne variété multicaule ou *Moreti*, pour-
vue de belles feuilles, qui ne craindra pas la gelée et qui
reprendra de bouture, vaudrait mieux que les deux
types ; serait d'une grande ressource pour les éducations
des vers à soie, aurait un immense débit et, par conséquent, deviendrait pour le jardinier qui l'aurait trouvée
une source de grands profits.

MM. Audibert ont continué de marcher dans cette
grande et nouvelle voie ; ils ont obtenu par des croisemens naturels et artificiels des graines du multicaule
plus de 2oo variétés nouvelles : ce procédé est en bonnes
mains, il nous paraît tout-à-fait sûr que nous lui devrons sous peu d'heureux résultats.

Mais revenons à M. Aubert ; après cinq ans d'expériences il est entièrement d'accord avec M. Camille
Beauvais pour proscrire la taille d'été sous le climat de
Paris ; il la dénonce comme funeste au mûrier et à son
produit en feuilles, parce que ses bourgeons ne font,
dans le reste de la saison, qu'une faible pousse qui,
s'aoûtant mal, perd souvent ses extrémités par la gelée

d'hiver. Il admet encore que le mûrier mi-tige est préférable au mûrier nain et le grand-vent au mi-tige, parce que les gelées de printemps frappent plus souvent les branches placées près de terre que celles qui sont plus élevées.

Cultivateur et horticulteur habile il applique à la direction de la grande propriété qui lui est confiée des connaissances étendues et bien mûries. Les plantations de toute nature sont l'objet particulier de ses soins ; mais, par suite d'une haute influence, le mûrier et la production de la soie les fixent spécialement ; il a étudié la nature du mûrier et sa taille, et le dirige de manière à ce que, donnant abondamment des feuilles, il concourt encore néanmoins, plutôt qu'il ne nuit, à l'effet général de l'ensemble d'une propriété à laquelle on demande de l'agrément en même temps que du produit. L'application qu'il fait de l'ébourgeonnement à la conduite des jeunes mûriers, nous a semblé une idée heureuse. Cette opération présente pour cet arbre les mêmes avantages que pour les arbres fruitiers ; cette pratique retranche, avant qu'elles n'aient pu dissiper les forces de l'arbre, les branches inutiles et nuisibles, réserve la sève pour les branches principales qui doivent former le corps de l'arbre, concourt à hâter le moment où sa forme sera convenable et où il entrera en produit, et enfin diminue des 3/4 la main-d'œuvre de la taille d'hiver.

Les mûriers nombreux qui peuplent la propriété de Neuilly vont servir à alimenter une éducation qui marchera chaque année en grandissant ; une magnanerie nouvelle lui est préparée, où tous les meilleurs procédés de construction et de ventilation seront employés ; les expériences sur les points douteux seront multipliées :

tout annonce enfin que l'établissement séricicole de Neuilly sera tout-à-fait un modèle.

Dans ces efforts multipliés et intelligens faits à Neuilly pour aider à l'amélioration d'une industrie qui prend chaque jour plus d'étendue et d'importance, on retrouve avec plaisir et reconnaissance une HAUTE ET BIENVEILLANTE PENSÉE, qui, là, comme partout ailleurs, veille et contribue de tout son pouvoir au progrès de tous les arts et au développement de la prospérité et de la richesse publique.

§ XI.

Le mouvement qui porte les esprits à s'occuper de la production de la soie, n'a pas dû rester en arrière à Grignon ; aussi de grandes plantations s'y sont faites et on est déjà arrivé à une troisième année d'éducation.

Celle de 1837, commencée seulement le 13 de juin, a bien réussi ; on a obtenu 76 kil. de cocons avec 1,074 kil. de feuilles, un kil. de cocons pour 14 de feuilles : ce succès est notable, on n'a pas cependant employé les procédés chinois pour le nombre des repas ni pour la température qui a été maintenue à 18 degrés en moyenne, à l'exception de l'époque de la montée où elle a été portée un peu au-dessus de 19 ; le délitement s'est fait avec des filets, et l'éclosion, au moyen de petits sachets que la magnanière portait sur elle.

Les feuilles, par un brouillard de la fin de juin, avaient été tachées ; leur usage, pendant cinq jours seulement, à des vers à soie séparés, quoique peu nuisible en apparence à la santé des vers, a néanmoins donné des cocons moins bons que la feuille non attaquée.

Au contraire de la méthode chinoise, les repas, de cinq par jour, dans les quatre premiers âges, se sont élevés successivement jusqu'à douze dans le cinquième ; l'espace occupé a été de 32 mètres carrés par quintal de cocons, un tiers au-dessus des prescriptions Bonafous ; l'appareil Darcet a paru très-utile surtout au moment de la montée où l'air se viciait ; cependant, dans un moment critique, on a dû aider de feux de flamme et de l'ouverture des croisées le jeu rapide du tarare ; on a ainsi déterminé une circulation d'air pur qui a rendu aux vers la vigueur nécessaire pour achever heureusement leur carrière.

La montée s'est faite en 48 heures ; en comptant depuis le jour de l'éclosion, l'éducation a été terminée en 30 jours : on voit donc là, comme dans beaucoup d'autres ateliers, qu'on peut très-bien réussir sans une haute température et des repas très-multipliés ; mais il est probable qu'avec ce double moyen l'éducation eût été abrégée de plusieurs jours, et que par suite la consommation des feuilles aurait encore été moindre.

§ XII.

Le gouvernement belge, du roi Guillaume, avait attaché beaucoup d'importance à l'introduction des vers à soie en Belgique. Il donnait 18 fr. de prime par livre de soie filée, avait fait élever à ses frais plusieurs établissemens producteurs de soie pour lesquels il payait la feuille 25 fr. le quintal. Ces faveurs exorbitantes avaient fait planter, surtout dans les environs de Gand, une quantité considérable de mûriers ; les pépiniéristes les multipliaient par centaines de milliers. Le nouveau gouvernement, sans renoncer à cette industrie, a cessé, nous le pensons avec raison, ces encouragemens hors de toute mesure ; il en est résulté que dans les environs de Gand les propriétaires ont arraché leurs mûriers, renoncé aux vers à soie, et que les pépiniéristes ont détruit leurs nombreux sujets.

Il n'en a pas été de même dans les environs de Bruxelles, on a continué d'y donner des soins à la plantation et pépinière de 18 hectares d'Ucle ; nous y avons vu un grand nombre de mûriers assez beaux et bien venans, le sol cependant est de mauvaise qualité ; mais comme il a du fond, en le défonçant et l'engraissant, les mûriers réussissent : tout est disposé pour qu'en enlevant les mûriers de la pépinière, il reste une très-belle plantation pour fournir de la feuille à un grand établissement de vers à soie.

M. Mévius, homme de beaucoup de mérite, dirige les travaux de cette pépinière sur laquelle s'élèvera bientôt une magnanerie. En attendant, dans les environs d'Ath qu'il habite pendant l'été, il fait une éducation qui déjà a été de 5 onces, cette année, et qui a très-bien réussi ; il a parcouru à diverses reprises les établissemens de France, se tient au courant des meilleures méthodes, des procédés nouveaux, et il espère que ses succès se soutiendront dans son climat Belge sous le 5o[e] degré de latitude. Dans son très-prochain voisinage, un propriétaire élève aussi, chaque année, avec succès des vers à soie, au moyen d'une plantation nombreuse qui annonce aussi beaucoup de vigueur.

Nous avons vu les arbres de ces divers établissemens, ils sont en général beaux et bien venans et fonderaient réellement de grandes espérances, si la saison en Belgique n'est pas trop courte pour la repousse des mûriers après la récolte de la soie.

Les Hollandais, de leur côté, ont fait et continuent
quelques essais ; dans la Gueldre, des plantations s'é-
lèvent depuis une douzaine d'années ; les premières faites
réussissaient médiocrement parce qu'on les a établies
dans un terrain argilo-siliceux en ne leur ouvrant que
de petits creux ; les dernières faites dans le même terrain dépassent les premières , parce que les creux ont
été de 4 pieds de large, de 3 de profondeur et qu'on leur
a donné des engrais en débris végétaux ou en fumiers
animaux : le défoncement est absolument nécessaire dans
cette nature de sol pour le succès des plantations ; la
plupart des arbres et particulièrement les mûriers, les
peupliers et les acacias ne peuvent, dans leur jeunesse, .
pénétrer ce sol compacte, à moins qu'il n'ait été fraî-
chement remué ; lorsqu'ils sont devenus grands, la force
des racines s'est accrue et leur suffit pour pénétrer les
couches du sol non remuées, lorsqu'elles ne sont point
trop durcies. Sans doute le défoncement est utile à toutes
les plantations dans toute nature de sol, mais il est tout-
à-fait indispensable dans la terre argilo-siliceuse, particulièrement pour les trois espèces que nous venons de
nommer.

§ XIII.

RÉSUMÉ ET CONCLUSION.

—

Après les développemens dans lesquels nous sommes
entré sur les différens points que nous avons traités, il
peut être utile de rapprocher les conséquences que nous
avons cru devoir en tirer. Au risque donc de nous répéter,
nous croyons devoir insister sur les résultats principaux
que nous avons voulu déduire en ajoutant même encore

de nouveaux développemens lorsque nous croirons en avoir besoin.

1. La *muscardine* est une maladie particulière aux larves des insectes pourvus d'ailes et surtout aux vers à soie; elle se termine par le développement sur le corps ou plutôt dans le corps de l'insecte, d'une *mucédinée* analogue aux moisissures des substances animales ou végétales qui éprouvent une chaleur humide; cette maladie, plus encore que les autres auxquelles sont sujets les vers à soie, se développe sur les vers exposés à un air chaud non renouvelé, sur une litière humide qui s'altère; on la voit naître spécialement à la suite des touffes de l'atmosphère; elle est rare et presque inconnue dans les climats éloignés du littoral de la Méditéranée; ces touffes se font sentir en même temps qu'un vent chaud du Midi venu d'Afrique dont elles sont l'effet immédiat. Ces vents secs et halans reproduisent en partie chez nous les effets du *Simoun*, du vent du désert qui, sur son passage, dessèche et énerve tout, animaux et végétaux; la fraîcheur et l'eau données aux vers malades et à leur nourriture, et leur atmosphère activement renouvelée, en seraient les remèdes les plus assurés; à cette époque surtout, l'air doit être admis par toutes les ouvertures, celles surtout qui, par leur position, peuvent le mieux déplacer l'air qui stagne entre les tablettes.

Bien que la contagion de la *muscardine* ne soit pas généralement admise, la prudence doit faire prendre contre elle toutes précautions. Lorsque la *touffeur* arrive au moment où le ver prêt à monter se vide de matières abondantes et liquides, le ver, déjà dans un état de crise, s'affaiblit sous l'influence de l'état atmosphérique; l'air chaud, sec et halant altère promptement la litière, il s'en dégage des émanations délétères ; une humidité putride, fatale aux vers, succède à la sécheresse ; si l'air n'est pas activement renouvelé, que la litière altérée ne soit pas enlevée, la maladie fait des progrès, le ver malade s'agite dans les crises du mal qu'il éprouve, la moisissure apparaît sur la litière, et s'établit dans le corps du ver dont il pénètre toute la substance ; bientôt le ver succombe avec le corps devenu solide et plein des racines et des tiges du petit champignon : ce n'est qu'après sa mort que les phallus se font jour à travers sa peau et effleurissent à l'air pour y répandre leurs séminules.

Les expériences de MM. Audouin, Turpin et Dutrochet sur les *mucédinées* et leur végétation, doivent nous faire conclure ici que le travail intérieur de ces plantes altère la substance des corps avant même qu'elles n'apparaissent à leur surface, et que par conséquent la consommation des substances moisies ne peut présenter aucun avantage et offrirait plutôt de graves inconvéniens.

2. La nécessité d'un degré hygrométrique élevé dans l'air de la magnanerie paraît tout-à-fait constatée ; c'est là une considération nouvelle, due à M. Camille Beauvais, qui doit beaucoup modifier la conduite qu'on suit d'ordinaire dans les ateliers ; mais il faut encore une suite d'études et d'expériences qui précisent les diverses conditions les plus utiles de l'emploi de ce système ; ainsi le degré hygrométrique le plus salutaire aux vers, ne serait point encore déterminé. M. Beauvais penserait qu'il devrait être de 80 à 85 degrés ; mais ce degré serait difficile sinon à atteindre, du moins à maintenir dans les ateliers du Midi où l'air extérieur est le plus souvent à 60 et 65.

Toutefois, il est déjà plus d'une remarque utile que doit faire naître l'emploi de l'hygromètre : ainsi l'étude de l'hygrométrie nous apprend qu'il suffit d'envoyer de l'air frais dans une magnanerie pour y développer de l'humidité ; il semble donc qu'on doit modifier beaucoup le principe général admis par une grande partie des éleveurs, d'interdire l'accès de l'air humide dans la magnanerie ; lorsque cet air est frais, quoique humide, il passe bientôt à la sécheresse dans une magnanerie où la température est élevée, et, par conséquent, il concourt plutôt à en dessécher qu'à en rendre humide l'atmosphère.

On peut choisir d'ailleurs, dans les moyens d'élever l'état hygrométrique de l'air ; lorsque la chaleur est très-grande et l'air sec, l'eau fraîche sur le pavé de la magnanerie, dans les passages de ventilation, quelquefois sur les vers eux-mêmes ou sur leurs feuilles, remplit le double but de rafraîchir l'air et de lui donner de l'humidité ; lorsqu'au contraire l'air est froid et sec, la vapeur chaude produite dans la chambre à air de l'appareil Darcet, ou conduite immédiatement par des tuyaux dans la magnanerie, de larges vases pleins d'eau placés sur les poêles, de l'eau jetée sur les poêles chauds, enfin, des vases pleins d'eau bouillante introduits dans la magnanerie, remplissent le but d'échauffer l'air en le rendant humide.

M. Millet, garde-général des forêts, a observé que la feuille donnée dans une atmosphère à 20° de température, perd promptement son eau de végétation ; nous-mêmes nous avons éprouvé qu'elle perd en une heure 1/9 de son poids ; cette évaporation est sans doute plus ou moins forte suivant le plus ou moins de sécheresse de l'air ; elle doit être encore plus prompte dans le premier âge où la feuille est coupée menue; mais cette dessication altère singulièrement la qualité de la nourriture : on conçoit alors la nécessité où l'on se trouve quelquefois de mouiller cette feuille, ainsi que l'avantage dans l'atelier d'un degré hygrométrique élevé, avec lequel la dessication est moins prompte; c'est encore cette raison qui fonde la convenance des repas fréquens parce qu'ils sont le seul moyen de donner aux vers la feuille telle que la produit la nature.

3. Il est une pratique utile imitée de Chine dont les éleveurs du Vivarais semblent même prendre l'initiative, c'est de faire pondre les papillons et éclore les vers sur des feuilles de papier; le ver, en éclosant, quitte plus facilement sa coque, parce qu'il y trouve un point d'appui utile que lui avait ménagé le papillon.

Toutefois, comme on ne peut plus alors peser la graine, il faudra un peu d'habitude pour pouvoir en apprécier la quantité; on peut, il est vrai, l'induire avec quelque justesse du poids des papiers pesés avant et après l'éclosion, en ayant égard au poids de la coque de l'œuf.

Il est aussi convenable que l'éclosion se fasse sous un état hygrométrique élevé qui ramollit la coque, en facilite le brisement par le jeune insecte et lui donne une atmosphère favorable à son premier développement.

4. Nous dirons, avec l'unanimité des expérimentateurs, que les filets à mailles carrées sont un moyen très-bon et très-expéditif de déliter les vers à soie, qui diminue de plus des 3/4 cette main-d'œuvre, qui ne fait payer ces avantages d'aucun inconvénient; nous ajouterons que par leur moyen on dédouble, on éclaircit les vers avec facilité et qu'on peut même les classer à chaque mue, si on le juge convenable. D'après les témoignages

recueillis par M. Bourdon, dans le Midi, au moyen des
filets on diminue beaucoup les chances de contagion,
en laissant dans la litière les vers morts et les vers malades; et on serait même parvenu, en délitant tous les
jours, à réduire presqu'à rien les ravages de la *mus-*
cardine, dont la contagion n'a lieu que lorsqu'on laisse
le temps à l'efflorescence blanche qui se produit sur le
corps des vers, de se développer; d'où nous conclurons
que les filets sont désormais devenus nécessaires dans
toute éducation bien tenue : reste aux industriels la tâche
de nous les procurer à bon marché, en les fabriquant
avec des machines : en les faisant faire à la main avec
du fil doublé et tordu, le filet de 4 pieds de long sur 2
de large m'a coûté 50 cent; en le supposant à 60 cent.
tout monté, le pied carré coûterait 7 1/2 cent., et comme
il en faut un quart au moins de plus de surface que les
tablettes n'en présentent, il en coûterait 27 à 36 fr. pour
un espace de 3 à 4 cents pieds carrés de tablettes convenable pour tenir au large un quintal de cocons. La
maison Clavaux, rue Coquillière, 14, à Paris, les offre
à un prix beaucoup plus élevé; mais la concurrence et
la fabrication à la machine le réduiraient, nous le pensons, au-dessous même de celui que nous venons d'indiquer.

De tous les moyens de faciliter l'usage des filets que
nous avons vu mettre en pratique, ou dont nous avons
lu la description, celui qui nous semble le plus simple
et le plus commode est celui de Mme Lavigne, à Belley:
ses filets ont pour longueur la largeur des tablettes,
et pour largeur, la moitié de cette dimension; les filets,
sur leur côté étroit, sont montés sur de petites baguettes,
avec lesquelles on les manœuvre avec toute facilité; et,

pour le dédoublement, il suffit, lorsqu'ils sont chargés de vers, de placer leur longueur dans le sens de la longueur des tablettes et de mettre des feuilles sur les parties des tablettes que ne couvrent pas les filets ; les petites baguettes peuvent même suppléer les liteaux avec lesquels on borde les tablettes pour empêcher les vers de tomber.

Peut-être serait-il plus à propos de donner aux filets en largeur 2/3 ou 3/4 de la longueur ; cette dimension permettrait d'accroître petit à petit l'espace qu'occupent les vers au lieu de le doubler d'une seule fois, comme on le fait avec une largeur moitié de la longueur.

Il est bien remarquable que ces filets sont employés depuis 30 ans par Mme Lavigne, et, sur les bords de l'Ain, par les dames Bottex, et que leur exemple n'avait pu jusqu'ici engager leurs voisins à imiter un procédé aussi simple qu'expéditif.

5. Nos expériences de l'année 1837 nous autorisaient à penser que l'exposition au froid et à la neige des œufs de vers à soie, retardait leur éclosion et la rendait plus simultanée ; celles de 1838 confirment que le froid de 12 à 15° ne nuit en aucune façon aux œufs des vers ; que leur exposition à la neige, à la gelée, pendant plusieurs jours, leur est plutôt utile que nuisible ; elles nous apprennent que les bains de six jours des œufs dans l'eau pure, l'eau salée et l'eau de chaux, comme leur exposition au froid et aux intempéries rendent leur éclosion plus complète, plus simultanée, et ajoute plutôt qu'elle n'ôte à la vigueur des vers.

6. La méthode de faire périr les cocons avec le sel marin, retrouvée par M. Beauvais, en s'étendant et se répétant, nous donne un moyen assez facile de faire périr les chrysalides de manière à ne pas nuire à la soie.

La caisse métallique de **M.** Aubert, à circulation de vapeur, qui fait périr la chrysalide sans son contact immédiat, semblerait encore être un moyen plus expéditif, qui occupe peu de place, qui pourrait servir à plusieurs établissemens producteurs et dont l'acquisition, une fois faite, réduirait à un peu de combustible les frais annuels pour étouffer les cocons.

7. L'usage qui s'introduit d'estimer le produit en cocons, en le comparant avec la feuille consommée, est aussi un progrès : l'once de graines est un mauvais point de comparaison, parce qu'elle renferme souvent beaucoup de graines non fécondées, et que dans une éducation bien faite il est très-à-propos de rejeter les premiers et les derniers éclos ; il est donc beaucoup plus convenable d'adopter la comparaison du poids des feuilles et des cocons pour estimer le produit net : mais c'est le poids des feuilles telles qu'on les cueille et non épluchées, qu'on compare à celui des cocons non étouffés.

8. Les cadres garnis de toile canevas soutenus par des traverses, seraient le meilleur lit pour les vers à soie : c'est le moyen sûr, avec des délitemens fréquens, de prévenir toute altération de la litière par la chaleur et l'humidité, sources les plus actives du méphitisme et des maladies qu'il entraîne.

9. Les liteaux garnis de brins de colza, de bouleau ou de bruyère, dus à **M.** Beauvais, seraient aussi un moyen commode, qui ne dérange rien, qui épargne beaucoup de main-d'œuvre, dispense des traverses sous les toiles canevas et laisse le plus d'espace à la circulation de l'air pour faire monter les vers en maturité ; ils offrent encore un procédé facile de les dédoubler et de les transporter dans d'autres appartemens.

La méthode américaine des cadres garnis de filets, proposée par M. Bonafous, a besoin d'être mieux connue pour être appréciée à sa valeur.

10. Pour résumer ce que nous avons recueilli sur le mûrier multicaule, nous dirons que les observations de MM. Camille Beauvais, Aubert et Bourdon, dans le nord de la France; celles de MM. Amans Carrier, à Rhodèz; d'Hombres Firmas, à Alais, Robert à Marseille, et, enfin, les résultats de notre propre expérience nous mettent en droit de conclure que cette variété ne convient pas beaucoup mieux dans le centre et le midi de la France que dans le nord : originaire des provinces tropicales de Chine, elle est sans doute assortie à leur climat, mais très-peu au nôtre; on aura donc été en France plus ou moins dupe de la nouveauté, et malgré la défiance que nous avons précédemment recommandée à son sujet, nous l'avons encore, dans nos Lettres, traité avec trop de faveur.

Nous pensons donc que, tout-à-fait à rejeter dans le Nord, on ne doit le propager qu'en très-petit nombre dans le centre et le midi de la France, à moins qu'on ne veuille prendre le soin particulier de tenir ses branches couvertes de terre pendant l'hiver.

11. La taille d'hiver pour le mûrier est tout-à-fait jugée convenable dans le nord et le centre de la France; dans le midi, elle paraît s'établir aussi d'une manière remarquable : nous avons vu qu'à Marseille des expériences ont démontré ses avantages, qu'elle était recommandée et adoptée dans les Cévennes. M. Gensoul nous apprend qu'à Romans, dans l'Isère, à Bagnols et à Alais surtout, des hommes habiles l'adoptent comme essentielle à la santé et à la durée des arbres et favorable même

au produit : cette taille serait trisannuelle ; les mûriers seraient divisés en trois soles et chaque année, en outre, un émondage aurait lieu après la cueillette pour réparer ses dégâts.

12. La conséquence la plus directe et la plus assurée qui résulte des nombreuses observations faites et recueillies dans le Midi dans un grand nombre d'ateliers de production et sur laquelle nous croyons devoir insister, c'est qu'une active ventilation, particulièrement dans le cinquième âge, est la condition absolue de succès.

De toutes parts les chambrées ventilées ont donné 1/3 et jusqu'au double de celles non ventilées : des magnaneries ravagées par les maladies depuis 10 ans ont vu cesser le fléau par une ventilation soignée.

La ventilation Dandolo a généralement bien réussi, mais partout l'appareil d'Arcet l'a emporté sur elle ; toutefois, dans les touffes, il n'a pu suffire ; l'ouverture des soupiraux et de toutes les croisées, aidée des feux de flamme, a eu plus de puissance ; elle a bientôt eu dissipé l'air vicié et fait disparaître l'humidité putride.

Nous ne croyons donc pas inutile, nous regarderions plutôt comme nécessaire, dans les momens extraordinaires de *touffeur*, d'ouvrir toutes les croisées ; c'est en tenant tout ouvert, dans le cinquième âge, le jour et la nuit et par tous les temps, que les demoiselles Reina réussissent si bien : d'ailleurs, quelle perfection que M. Darcet apporte encore à son appareil, tant que l'air introduit par le bas pourra sortir immédiatement par le haut de la magnanerie, il est impossible que les couches aëriennes les plus altérées, celles placées entre les tablettes, soient activement renouvelées ; les courans d'air arrivent par le bas sous les tablettes, les enveloppent et s'échappent par le plancher, mais ne peuvent renouveler l'air compris entre ces planches parallèles de 4 à 6 pieds de largeur et placées à 15, à 18 pouces de distance.

Cependant l'appareil Darcet ménage mieux l'air que tous les moyens connus de ventilation; il le donne à volonté chaud ou froid, lent ou rapide, établit des courans moins directs et par conséquent moins dangereux, permet de modifier et graduer plus à son gré la température et de la rendre plus uniforme dans tout l'atelier, n'expose pas les vers aux rayons directs du soleil ni aux influences souvent fâcheuses de l'air de la nuit; il remplit donc un grand nombre de conditions utiles; mais, comme toutes les machines, tous les procédés, il a besoin du temps pour être perfectionné: le tarare de M. Combes semblerait devoir y ajouter beaucoup d'énergie; mais cette innovation a besoin de s'appuyer sur l'expérience; le principe, d'ailleurs, du système Darcet, comme l'a fait remarquer M. de Villeneuve, ingénieur des mines, peut s'appliquer à une foule de circonstances dans les arts, à la ventilation de toutes les grandes assemblées, aux circulations d'air chaud ou d'air froid, aux sécheries, à l'évaporation des liquides; son auteur, par son invention, a donc rendu un service éminent à une foule d'arts importans, et particulièrement à l'industrie de la soie: nous avons proposé un procédé simple facile et peu dispendieux qui semble devoir remédier au seul mais grand inconvénient qu'on peut reprocher à l'appareil; cependant l'expérience manque encore pour pouvoir en apprécier au juste toute la portée.

13. En adoptant tous les principes de la méthode nouvelle, les repas fréquens, les délitemens avec les filets,

la ventilation active et l'élévation de l'hygromètre, nous pensons encore qu'une haute température pendant les premiers âges hâte avec beaucoup d'avantage le temps de l'éducation et économise la feuille ; mais la difficulté de la ventilation parfaite dans les derniers âges, le danger des maladies, la légèreté des cocons du dernier âge hâté, nous feraient adopter la méthode recommandée par Dandolo, Sauvage et tous les anciens éducateurs, et suivie avec tant de succès par les demoiselles Reina, d'abaisser la température à 18° pour le dernier âge, et d'aider la ventilation par l'ouverture des croisées et des soupiraux, dans les momens surtout où l'air de dehors est à une température à-peu-près égale à celle qu'on veut maintenir dans son atelier.

14. Il nous semble très-important qu'on donne aux vers un grand espace dans le cinquième âge, et nous pensons qu'on augmente beaucoup ses chances de succès si on le porte en moyenne à 35o pieds carrés pour un quintal de cocons ; cet espace d'ailleurs doit être d'autant plus grand, que la ventilation est moins parfaite, les délitemens moins fréquens et la chaleur plus grande ; si la place manque, on peut toujours dédoubler, en quelque sorte, sa magnanerie, en transportant doucement dans d'autres appartemens, qu'on échauffe au besoin, les vers à mesure qu'ils se logent dans les brins des liteaux qu'on a couchés sur eux : l'embarras qu'on cause dans les appartemens a à peine huit jours de durée.

15. Quant au nombre des repas, il ne serait sans doute pas nécessaire qu'il fût rigoureusement aussi grand que le recommande l'un des passages de l'ouvrage de M. Julien : ce nombre, d'ailleurs, dans d'autres passages du même ouvrage, est beaucoup moindre que celui qu'on

a pris pour type ; et puis le succès des demoiselles Reina a été grand sans que les repas fussent aussi fréquens ; nous prendrons donc chez elles et chez les plus habiles éducateurs la prescription de donner des repas légers avant et après les maladies, de n'en donner aucun pendant leur durée, et de les donner fréquens pendant la santé : toutefois quelques feuilles données aux vers pendant les premiers momens de la maladie, font regagner du temps aux vers tardifs, et une diète absolue à la fin retarde les plus avancés ; ce double moyen tend à rétablir l'égalité, circonstance qu'on doit toujours s'efforcer d'atteindre, qui rend le succès plus facile et épargne la main-d'œuvre.

Mais les repas fréquens économisent la feuille, la donnent fraîche aux vers, entretiennent leur appétit et surtout hâtent l'éducation ; ces avantages sont grands, il ne faut donc pas les perdre ; et pour cela, il faut donner peu à la fois, mais servir de nouvelle feuille aussitôt que les vers auront consommé l'ancienne.

S'il fallait préciser nos idées sur ce point, nous pensons que le principe des repas fréquens serait encore bien suivi si, pendant les deux premiers jours, on donnait vingt à vingt-quatre repas ; dans le reste du premier âge, seize, et dans les âges suivans, dix à douze : la main-d'œuvre de ces repas fréquens est à peine plus considérable qu'avec les repas éloignés, parce que les repas sont d'autant moins abondans qu'ils sont plus rapprochés ; on a seulement plus souvent besoin des ouvriers.

TABLE ANALYTIQUE DES MATIÈRES.

gelées d'avril y détruisent les mûriers, sans les attaquer dans le Nord. — Les touffes, les vents de Sud, cause de mort dans le Midi, beaucoup plus rares dans le Nord. — Avantages du Midi pour le mûrier.— Pour sa durée.— Pour la longue saison qui permet de réparer les pertes avant l'hiver. — Facilité de défendre les vers du froid.— Difficulté de les préserver de la chaleur. — Plus grand succès dans les contrées élevées et froides du Midi. — Inconvéniens et difficultés des éducations au-delà du 50e degré. — Limites des succès posées par le mûrier. — Succès partout où l'arbre aura le temps de se rétablir du dépouillement de ses feuilles. — Sa rusticité. — Lui seul résiste au dépouillement, s'il n'est pas trop tardif.— Objections de M. Auguste Gasparin fondées sus les pluies de printemps des pays qui versent à l'Océan. — Pluies des pays qui versent à la Méditerranée plus fortes, plus épaisses, jours de pluies moins nombreux. — Pluies de la région océanique plus courtes, moins fortes et laissant plus déclaircies. — Couper les branches de mûrier au moment où l'on veut récolter la feuille. — Taille d'hiver... parerait en grande partie aux inconvéniens des saisons trop courtes.   p. 65 à 74.

DIXIÈME LETTRE. — *Production de la soie en Chine.* — Education artificielle dans tout ce pays. — Chinois créateurs de cet art. — Les autres climats et l'Europe les ont tirés de chez eux. — Ressemblance de nos procédés avec les leurs. — Plusieurs espèces de vers indigènes en Chine autres que le *bombyx-mori.* — Deux variétés spéciales de Mûriers. — Propagent le mûrier par les semis, les marcottes et les boutures. — Les semis leur reproduisent la même espèce par suite de leur fréquent renouvellement. Procédés de semis. — Mûrier mâle. — Mûrier femelle. — Préfèrent le premier. — Mûrier plein-vent. — Mûrier nain. — Mûrier dans les rizières. — Meilleure soie recueillie dans les pays à mûriers nains. — Taille des mûriers nécessaire. — Taille des mûriers en hiver. — Engrais des mûriers fréquens et abondans. — Culture dans leur voisinage. — Ponte des œufs

APPENDICE.

FIN DE LA TABLE.

www.ingramcontent.com/pod-product-compliance
Lightning Source LLC
LaVergne TN
LVHW010746060726
842527LV00002B/391